电力系统网源协调技术

贺　春　主编

上海科学技术出版社

图书在版编目（CIP）数据

电力系统网源协调技术 / 贺春主编. -- 上海 : 上海科学技术出版社, 2022.3
ISBN 978-7-5478-5660-4

Ⅰ. ①电… Ⅱ. ①贺… Ⅲ. ①电力系统运行－协调 Ⅳ. ①TM732

中国版本图书馆CIP数据核字(2022)第027536号

电力系统网源协调技术
贺　春　主编

上海世纪出版(集团)有限公司
上 海 科 学 技 术 出 版 社 出版、发行
(上海市闵行区号景路 159 弄 A 座 9F－10F)
邮政编码 201101　　www.sstp.cn
上海雅昌艺术印刷有限公司印刷
开本 787×1092　1/16　印张 14.5
字数 300 千字
2022 年 3 月第 1 版　2022 年 3 月第 1 次印刷
ISBN 978－7－5478－5660－4/TM・76
定价：85.00 元

内 容 提 要

本书全面、系统地阐述了网源协调的理论基础和实践管理要求，涵盖发电机组调速、调频、自动发电控制、自动电压调节、励磁、无功等理论内容。同时，本书结合现场试验，对试验内容和方法进行了介绍，并以部分电厂涉网试验为例进行了分析和讲解。

全书内容紧密结合网源协调专业实际，编写注重逻辑性、知识性和实用性，力求全面、具体、新颖，可作为从事网源协调技术研究、试验等人员和调度机构专业技术人员的培训教材，也可供发电企业技术管理和运行人员参考。

编 委 会

主　　编　贺　春

副 主 编　周连升　鄂志君　甘智勇

主要编写者　张长志　王文南　赵　毅　王　建　郑卫洪
王建军　李浩然　倪玮晨　王梓越　李国豪

前　言

21世纪以来，我国电力工业全面进入大电网与大机组时代，电网安全稳定运行风险增大。一方面，大容量机组异常运行对电网安全稳定运行的影响更加显著；另一方面，各区域电网之间的相互影响和相互作用进一步增强，新技术、新设备的大量应用使电网运行特性更加复杂。因此，大电网安全对网源协调运行提出了更高要求。

电力系统网源协调指的是发电机的各种保护可以适应电网运行方式的变化，并且能与自动装置达到最佳配合，从而保证整个电网的安全稳定性。各种保护包括发电机的失磁保护、失步保护、电压和频率异常保护等与电网密切相关的保护，各种自动控制包括励磁控制、调速控制、电力系统稳定、自动发电控制、自动电压调节等。由此可见，电力系统网源协调涉及范围广，对电网安全有重大影响。

随着电力体制改革的推进，电力市场建设逐步完善，为保证电力系统安全稳定运行，电网企业与发电企业密切配合，从网源协调技术标准、管理制度、反事故措施和技术培训等多个方面着手，开展了大量的网源协调工作，编写了《电力系统网源协调技术》一书。本书编写组按照网源协调专业相关管理要求，以提高网源协调专业一线技术人员业务素质和岗位能力为目标，兼顾电力系统未来发展方向。

本书编写的主要人员为国网天津市电力公司电力科学研究院和天津市津能工程管理有限公司的技术人员。本书编写还得到了华北电力大学、东北电力大学、北京邮电大学、国网天津市电力公司的有关学者、老师和专家的热情帮助，在此致以诚挚的谢意。

限于编者水平，书中错漏与不妥之处在所难免，欢迎读者批评、指正。

编　者

目　　录

第1章 绪 论

电能是现代社会中最主要最方便的能源，因为电能具有传输方便且易于转换成其他能量的优点，被广泛应用于各行各业，可以说没有电力工业就没有国民经济的现代化。电力系统就是指由生产、输送、分配、使用电能的设备以及测量、继电保护、控制装置及能量管理系统所组成的统一整体。今天，电力系统已经进入大电网、大电厂大机组、超特高电压、远距离输电、交直流输电、高度自动控制和市场化营运的具有强烈现代特征的新时代。新技术、新材料和新工艺的不断发展应用，可持续发展战略的不断深化，都将持续提高电网的输变电能力、提高发输配电效率、提高供电可靠性和电能质量，由此降低电力生产过程对自然环境的污染和对生物链的影响。

我国的电力工业起步很早。1879 年 5 月，上海公共租界点亮第一盏电灯，开始了中国使用电力照明的历史。1882 年，中国第一家公用电业公司——上海电气公司在上海创立。1949 年，全国的总装机容量 1 850 MW，年发电量 43 亿 kW・h，分别位居世界第 21 位和 25 位。

中华人民共和国成立后，我国电力工业得到迅速发展。1978 年，全国总装机容量达 57 120 MW，约比 1949 年增长 30 倍；年发电量 2 566 亿 kW・h，增长近 59 倍。装机容量和发电量分别跃居世界第 8 位和第 7 位。

2003 年，举世瞩目的长江三峡水电站首台机组正式并网发电，2009 年全部机组投入运行，长江三峡水电站成为世界上最大的水电站。2019 年底，中国水电装机容量达到 35 640 万 kW，成为真正的水电强国。

此外，核能、风能、太阳能、地热能等新能源发电也相继发展。20 世纪 90 年代初，相继投产的秦山核电站和大亚湾核电站填补了我国核电空白。2006 年，我国首台国产百万千瓦超超临界燃煤机组——浙江华能玉环电厂＃1 机组正式投入商业运行，这标志着我国已经掌握世界最先进的火力发电技术，也标志着我国发电设备制造能力和技术水平已经迈上一个新台阶。通过引进国际先进技术，国内合作生产的 300 MW 大型循环流化床锅炉发电设备、9F 级联合循环燃气轮机、600 MW 级压水堆核电站和 700 MW 三峡水轮机组等发电设备在性价比上也具有了国际竞争力。

在输变电方面，1949 年我国 35 kV 及以上电压等级输电线路仅 6 475 km，而现在 500 kV 输电网络已经成为全国各大电网的主干电网，覆盖华北—华中—华东的交流特高压同步电网与西南大理水电基地±800 kV高压直流送出工程，共同构成连接各大电源基地和主要负荷中心的特高压交直流混合电网。目前，华北—华中1 000 kV特高压交流、西北—华东±1 000 kV特高压直流等输变电工程相继投产，使得我国各地互济、跨区域经济协调发展进入了快车道。

截至2019年底，全国发电装机容量201 066万kW。其中，火电装机119 055万kW，占总装机容量的59.21%；水电(35 640万kW)、核电(4 874万kW)、风电(21 005万kW)、太阳能发电(20 468万kW)等清洁能源装机总容量已达81 987万kW，占总装机容量的40.78%。

截至2020年底，全国发电装机容量220 204万kW。其中，火电装机124 624 kW，占总装机容量的56.59%，包括煤电(107 912万kW)、气电(9 972万kW)等；水电(37 028万kW)、核电(4 989万kW)、风电(28 165万kW)、太阳能发电(25 356万kW)等清洁能源装机总容量已达95 538万kW，占总装机容量的43.39%。

1.1 电力系统的基础知识

1.1.1 电力系统的基本组成

无论从规模还是从结构看，电力系统是人类所建立的最复杂的工业系统之一，它是一个实现能量转换、传输、分配的复杂、大型、强非线性、高维数、分层分布的动态大系统。

现代电力系统由发电、输电、配电、用电等电气设备以及各种控制设备组成，其基本构成如图1-1所示。

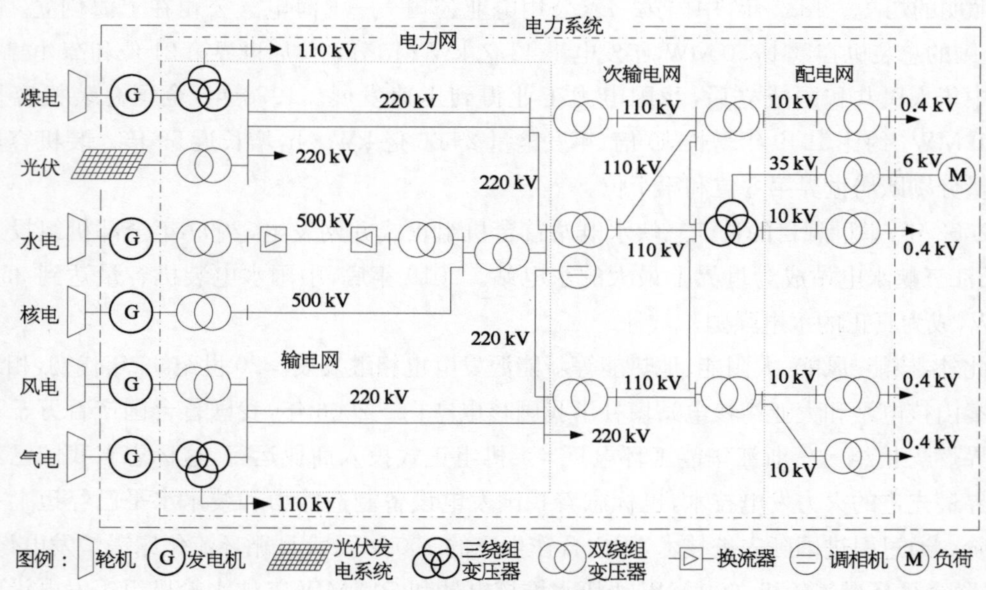

图1-1 现代电力系统基本构成示意图

1) 发电系统

发电系统由原动机、同步发电机和励磁系统组成。原动机将一次能源(化石燃料、核能和水能等)转换为机械能,再由同步发电机将它转换为电能。发电机为三相交流同步发电机。现代发电技术包括超临界和超超临界的发电技术、高效脱硫装置、循环流化床和整体煤气化联合循环等清洁煤燃烧技术、大型水电技术装备和低水头贯流机组、抽水蓄能机组制造技术、核电技术等。

2) 输电系统

输电系统(又称电网)由输电和变电设备组成。输电设备主要有输电线、杆塔、绝缘子串等。变电设备主要有变压器、电抗器、电容器、断路器、开关、避雷器、互感器、母线等一次设备以及保证输变电安全可靠运行的继电保护、自动装置、控制设备等。通常,电网又按照电压等级和承担功能的不同分为 3 个子系统,即输电网络、次输电网络和配电网络。

(1) 输电网络。输电网络连接系统中主要的是发电厂和主要的负荷中心。输电网络通常是将发电厂或发电基地(包括若干电厂)发出的电力输送到消费电能的地区,又称负荷中心,或者实现电网互联,将一个电网的电力输送到另一个电网。输电网络形成整个系统的骨干网络并运行于系统的最高电压水平。发电机的电压通常为 10～35 kV,经过升压达到输电电压水平后,由特高压、超高压或高压交流或直流输电线路将电能传输到输电变电站,在此经过降压达到次输电水平(一般为 110 kV)。发电和输电网络常被称作主电力系统。现代电网中,输电网的特征是特高压、超高压、交直流输变电、大区域互联电网、大容量输变电设备、超特高压继电保护、自动装置、大电网安全稳定控制、现代电网调度自动化、光纤化、信息化等。

(2) 次输电网络。次输电网络将电力从输电变电站输往配电变电站。通常,大的工业用户直接由次输电系统供电。在某些系统中,次输电和输电回路之间没有清晰的界限。比如一些超大的工业用户也有直接通过 220 kV 系统供电,然后再由内部进行电力分配。当系统扩展,或更高一级电压水平的输电变得必要时,原有输电线路承担的任务等级常被降低,起到次输电的作用。现代电网中,次输电网的特征主要是高压、局部区域内电网互联、大电网安全稳定控制辅助执行控制、无油化、城市电缆化、变电站自动化及无人值班、地区电网调度自动化、光纤化、信息化等。

(3) 配电网络。配电网络是将电力送往用户的最后一级电网,也是最复杂的一级电网。一次配电电压通常为 4.0～35 kV。较小的工业用户通过这一电压等级的主馈线供电。二次配电馈线以 220 V/380 V 电压向民用和商业用户供电,一些欧美国家为 100～110 V。现代电网中,配电网的特征主要是中低压、网络复杂化、城市电缆化、绝缘化、无油化、小型化、配电自动化、光纤化、信息化等。

必须指出的是,目前电力系统中所用到的大部分设备是三相交流设备,它们的参数是三相对称的,所构成的电力系统主要为三相对称系统,所以一般情况下一组(三相)电力线可以用单线图表示,线电压、线电流、三相复功率为其主要参数。

3) 控制系统

现代电力系统的控制主要包括发电控制、输电控制、调度控制和信息系统。

(1) 发电控制。发电控制由励磁调节系统和原动机调节系统组成，根据发电协议和机组优化方案控制发电机组输出的有功功率。其中，励磁调节系统控制发电机机端电压和无功功率输出；原动机调速系统控制传动同步发电机的机械能(同步发电机输入机械能)的大小，从而控制发电机组输出的有功功率。系统发电控制的首要任务是维持整个系统的发电与系统负荷和损耗的平衡，从而保证发电协议的执行，且维持系统频率及联络线潮流(与相邻系统的交换功率)在允许范围内。同时发电控制对调控整个系统的运行状态起着至关重要的作用。

(2) 输电控制。输电控制包括功率和电压控制设备，例如静止无功补偿器、同步调相机、串/并联电容器和电抗器、有载调压变压器、移相变压器，以及柔性交流输电(flexible alternative current transmission systems, FACTS)和高压直流输电控制等。柔性交流输电技术利用大功率电力电子元器件构成的装置来控制或调节交流电力系统，从而达到控制系统的目的。其优点为：在不改变现有电网结构的情况下，可以极大地提高电网的输电能力；提高系统的可靠性、快速性和灵活性；扩大系统对电压和潮流的控制能力；有很强的限制短路电流、阻尼振荡的能力，能有效提高系统暂态稳定性：对系统的参数既可断续调节又可连续调节。

(3) 调度控制和信息系统。电网调度自动化系统确保电网安全、优质、经济地发供电，提高电网调度运行管理水平的重要手段，是电力生产自动化和管理现代化的重要基础。随着电力工业技术的发展，规模扩大和网络五联、FACTS的大量应用，各种发电体制的加入以及营运体制的改革，电网的运行和控制越来越依赖于完善、先进和实用的调度自动化系统以及先进的信息网络和完善的通信手段。现代电网调度自动化系统的内涵也在不断丰富、发展，不仅包括能量管理系统、配网管理系统、水调自动化系统等，还将包括电力市场技术支持系统、电力信息管理系统、变电站自动化、数字化变电站、物联网等现代化手段和技术的支撑。

1.1.2 电力系统运行的特点和要求

电力系统的功能是将能量从一种自然存在的形式(一次能源)转换为电能(二次能源)的形式，并将它输送到各个用户。能量很少以电的形式消费，而是将其转换为其他形式，如热、光和机械能。电能的优点是输送和控制相对容易，效率和可靠性高。

1) 电能特点

(1) 同时性。电能不易储存，发电、输电、变电、配电、用电是同时完成的，必须用多少、发多少。

(2) 整体性。发电厂、变电站、高压输电线、配电线路和设备、用电设备在电网中形成一个不可分割的整体，缺一不可，否则电力生产不能完成。各个孤立的设备离开了电力生产链，也就失去了存在的意义。

(3) 快速性。电能是以电磁波的形式传播的，其速度为30万km/s，当电网运行发生变化时的过渡过程十分迅速,故障中的控制更是以 ms、μs 来计算时间的。电力生产的暂态过程十分短暂。

(4) 连续性。不同用户对电力的需求是不同的,用电的时间也不一致,也就要求电力生产必须具有不间断性持续生产的能力,需要对电网进行连续控制和调节,以保证供电质量和可靠供电。

(5) 实时性。由于电能输送的快速性,因此电网事故的发展也是非常迅速的,而且涉及面很广,对社会、经济的影响巨大,因此必须对电力生产状态进行实时监控。

(6) 随机性。负荷的变化是随机的、难以控制和调节的,电网设备故障和系统故障存在一定的随机性,完全做到可控是非常困难的。

2) 基本要求

电力工业时刻与国民经济各部门和人们的生活相关联,也是现代社会的基本特征。一个设计完善和运行良好的电力系统应满足以下基本要求。

(1) 系统必须能够适应不断变化的负荷有功和无功功率需求,因而必须保持适当的有功和无功旋转备用,并始终给予适当的控制。

(2) 系统供电质量必须满足规定,即电压、频率在规定范围内,且具有(维持)一定的安全水平和供电可靠性。

(3) 由于快速性要求,电力系统的正常操作如发电机、变压器、线路、用电设备的投入或退出,都应在瞬间完成,有些操作和故障的处理必须满足系统实时控制的要求。

(4) 最低成本供电。要求采用高效节能的发、输、配电设备;优化电源配置和电力网络设计;大力开展电力系统中的经济运行;充分利用水电资源,合理调配水、火电厂的出力,尽可能减小对生态环境的破坏和有害影响等。电能生产与消费的规模都很大,降低一次能源消耗和输送分配时的损耗对节约资源具有重要意义。

(5) 电力系统运行和控制必须满足在发电、输电和供电分别独立经营的条件下,保持电网的安全稳定运行水平。电力系统运营的市场化使得电力系统的运行方式更加复杂多变,电力传输网络必须具有更强的自身调控能力。

(6) 电网互联。互联大电网的稳定问题并不是小系统稳定问题的简单叠加,特别是经弱联络线连接的互联电网,它很容易在故障中失去稳定。电网的互联形成了区域振荡模式,其动态行为非常复杂,甚至可能产生混沌。系统规模的扩大及快速控制装置的引入可能会使系统的阻尼减少,发生持续的功率振荡。因此,互联大电网对安全稳定分析与控制的要求更高。

3) 运行特征

现代电力系统的特征主要体现在以下几个方面。

(1) 大容量、高参数发、输、变电设备。

(2) 发、输、变电设备制造工艺和材料的现代化和高科技化。

(3) 超、特高电压。

(4) 新能源发电的多元化。

(5) 超远距离输电。

(6) 高压直流输电和柔性交流输电。

(7) 跨区域、跨国超大规模互联电网,高低压网络极为复杂。

(8) 电力市场化运营,发电主体多元化及其管理现代化。

(9) 电网调度自动化,协调的发、输、变、配电系统控制现代化。

(10) 以光纤通信为代表的现代化的通信系统。

(11) 电力信息化、数字化、光纤化。

1.1.3 电力系统分析理论与方法浅析

电力系统分析是进行电力系统研究、规划设计、运行调度与控制的重要基础和手段。电力系统分析取决于对电力系统本身客观规律的认识,同时也取决于所采用的计算理论、方法和工具。因此,电力系统分析理论与方法的发展基本分为两个方面,即电力系统自身发展及对本身客观规律的认识,以及所采用的理论和方法。这两方面的发展相辅相成、相互推进。

1.1.3.1 电力系统分析理论与方法的发展过程

按照上述两个方面的发展,可将100多年来电力系统分析理论和方法研究的发展历程粗略地划分为三个阶段。

(1) 第一阶段:电力工业初期(19世纪80年代)至20世纪40年代。第一阶段体现了小系统、手工计算的特点,基本为手工计算。为了减轻计算强度,人们研制了一些辅助计算工具,如交、直流计算台、计算曲线等。该时期是人们对电力系统本身客观规律认识的重要时期,奠定了电力系统基本组件的物理和数学模型,其中包括发电机、变压器、线路、异步电动机。

(2) 第二阶段:20世纪40年代至20世纪80年代后期。第二阶段展现了电力系统规模发展和分析方法计算机化的进程。该时期,电力系统的基本组成没有发生太大变化,而主要是电力系统规模、发电输电容量和输电距离不断增大,电压等级不断升高。这期间发达国家的发展十分迅速,诞生了许多电力系统之最,如最大容量的机组、最高输电电压,高压直流输电也在此期间出现,只是发展较慢。我国电力系统在此期间发展相对迟缓。

(3) 第三阶段:20世纪80年代后期至今。第三阶段进入现代电力系统时代,系统规模、组成和运行(运营)方式在该时期都发生了相当大的变化。现代控制理论和大功率电力电子组件的迅速发展,在为电力系统控制提供高效控制方式和手段的同时,也增加了系统自身的复杂性,且对电力系统分析的理论和方法提出了挑战。当今计算机信息、通信等技术的飞速发展为电力系统分析注入了新的活力,可以提供更先进的分析手段。这时期,发达国家电力工业发展进度相对缓慢,而我国电力工业正在以惊人的速度向前发展。

1.1.3.2 现代电力系统分析面临的问题

近20年来,现代电力系统时代的巨大变化对电力系统分析理论与技术产生深刻的影响。现代电力系统的重要标志是大容量、超大规模、超高压、交直流混合，以及信息化、柔性化和市场化，因此无论是电力系统规则还是运行控制，都对电力系统分析提出了一系列新的问题和要求，主要体现在以下几方面。

计算机技术获得了广泛的应用和长足的进步。电力系统是一个典型的大系统，如何反映现代电力系统的特点，有效地、准确地分析其运行特性，从而改善其运行指标，一直是国内外电力领域研究的重点。因此，现代电力系统分析理论和方法的研究重点也必须与之相适应，研究如何利用现代计算机信息技术、现代通信技术更准确、快速、深入地研究现代大规模电力系统，比如进一步研究能更准确描述系统各组件在不同运行状态下的静态和动态特性以及系统整体特性的模型、大规模互联系统的数学表达形式等。

现代电力系统是一个高阶多变的复杂动力学系统，包含众多响应特性各异的组件，而这些响应特性各异的组件又通过输配电网络联系在一起。因此系统的整体动态特性不仅与这些组件本身的动态响应特性相关，还与电网五联带来的特殊问题有关。

电力电子技术在电力系统中的大量应用为电力系统提供了更快速、更准确、更柔性化的控制手段，使以前难以实现的控制手段和调节方法成为可能。随着电力系统的规模持续增大，结构日益复杂，组件不断更新，电力系统运行对电力系统的分析、规划和控制方法不断地提出更新、更高的要求。电力系统的过渡过程十分迅速，因而它对自动控制在客观上有很强的依赖性。人们一直在努力建立一个在当代计算工具条件下既满足工程分析精度要求又满足工程分析速度要求的数学模型和求解方法，从而使电力系统分析理论和方法在不断探索研究的过程中不断得到发展。

1.2 电力系统电源

电力系统的电源主要来自火力发电、水力发电和核电，另外还有风力发电、太阳能发电、地热发电和潮汐发电等。

1.2.1 火力发电

火力发电厂是将煤、石油、天然气等燃料所产生的热能，转换成汽轮机的机械能，再通过发电机转换成电能。火力发电机组又分为专供发电的凝汽式汽轮机组及发电并兼供热的抽气式和背压式汽轮机组，后者主要建在我国的北方地区，在冬天兼有供热的任务，这类兼供热的发电厂常被称为热电厂。在我国，火力发电厂是目前电力系统中的主力军，其发电量占电力系统总发电量的75%。

燃煤发电厂以水为工质，燃料即煤炭通过磨煤机加工成煤粉，送入锅炉燃烧，使锅炉中的水被加热形成高温高压的蒸汽推动汽轮机，汽轮机带动发电机旋转，线圈切割磁力线产生交流电。高温高压蒸汽推动汽轮机做功后变成低参数蒸汽，通过凝结器回收，预处理后（包括适当补水）再送回锅炉，如此循环。燃烧的烟、灰也要经过适当处理再排放。

燃气发电厂以天然气和空气+水为工质，燃料即天然气通过燃气轮机的压气机压缩成高压助燃气体，在燃烧器内与天然气混合点火形成高温高压气体推动燃气涡轮，燃气涡轮带动发电机旋转，线圈切割磁力线产生交流电。

一般高温高压气体在推动燃气涡轮后，压力急剧下降温度较低，为充分利用，该部分气体被送入余热锅炉(气—水换热器)，将水加热形成高温高压的蒸汽推动汽轮机，汽轮机带动发电机旋转，线圈切割磁力线产生交流电。水的循环与燃煤发电厂相同，这一过程也成为燃气—蒸汽联合循环。

联合循环发电机组根据启停灵活性、发电和供热等不同需求，按照燃气轮机与汽轮机是否布置在一根转轴上划分，一般分为单轴或多轴联合循环，以及一拖一和二拖一联合循环等。

火力发电的特点：

① 火力发电需要消耗煤、石油等自然资源，这类资源一般需要通过铁路、船等运输，受到运输条件的限制，并增加了发电的成本。

② 火力发电过程中需要排放烟灰，因此对周围的环境造成污染，近年来对烟灰的处理技术有了很大的进步，但还没能达到零排放。

③ 燃气发电厂以其清洁环保、启动调节便利、综合效率高和容易实现全厂自动化等优势在发电领域迅猛发展。

④ 火力发电不受自然条件的限制，比较容易调度控制。

1.2.2 水力发电

水力发电厂又称水电站，是利用河流的水能发电。水力发电厂的装机容量主要由发电机组的效率 η、水的落差 H 和水流址 θ 决定：$P=9.8\eta H\theta$。根据其特点，水力发电厂可以分为三类：径流式水电站、水库调节式水电站和抽水储能式发电站。

径流式水电站主要建在水流量较大，水速比较急，但水的落差并不是很大的地区，例如我国的葛洲坝水电站。径流式水电站主要是在急流的河道中建大坝，使水通过管道进入水轮机来发电，它的水库容量很小，发电功率主要是由河流的水流量决定。

水库调节式水电站主要建在水的落差较大的地区，例如我国的三峡水电站。在长江中建大坝，利用上下游的落差进行发电，水库调节式水电站的水库容量较大，例如三峡水电站大坝高程 185 m，蓄水高程 175 m，水库长超过 600 km，总装机容量 32 台单机容量为700 MW的水电机组，可按库容的大小进行日、月、年的调节，以便有计划地使用水能。

抽水蓄能发电站主要建在水资源不是很丰富的地区，它是一种特殊的水电站，有上、下两级水库。在深夜或负荷低谷期，电机工作在电动机状态，利用剩余电力使水轮机工作在水泵的方式，将下游的水抽在水库内；在白天或负荷高峰时，电机工作在发电机状态进行发电。这种水电站主要进行调峰，保证用电高低峰谷时电网的平衡，对于改善电力系统的运行条件具有很重要的意义。

目前我国最大的水轮发电机单机容量为 1 000 MW。

水力发电的特点：

① 水力发电不需要支付燃料费用，发电成本低，且水能是可再生资源，在可能的情况下要尽量利用水力发电。

② 水力发电因受水库调节性能的影响，在不同程度上受到自然条件限制。水库的调节性能可分为：日调节、季调节、年调节和多年调节。水库的调节周期越长，水电厂的运行受自然条件影响越小，有调节水库水电站可以按调度部门的要求安排发电，但无调节水库的径流式水电站只能按实际来水流量发电。

③ 水力发电机组的出力调整范围较宽，负荷增减速度相当快，机组投入和退出运行快，操作简便，无需额外的耗费。

④ 水电站的建设通常是很大的工程，受到自然条件的限制，一次性建设投资很大。

⑤ 水力发电不会对周围环境造成污染，是比较环保的能源。

1.2.3 核能发电

核电与火电、水电一起，并称为世界三大电力支柱，目前核能发电约占全世界总发电量的 16%，是当今世界上大规模可持续供电的主要能源之一。截至 2020 年底，全世界共有 441 台运行中的核电机组，总装机容量达到 392 GW。

核电站又称核能发电厂或原子能发电厂，其工作原理是利用核燃料在反应堆中产生的热能，将水变为蒸汽推动汽轮机，带动发电机发电。

世界上使用最多的是轻水堆核电厂，轻水堆又可分成沸水堆和压水堆。沸水堆由单水路构成，核反应堆芯与水没有分开，有可能使汽轮机等设备受到放射性污染；压水堆则采用了双回路各自独立循环，不会造成设备的放射性污染。

《中国核能发展报告(2021)》指出，在核电生产运行方面，截至 2020 年 12 月底，我国运行核电机组达到 48 台，总装机容量为 4 989 万 kW，位列全球第三，核电总装机容量占全国电力装机总量的 2.7%。

一般来说，核电站有以下特点：

① 核电站的建造成本比较高，但运行成本相对比较低，例如一个发电量为 50 万 kW 的火电厂每年需要燃煤 150 万 t，而同样发电量的核电站每年只需要消耗铀 20 t，因此运输成本等都大大降低，发电量超过 50 万 kW 后，核电站的成本就远低于火电厂。

② 与火电厂相比，火电厂在燃烧煤或油后，有烟灰排出，虽然现在已加强对烟灰的处理，但对周围的环境还是有一定的污染，而核电站建在地下，不需排放烟灰。唯一要注意的是防止核辐射污染，只要处理好了，可以做到对周围环境没有污染。

③ 反应堆和汽轮机组投入和退出运行都很费时，且要增加能量消耗，成本大，因此一般情况下应承担基本负荷。

④ 反应堆的负荷基本没有限制，其最小技术负荷由汽轮机决定。

1.2.4 风力发电

风力发电有三种运行方式：一是独立运行方式，通常是一台小型风力发电机向一户或几户提供电力，它用蓄电池蓄能，以保证无风时的用电；二是风力发电与其他发电方式（如柴油机发电）相结合，向一个单位或一个村庄或一个海岛供电；三是风力发电并入常规电网运行，向大电网提供电力，常常是一处风电场安装几十台甚至几百台风力发电机，这是风力发电的主要发展方向。

中国风力发电行业，自 1986 年建设山东荣成第一个示范风电场至今，风电场装机规模不断扩大。根据中国风能协会的统计数据，截至 2020 年年底，我国风电装机容量合计 28 165 万 kW，占全国发电装机容量的 12.8%。但是风电是一种波动性、间歇性电源，大规模并网运行会对局部电网的稳定运行造成影响。目前，世界风电发达国家都在积极开展大规模风电并网的研究。当前兆瓦级的风力发电机组的输出电压通常为 690 V，经过设置无励磁调压装置的风电集电变压器将 0.69 kV 升压为 10.5 kV 或 38.5 kV，然后经输电线输送数公里后再通过单回路接线接至设置有有载调压分接开关的双圈升压变压器升压至 220 kV 或 110 kV 送入超高压电网。

1.2.5 太阳能发电

照射在地球上的太阳能非常富足，大约 40 min 照射在地球上的太阳能，便足以供全球人类一年能量的消费。可以说，太阳能是真正取之不尽、用之不竭的能源。太阳能发电绝对干净，不产生公害，所以太阳能被誉为是理想的电源。

从太阳能获得电力，需通过太阳能电池进行光电变换来实现。同以往其他电源发电原理完全不同，太阳能发电具有以下特点：

① 无枯竭危险。

② 绝对干净、无公害。

③ 不受资源分布地域的限制。

④ 可在用电处就近发电。

⑤ 能源质量高。

⑥ 使用者从感情上容易接受。

⑦ 获取能源花费的时间短。

⑧ 照射的能量分布密度小，即要占用巨大面积。

⑨ 获得的能源同四季、昼夜及阴暗等气象条件有关。

要使太阳能发电真正达到使用水平，一是要提高太阳能光电变换效率并降低其成本，二是要实现太阳能发电大规模并入电网。

目前，太阳能电池主要有单晶硅、多晶硅、非晶态硅三种。单晶硅太阳能电池变换效率最高，已达20%以上，但价格也最贵。非晶态硅太阳能电池变换效率最低，但价格最便宜，今后最有希望用于一般发电的将是这种电池。一旦它的大面积组件光电变换效率超过20%，每瓦发电设备价格降到6元甚至更低时，便足以同现在的其他发电方式竞争，估计21世纪末便可达到这一水平。

当然，特殊用途和实验室中用的太阳能电池效率要高得多，光电变换效率可达36%，接近燃煤发电的效率。

1.2.6 其他

我国是一个以煤炭为主要能源资源的国家，开发利用地热能和潮汐能等新型绿色能源和可再生能源，是我国长期的能源发展战略。

1）地热发电

我国地热资源丰富，地热发电技术成熟，有几十年的运行经验。我国是以中、低温地热资源为主，高温地热资源较少，能用于发电的比较缺乏。

2）潮汐发电

潮汐发电是目前海洋能源利用中技术上最为成熟的一种方式。潮汐发电是水力发电的一个分支，是一种低水头、大流量的水力发电技术。我国的小型潮汐能发电站数量多、效益高、运行经验丰富，较多集中在浙江、广东、福建等沿海地区。

1.3 电力系统电网

电力系统电网简称为电力网，电力网由变压器、电力线路、无功功率补偿设备和各种保护设备、监控设备构成，实际的电力网结构庞大、复杂，由很多子网发展、互联而成。

1.3.1 额定电压与额定频率

电力网的主要用途是传输电能，当传输的功率（单位时间传输的能量）一定时，输电电压越高，则传输电流越小，线路上的损耗就越小，且导线的截面积也可以相应减小，从而减少了电力线路的投资，但电压越高，对绝缘的要求就越高，因此在变压器、断路器、电线杆塔等方面的投资就越大，综合考虑这些因素，每个电网都有规定的电压等级标准，称为额定电压，我国国家标准GB/T 156—2017规定的额定电压（线电压）见表1-1所示。

表1-1 GB/T 156—2017规定的电力系统额定电压（线电压）

线路及用电设备额定线电压U_N/kV	交流发电机额定线电压U_N/kV	变压器额定线电压U_N/kV	
		一次绕组	二次绕组
0.38			0.4
3	3.15	3及3.15	3.15及3.3

续 表

线路及用电设备额定线电压U_N/kV	交流发电机额定线电压U_N/kV	变压器额定线电压U_N/kV	
		一 次 绕 组	二 次 绕 组
6	6.3	6 及 6.3	
10	10.5	10 及 10.5	10.5 及 11
15	15.75	15.75	
20		20	22
35		35	37 及 38.5
60(仅东北电网有)		60	63 及 66
110		110	121
154		154	169
220		220	242
330		330	345
500		500	525
750(仅西北电网有)		750	788 及 825

我国规定：电力线路的额定电压和系统的额定电压相等，有时把它们称为网络的额定电压。如表 1-1 中的第一列所示，U_N 中下标 N 表示为额定值，电力系统的额定频率为 50 Hz，用 f_N 表示。通常用电设备都是按照指定的电压和频率来进行设计制造的，这个指定的电压和频率称为电气设备的额定电压和额定频率。当电气设备在此电压和频率下运行时，将具有最好的技术性能和经济效果。

发电机、变压器和负荷还有一个重要的指标是额定容量(或额定功率)S_N，对三相(对称)设备有

$$S_N = \sqrt{3} U_N I_N$$

式中 I_N——额定(线)电流；

U_N——额定线电压。

在选择设备时一定要根据要求确定其额定电压和额定功率，否则不能保证设备长期稳定工作。

从表 1-1 中第三列可以看到，发电机的额定电压与系统的额定电压为同一等级时，发电机的额定电压规定比系统的额定电压高 5%，一般后接相应的升压变压器。

变压器接受功率一侧的绕组为一次绕组，输出功率一侧为二次绕组。一次绕组的作用相当于受力设备，其额定电压与系统的额定电压相等，但直接与发电机连接时，其额定电压则与发电机的额定电压相等。二次绕组的作用相当于供电设备，其额定电压比系统的额定电压高 10%。如果变压器的短路电压小于 7%或直接(包括通过短距离线路)与用户连接

时，则规定比系统的额定电压高 5%。变压器的一次绕组与二次绕组的额定电压之比称为变压器的额定电压比（或称主分接头变比）。

1.3.2　输电网与配电网

电力网中的变电所分为枢纽变电所、中间变电所、地区变电所、终端变配电所。变电所中除了安装变压器外，还要安装保护装置、无功补偿设备、操作开关、监测设备等。电力网按电压等级和供电范围分为高压输电网、区域电力网和地区电力网。35 kV 及以下、输电距离几十公里以内的称为地区电力网，又称配电网，其主要任务是向终端用户配送满足质量要求的电能；电压为 110～220 kV，多给区域性变电所负荷供电的，称为区域电力网；330 kV 及以上的远距离输电线路组成的电力网称为高压输电网。区域电力网和高压输电网统称为输电网，它的主要任务是将大量的电能从发电厂远距离传输到负荷中心。

输配电网络的电压等级要与输送功率和距离相适应，表 1－2 给出架空线路不同电压等级下输送功率和输送距离的大致范围。

表 1－2　架空线路不同电压等级下的输送功率和输送距离

线路电压/kV	输送功率/MW	输送距离/km
3	0.1～1.0	1～3
6	0.1～1.2	4～15
10	0.2	6～20
35	2.0～10.0	20～50
110	10.0～50.0	50～150
330	200.0～800.0	200～600
500	1 000.0～1 500.0	150～850
750	2 000.0～2 500.0	500 以上

1.3.3　电力系统中性点接地方式

电力系统中性点接地方式是指电力系统中的变压器和发电机的中性点与大地之间的连接方式。

中性点接地方式可分为两大类：一类是中性点直接接地或经小阻抗接地，采用这种中性点接地方式的电力系统称为有效接地系统或大接地电流系统；另一类是中性点不接地或经消弧线圈接地或经高阻抗接地，采用这种中性点接地方式的电力系统被称为非有效接地系统。

现代电力系统中采用较多的中性点接地方式有：直接接地、不接地或经消弧线圈接地。在 110 kV 以上的高压电力系统中，均采用中性点直接接地。现代有些大城市的 110 kV 的配电系统改用中性点经低值电阻($R<10\ \Omega$)或中值电阻($R=11\sim100\ \Omega$)接地,它们也属于有效接地系统。一般在 110 kV 以下的中、低压电力系统中,出于可靠性等方面考虑,采用不接地或中性点经消弧线圈接地。

1.4 电力系统的负荷

电力系统的总负荷是指电力系统中所有用电设备消耗功率的总和,理论上等于电力系统所有电源发出的功率总和。

1.4.1 按电力生产与销售过程分类

电力系统中所有电力用户的用电设备所消耗的电功率总和就是电力系统的负荷,称为电力系统的综合用电负荷。综合用电负荷又可以分为照明负荷和动力负荷,动力负荷是把不同地区不同性质的所有用户负荷总共加起来而得到的。

综合用电负荷+电力网的功率损耗为电力系统的供电负荷;供电负荷+发电厂的厂用电消耗的功率就是各发电厂应该发出的功率,称为电力系统的发电负荷;它们之间的关系如图 1-2 所示。

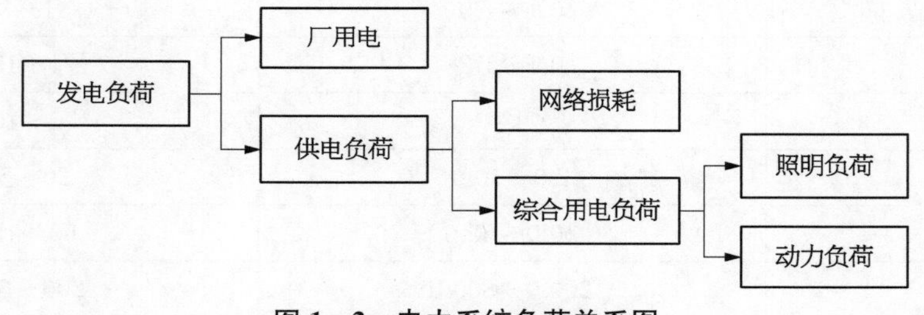

图 1-2　电力系统负荷关系图

1.4.2 有功功率负荷与无功功率负荷

大部分用电设备既要消耗有功功率,也要吸收(释放)无功功率。所以在分析电力系统有功功率时,应把用电设备视作有功功率负荷,在分析无功功率时,把用电设备当成无功功率负荷。一般情况下各种用电设备消耗的有功功率和无功功率会随电压和频率的变化而变化。图 1-3 表示综合用电负荷随电压和频率的变化规律,是各用电负荷变化规律的合成(这里用百分值表示,即实际值与额定值之比的百分数)。

1.4.3 按可靠性分类

根据负荷对供电可靠性的要求,可将负荷分成三级。

一级负荷:这类负荷停电会给国民经济带来重大损失或造成人身事故,所以一级负荷绝不允许停电,必须由两个或两个以上的独立电源供电。

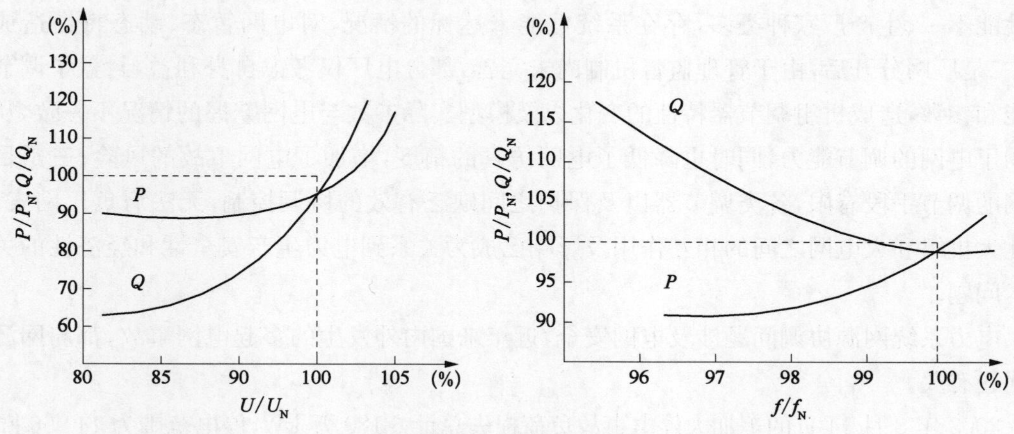

图 1-3 某电力系统综合负荷特性曲线

二级负荷：这类负荷停电会给国民经济带来一定的损失，影响人民生活水平，所以二级负荷尽可能不停电，可以用两个独主电源供电或一条专用线路供电。

三级负荷：这类负荷停电不会产生重大影响，一般采用一条线路供电即可。

1.5 电力系统网源协调及稳定性

电力系统是稳定性关系到电力系统安全运行的重要问题。早期电力系统规模较小，大多独立运行，主要关注的是电力系统的暂态稳定性问题。随着电网之间的逐步互联，新型输电技术和控制手段的应用，系统的运行方式变得越来越复杂，运行状态更加接近其极限状态，由此出现了各种不同形式的稳定性问题。

21 世纪以来，我国电力工业全面进入大电网与大机组时代。现代电网一方面在高电压、大机组、大功率远距离传输、交直流混合运行的方向发展，另一方面也在向分布式发电、电力电子化、多种能源综合的方向发展，电网组成原件和运行特性日趋复杂，因而对电源和电网之间的协调性提出了更高要求。目前大型同步发电机组仍是电力生产任务的主要承担者，因此，从保障电网安全运行角度深入开展对电网机组自动装置和保护技术的分析研究，强化机组与电网的协调运行能力，有助于提高电力系统安全稳定水平和应对大面积停电事故的能力，是构筑坚强电网的基础。

发电机组运行特性主要由发电机组参数、励磁系统、调速系统、自动发电控制、自动电压控制、一次调频和二次调频功能、继电保护及安全自动装置等多种相关因素综合作用决定，这些设备及控制系统参数的设定与配置，对保障电力系统稳定运行起着至关重要的作用。

1.5.1 电力系统网源协调安全问题

近年来，随着科学技术的进步和发展，数字型调节系统在我国电力系统中得到越来越广的应用。大大提高了机组调节运行水平，但是实际运行中发现以下问题：一是发电机组调节性能不一、生产厂家种类多，存在系统性能未达标的情况，对电网暂态、动态特性造成影响；二是厂网分开后，由于管理监督机制尚未完善，部分电厂仅考虑自身利益，封盖了调节器功能和参数，造成机组调节器特性的变化以及模型实际参数与电网掌握的情况不一致，从而削弱了电网的调节能力，同时也降低了电网仿真的精度，增加了电网事故的风险；三是目前电网的调节手段有限，各类调节器以及保护之间缺乏有效的协调控制，无法肩负厂网安全。因此大机组和大电网之间的相互作用及影响已成为关系到电力生产安全性和经济性的关键技术问题。

电力系统网源协调问题涉及电网安全，近年来国内外发生的多起电网事故，都与网源协调问题有关。

2003 年 8 月 14 日的美加大停电事故负荷损失总计 6 180 万 kW，停电范围为 14 966 km^2，涉及美国的 8 个州和加拿大的 2 个省，受影响的居民约 5 000 万人。根据北美电力可靠性协会公布的美加“8.14”大停电事故的分析报告可以看出，由于未建立网源协调的继电保护和安全稳定控制系统，使得在系统电压下降时，许多发电机组很快退出运行，加剧了电压崩溃过程。IEEE 继电保护工作组(J－6)与旋转电机工作组(J－5)的联合撰文也指出上述大停电事故中许多发电机组的跳闸属于机组保护在系统大扰动中的误动作，进而提出发电机相关保护与发电机容量曲线、励磁调节和静稳极限的配合策略，以确保发电机在系统大扰动中的在线运行，这对于恢复系统稳定至关重要。

2006 年 11 月 4 日 22:10，西欧 8 个国家发生了大面积停电事故。这是欧洲 30 年来最严重的一次停电事故，1 000 多万人受到影响。这也是继美加大停电之后又一次严重的大停电事故，引起了欧洲各国的极大震动。处理报告确认本次事故起源于德国西北部，某双回 380 kV 线路正常停运，潮流转移至南部的联络线，导致其他输电线路负荷过重，同时影响了西欧其他国家的电力平衡。事故发生后，调度员立刻采取了相关应急措施，安全自动控制装置也发生动作，取得了一定的效果，但机组保护与系统控制的协调性不好，解网后没有实现子网内的功率平衡，又有众多机组解列，导致大量负荷被切除。除此之外，电网与风力发电机组之间的网源协调不足也是事故恶化的一个重要原因，解网后，风电的频率适应性没有发挥出来，当时德国西南电网频率偏差小于 1 Hz，东南电网频率偏差小于 0.3 Hz，但是风电机组都立即开始切机，从而影响了电网的稳定性。

以上事故的发生都与电力系统网源协调不当相关，其凸显出的问题主要表现在发电厂与电网位置、结构上的配合以及发电机控制与电网调度指令的协调。前者需要在电网建设前期对其进行规划，后者需要发电厂控制装置的准确动作以及调度员在工作中正确地做出判断。

为了减少由网源协调问题引起的电网事故，我国对网源协调问题开展了积极研究，在 DL/T1040《电网运行准则》和 DL755《电力系统安全稳定导则》等行业标准中，针对电网企业、发电企业、供电企业、直接供电用户等在从规划设计到并网运行各阶段所应遵循的基本技术和管理要求做出了明确规定。电网公司的各级调度根据所在地的具体情况制定了相应的网源协调方面的规章制度，如《国家电网公司十八项电网重大反事故措施》《国家电网公司发电厂重大反事故措施》中都列有防止网源协调事故规程。

然而，随着电网结构的日益复杂，关于网源协调还存在很多尚未解决的问题。因此，必须对网源协调的理论依据、影响因素、分析方法、应用成果等方面进行深入探讨，以期对进一步研究和改善网源协调问题提供帮助。

1.5.2　电力系统稳定性的基本概念

根据电气电子工程师协会和国际大电网工程师协会特别工作小组的定义，电力系统稳定性是指系统在某一给定的初始稳定工况下遭受干扰后，重新恢复稳定运行的能力，系统中的大多数变量不超出其允许的运行范围，并且保持结构上的整体性。

电力系统是一个高度非线性的系统，系统负荷、发电机输出功率以及主要运行参数等每时每刻都处于变化状态，没有一个绝对的稳态运行平衡点。为了便于评价系统的稳定性，常态假定系统初始状态为某一个平衡点，电力系统稳定性实际上就指系统在平衡点及其邻域上的稳定性，它由系统初始平衡点运行状态和干扰的性质共同决定。

电力系统运行过程中可能遭受各种各样的干扰，通常按照干扰的性质将其分为大干扰和小干扰。比如常常将负荷的经常性随机变化视为小干扰，而输电线路上发生的短路故障，或者一台大容量发电机组的突然退出运行视为大干扰。在负荷持续性随机变化的情况下，系统应进行自身运行状态调整，以适应负荷变化的能力；而在大干扰情况下，系统通常会由于需要隔离故障元件而引起自身结构上的变化。

在给定的平衡点上运行的实际电力系统，可能会在遭受某些大干扰的情况下继续保持稳定运行，而在另外一些干扰情况下则可能会失去稳定。这就要求系统在所有可能的干扰情况下都能保持系统的稳定运行既不现实也不经济，必须根据干扰发生的可能性大小来确定哪些情况下系统稳定性是必须考虑的。也就是说需要确定系统在稳定平衡点周围所具有的一个有限稳定区域，该区域越大，表明系统承受干扰的能力越强。初始运行点变化时，稳定区域也会发生相应的变化。

电力系统到受干扰后，其中一些设备会产生相应的动作，系统运行状态也会发生相应的改变。比如，一台主设备发生故障后，继电保护装置将会动作以隔离故障设备，相应的系统潮流分布、网络各节点电压以及电机转速等都会发生变化；电压变化会引起发电机和输电系统中电压调节设备的动作；发电机转速的变化又会引起原动机调速系统动作；电压和频率的波动还会引起负荷从电网吸取功率的变化，这种变化与负荷的性质有很大的关系。进一步地，系统运行变量的变化可能还会引起保护装置动作，切除相应的受保护元件，从而弱化系统，甚至导致系统不稳定。

如果在遭受干扰后系统仍然保持稳定运行，系统将重新达到某一新的平衡运行状态，并且保持系统完整性，即系统中所有健全的发电机、负荷等电力元件仍然通过输电网络连接在一起，部分电力元件可能由于故障而被切除或者按计划退出运行以保持系统运行的连续性。大型互联电力系统在故障后，也可能会分裂为多个相互独立的系统运行，以尽可能减少切机和切负荷容量，最终通过自动控制装置或者调度人员操作使系统恢复到正常运行状态。另一方面，如果系统不稳定，发电机转子之间的相对转角会不断增加，或者节点电压会逐渐下降，并且导致连锁性故障，乃至系统大面积停电。

1.5.3 电力系统稳定性的分类

现代电力系统是一个高阶多变量的复杂动力学系统，包含众多响应特性各异的元件，而这些响应特性各异的元件又通过输配电网络相互联系在一起，因此系统的整体动态特性不仅与这些元件本身的动态响应特性有关，而且还与电网互联带来的特殊问题有关。为了便于理解各种动态特性的物理本质和采用合理的简化方法来分析不同性质的问题，常常需要根据系统动态过程中所关心的物理量、系统承受干扰的大小以及动态过程持续时间的不同，对电力系统的稳定性进行分类。

根据 IEEE/CIGRE 推荐的分类方法，首先根据动态过程中所关心的物理量的不同，将电力系统稳定性分为功角稳定、频率稳定和电压稳定三类；进而根据干扰的性质，又将功角稳定分为小干扰稳定和暂态稳定，同样将电压稳定分为小干扰电压稳定和大干扰电压稳定。另外，从干扰后动态过程的持续时间来看，功角稳定问题所涉及的电力系统元件通常都具有相对较快的动态响应速度，动态过程持续时间一般较短（如 10 s 或更短），属于短期稳定性问题；而频率稳定和电压稳定根据所涉及的设备不同，动态特性可以分为短期稳定性和长期稳定性。基于这种考虑，2004 年 IEEE/CIGRE 特别工作小组给出了图 1－4 所示的电力系统稳定性分类方法。

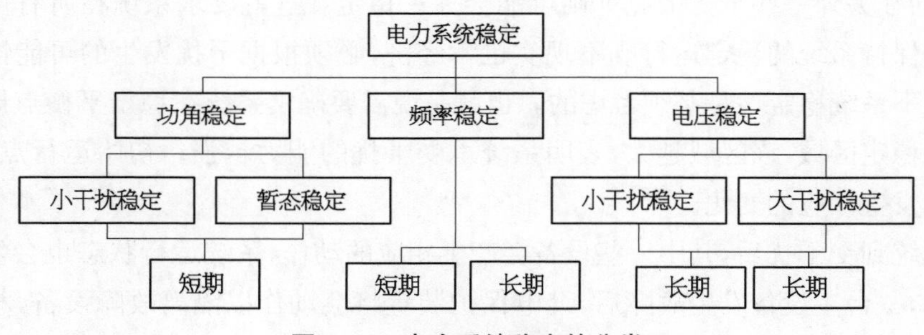

图 1－4 电力系统稳定的分类

（1）频率稳定。电力系统频率稳定性是指电力系统受到严重扰动以后，发电和负荷产生大的不平衡，电力系统仍能维持频率在合理的数值范围内的能力。频率稳定分为长期频率稳定和短期频率稳定等。一次调频、二次调频，也称自动发电控制（automatic generation control，AGC）是保证电力系统频率稳定的重要手段。

（2）功角稳定。正常情况下，系统中各发电机以相同速度旋转，机间相对转子角度维持恒定，即处于同步运行状态。若受到扰动后，系统中各发电机之间的相对功角随时间衰减并最终达到一个新的稳态值，则系统功角稳定。若受到扰动后，系统中各发电机之间的相对功角随时间不断增加，导致发电机失去同步，则系统功角失稳。功角稳定分为小扰动功角稳定和暂态功角稳定两种。小扰动功角稳定是指电力系统运行于某一稳态运行方式时，系统经受小扰动后，能恢复到受扰动前状态，或接近扰动前可接受的稳定运行状态的能力。暂态功角稳定是指电力系统受到大干扰后，各发电机维持同步并过渡到新的稳定方式的能力，通常指第一或第二振荡周期不失步。

(3) 电压稳定。电力系统电压稳定性就是电力系统维持节点电压在合理的数值范围内的能力。按照系统受到扰动的大小可以将电压稳定问题分为小扰动电压稳定和大扰动电压稳定。小扰动电压稳定研究的是电力系统在某一种潮流状况下，受到小的扰动系统能否保持稳定并维持各节点电压在合理的数值范围内。例如，负荷的缓慢增加有可能使系统达到承受负荷的极限，任何使系统偏离该平衡点的扰动都将导致母线电压发生不可逆转的下降，而其他状态变量没有明显的变化。大扰动电压稳定问题是电力系统受到大的扰动后伴随着系统保护的动作与事故处理，某些母线电压发生不可逆转的突然下降，而此时电力系统中其他的状态变量仍处于合理的数值范围内。

1.6 电力系统自动化组成及电网调度自动化

为了保证电力系统安全、优质、稳定、经济地运行，同时在电力系统发生故障的时候能够迅速排除故障，防止事故扩大，并尽快恢复电力系统的正常运行，必须提高电网自动化水平，采用先进的技术手段进行控制和管理。

1.6.1 电力系统自动化组成

电力系统自动化是由许多子系统组成的，每个子系统完成一项或几项功能，包括继电保护与自动装置、电力通信、调度自动化及自动调控设备等二次系统的各种设备和系统。

(1) 按照电力系统运行管理区分，电力系统自动化可分为：

① 电力系统调度自动化，包括发电和输电调度自动化、配电网调度自动化。

② 发电厂自动化，包括火电厂自动化、水电厂自动化等。

③ 变电站自动化。

(2) 按照电力系统自动控制角度，电力系统自动化分为：

① 电力系统频率和有功功率自动控制。

② 电力系统电压和无功功率自动控制。

③ 电力系统安全自动控制。

④ 电力系统中的断路器的自动控制。

1.6.2 电网调度自动化

电网调度自动化是一个总称，由于我国电网调度的基本原则是统一调度、分级管理、分层控制，各级调度的职责不同，因而与各级调度相对应的调度自动化系统的功能要求和配置也是不完全一样的。

1.6.2.1 数据采集和监控功能

数据采集和监控(supervisory control and data acquisition，SCADA)是调度自动化系统的基础功能，也是地区或县级调度自动化系统的主要功能。它主要包括以下内容：

(1) 数据采集和交换。采集各厂站实时信息，与相关调度中心交换信息，包括模拟量、状态量、脉冲量、数字量等。

(2) 信息的显示和记录。包括系统或厂站的动态主接线、实时的母线电压、发电机的有功和无功出力、线路的潮流、实时负荷曲线、历史曲线，以及负荷报表的打印记录、系统操作和事件顺序记录信息的打印等，并将信息以适合用户观看的方式进行显示。

(3) 远方的控制与调整。包括断路器和有载调压变压器分接头的远方操作，发电机有功出力和无功出力的远方调节。

(4) 数据处理及报警。对各类信息进行计算、统计、分析，根据预定义条件进行报警。

(5) 历史数据保存和查询。对实时数据进行历史保存，支持历史数据查询。

(6) 数据预处理。包括遥测量的合理性的检验、遥测量的数字滤波、遥信量的可信度检验等。

(7) 事故追忆。对事故发生前后的运行情况进行记录，以便分析事故的原因。

(8) 报表和打印。产生各种报表以及各种数据、图形、报表的打印。

1.6.2.2 能量管理系统

能量管理系统(energy management system，EMS)是现代电网调度自动化系统硬件和软件的总称，主要包括 SCADA、AGC、电网高级应用软件、调度员模拟培训等一系列功能。EMS 主要应用于省级及以上调度部门，电网高级应用软件主要分为下面两类。

(1) 能量管理类。利用电力系统的总体信息(频率、时差、发电功率、交换功率等)进行调度决策，主要目的是改善运行的经济特性，该级别的应用软件正在逐渐被电力市场的各种交易软件所代替。传统的能量管理级应用软件正处在深刻的变革中，主要包括负荷预测(包括短期、中期和长期)、发电计划、机组组合、检修计划、燃料计划、水电计划、交换计划等。

(2) 网络分析类主要包括：

① 网络建模，建立网络的分析模型。网络建模分为参数建模和结构建模两部分。参数建模就是将网络中各元件的物理参数按照一定的规则输入到网络数据库中；结构建模就是将网络的连接关系输入到数据库中。通过网络建模，电力系统从实际的物理系统变成可供分析的数学系统。

② 网络拓扑，按照开关状态和网络元件状态动态地将网络节点模型转化成计算用的母线模型。网络拓扑是进行电力系统分析计算的基础，网络拓扑的结果能够有助于其他网络分析软件(如实时网络状态分析、调度员潮流等)形成正确的电力系统数学模型。

③ 实时网络状态分析，由 SCADA 系统量测数据确定实时网络结线分析(拓扑)及运行状态，功能包括实时网络拓扑、状态估计、不良数据检测与辨识、母线负荷预测模型的维护、

变压器抽头估计、量测误差估计、网络状态监视和实时网损修正计算等。

④ 负荷预测是根据历史负荷数据预测未来的系统负荷。负荷预测分为短期和超短期负荷预测，可以分区、分类型进行负荷预测，电力系统负荷预测模型为：

$$L(t)=B(t)+W(t)+S(t)+V(t)$$

式中：$L(t)$ 为 t 时刻的系统负荷，$B(t)$ 为 t 时刻的基本负荷，$W(t)$ 为 t 时刻的天气敏感负荷，$S(t)$ 为 t 时刻的特别事件负荷，$V(t)$ 为 t 时刻的随机负荷。

⑤ 调度员潮流是在基本潮流算法的基础上加以扩展，通过提高潮流的收敛性和可操作性，从而达到能实时应用的产物。调度员潮流的数据源包括读取实时运行方式（状态估计结果）、读取由发电计划和负荷预测所组成的未来方式、读取以前保存的历史方式，还可以由用户（调度员）在单线图上设置假想、运行方式。用户可以在单线图上控制和调整系统潮流，也可以由潮流提供的画面分析系统的潮流特性。

⑥ 静态安全分析。一个正常运行的电网常常存在着许多潜在危险因素，静态安全分析就是对电网的一组可能发生的事故进行假想的在线计算机分析，校核这些事故后电力系统稳态运行方式的安全性，从而判断当前的运行状态是否有足够的安全储备。当发现当前的运行方式安全储备不够时，就要修改运行方式，使系统在有足够安全储备的方式下运行。

⑦ 短路电流计算，计算假想方式下各种形态的短路电流，用于校核开关的遮断容量和调整继电保护定值。

⑧ 电压/无功优化，这是在状态估计的基础上，通过改变电网中可控的无功控制设备运行状态，在满足特定的约束条件下降低系统网损，或校正违界电压。容许用户灵活定义约束条件。优化结果既可以形成控制策略提供用户参考，也可以形成控制命令下发 SCADA 系统遥控形成闭环控制功能。

⑨ 最优潮流包括经济调度和潮流两方面的功能，可以针对不同的约束采用不同的控制变量使不同的目标达到最小。最优潮流可以比较容易地处理潮流约束问题，因而可以替代安全约束调度，也可以用于电压无功优化。

1.6.2.3　广域测量系统

近年来，相量测量单元（phasor measurement unit，PMU）和广域测量系统（wide area measurement system，WAMS）的研究和开发在国内外发展态势强劲，主要来自电力系统的两个发展需求：一是时间上同步，二是空间上广域。WAMS 弥补了传统的适用于稳态监测的 SCADA/EMS 系统不能监测和辨识电力系统动态行为的不足。相比而言，广域监测具有监测断面一致性、可提供同步的实时相角信息、能够进行动态过程监测和辨识、能提供全局化的分析与控制决策信息等重要优势。

广域测量系统的基本组成如下。

(1) PMU 原理及子站硬件组织方式

交流电力系统的电压、电流信号可以使用相量表示，相量由两部分组成，即幅值 X（有效值)和相角 φ,用直角坐标则表示为实部和虚部。相量测量必须同时测量幅值和相角。幅值可以用交流电压电流表测量;相角的大小取决于时间参考点,同一个信号在不同的时间参考点下,其相角值是不同的。所以,在进行系统相量测量时,必须有一个统一的时间参考点,高精度的 GPS 同步时钟就提供了一个这样的参考点。任意两个相量在该时间参考点下测得的两个相角的"差"即为两地相对相角,这就是相量测量的基本原理。如图 1－5 所示,在统一的坐标系中,V_1 超前 V_2 90°。

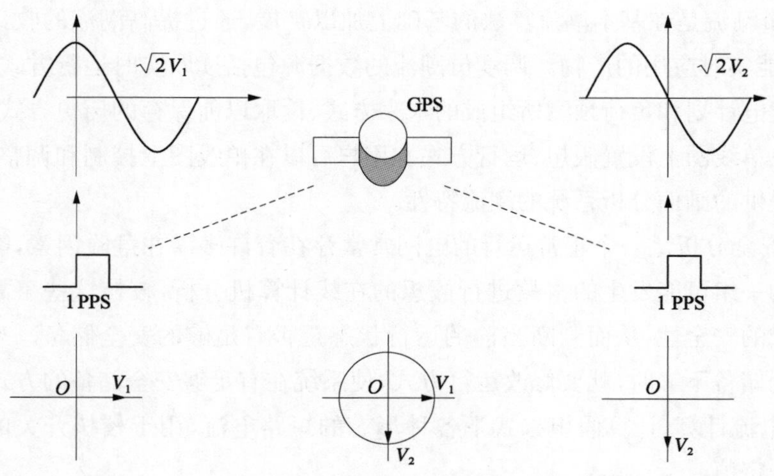

图 1－5　同步相量测量原理

国内目前投运的子站多为分布式测量结构,如图 1－6 所示。子站通常直接测量线路、母线、机组机端的三相电压和电流,一般要求接入到测量回路里,个别厂站由于二次回路资源限制只能接到保护回路里。发电厂子站要求接入发电机转子位置信号,以便直接测量发电机的功角,避免通过机端电压电流估算功角带来的计算误差。子站内部各测量单元之间通过内部以太网通信。各测量单元都接入独立的或公用的 GPS 授时信号,保证同步测量的对时精度 1 μs 的要求。

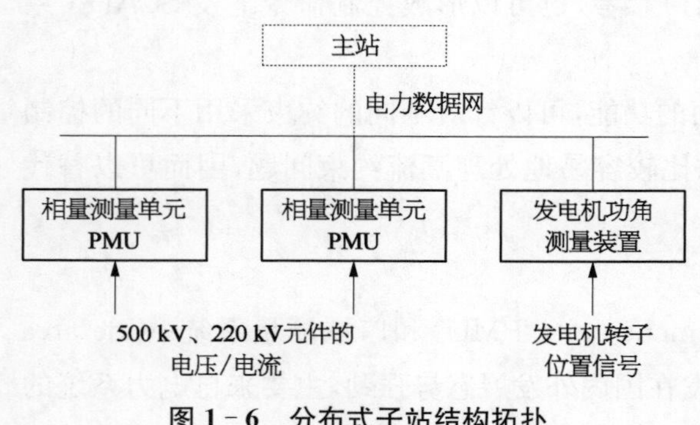

图 1－6　分布式子站结构拓扑

(2) 主站功能简介及主站硬件组织方式。

WAMS 主站在接收到来自子站的相量数据后,对这些数据进行分析、处理、存储、归档,利用这些数据开展调频/调压等电厂辅助服务功能的考核、低频振荡分析及抑制等方面的研究和应用。所有这些应用给电力系统分析和控制提供了新的视角和方法,成为制定电力系统控制策略和确定电力系统设计、运行、规划方案的重要依据。

WAMS 主站应包括通信前置服务器、实时数据服务器、历史数据库、网络服务器、分析工作站、图形终端等，它们通过10 M/100 M以太网互联。WAMS主站应与EMS具有相同的可靠等级，通信服务器、实时数据库、历史数据库采用双机互备方式，主站内部通信采用双网结构。通信前置服务器接收PMU上送的实时数据。应用服务器接收通信前置服务器的数据构造实时数据库，在线分析电网的动态过程，对异常情况给出报警或触发主站数据记录，并定期将过期数据转存到历史数据库。历史数据库保存WAMS系统记录的动态数据。

1.6.2.4 自动发电控制

AGC功能是以SCADA功能为基础而实现的功能，一般写成SCADA＋AGC。自动发电控制是为了实现下列目标：

① 对于独立运行的省网或大区统一电网，AGC功能的目标是自动控制网内各发电机组的出力，以保持电网频率为额定值。

② 对跨省的互联电网，各控制区域(相当于省网)AGC功能的目标是既要承担互联电网的部分调频任务，以共同保持电网频率为额定值，又要保持其联络线交换功率为规定值，即采用联络线偏移控制的方式(在这种情况下，网调、省调都要承担AGC任务)。

1.6.2.5 自动电压控制

自动电压控制系统(automatic voltage control，AVC)宜采用集散控制的原理进行设计，以分布式控制为主、集中控制为辅，具体来说，主要由一个中心控制子系统和3类分散控制子系统以及相关的通信系统和数据传输网络组成。其中中心控制子系统为省调AVC系统，分散子系统包括地调AVC系统、变电站(主要为500 kV变电站)的自动电压控制系统和发电厂的自动电压控制系统。

省调AVC系统以网损最小为优化目标，通过对220 kV以上电网各节点电压和机组无功出力监控，经全网无功优化计算后得出各个子系统的优化控制目标，通信系统和网络设备负责将优化目标发到各个控制子系统。

各个控制子系统负责控制目标的实现，从而完成集中决策、多级协调、分层控制的过程。各级优化控制系统都是按照电网安全、优质、经济的调度原则进行设计的。

第 2 章　发电机组调速系统

调速系统控制发电机组原动机的运行，影响电力系统的有功功率和频率调节过程，是网源协调的一个重要组成部分。传统的调速系统仅指汽轮机或者水轮机调速器及其执行机构，现代调速系统已经涉及燃气轮机、锅炉控制、风光储等领域。随着大量高参数、大容量机组的投产，以下两个与发电机组调速系统相关的网源协调问题值得关注。

(1) 大量采用直流锅炉的大容量机组一次调频能力差。为了达到更大的单机容量、能源转换效率，目前的大机组普遍采用超临界甚至超超临界技术的直流锅炉。直流锅炉无汽包、蓄热小，使得锅炉一次调频能力差；为了经济性，整个机组被设计为运行在滑压状态，此时汽轮机调门接近全开，汽轮机的一次调频能力也被削弱。

(2) 大容量机组全面采用了数字电液控制(digital electric-hydraulic control, DEH)系统。相比液调系统，DEH 系统速度快、调节精度高、调节死区小的电气液压式调速系统能够对电力系统小干扰作出响应，这使得电力系统安全稳定研究中有必要考虑调速系统的影响。

2.1　调速系统调节模式

调速系统包括同步发电机组的原动机及其调节系统，由控制部分、执行机构部分和原动机部分构成。调速系统由控制部分发出指令，经过执行机构部分放大，驱动气门或者导叶控制进入原动机的蒸汽或者水流的数量。蒸汽或者水流在原动机内做功，将自身的动能以转矩形式传递给发电机组轴系，再通过励磁绕组产生的电磁力矩将轴系的功能转换为电能传递给定子绕组，这样就实现了蒸汽和水力的发电。

从上面的过程可以看出，调速系统是调速气门或者导叶的运动，从而控制进入原动机的蒸汽流量或者水流流量，蒸汽或者水流产生施加在发电机组轴系上的机械转矩从而影响原动机运行状态。机械转矩影响发电机转子运动，从而对电力系统动态稳定产生影响。因此，要分析调速系统对电力系统动态稳定的影响，必须分析调速系统对机械转矩的影响，以及机械转矩对电力系统动态稳定的影响。

2.1.1　火电机组原动机系统结构

火电机组包括热力、机械和电气 3 个子系统，分别对应锅炉、汽轮机/燃气轮机和发电机 3 大主要设备。3 个子系统之间互相耦合，构成一个复杂的热机电系统。

火电机组主要有 3 个调节系统。一是发电机励磁控制系统，它以发电机机端电压为控制目标，通过对发电机励磁电流或电压的调整，达到调整发电机机端电压的目的。二是机组的转速控制系统，它以机组转速为控制目标，通过对输入原动机的主动转矩的调整来保持系统负荷平衡，达到调整机组转速、维持系统频率为规定值的目标。三是锅炉和汽轮机侧的锅炉汽轮机控制系统，以控制锅炉生产的蒸汽压力和流量(燃气轮机燃料控制方面)。励磁控制系统只影响电气子系统，转速控制系统主要影响机械子系统，而热力子系统由锅炉汽轮机控制系统(燃气轮机控制系统)控制。

整个火电机组的动力系统结构示意图如图 2－1 所示，主要包括 4 个部分。

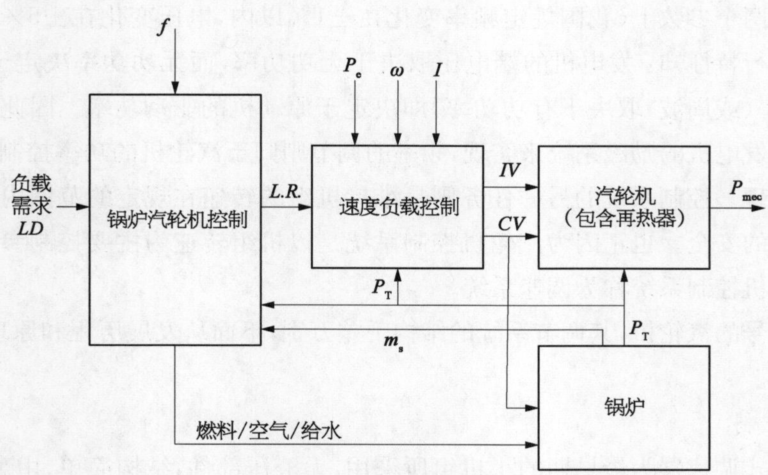

图 2－1　火电机组动力系统结构示意图

锅炉汽轮机控制系统输入量为负载需求(LD,手动给定或由 AGC 给定)、频率(f)、主蒸汽压力(P_T)、蒸汽流量(m_s)，输出量为锅炉的燃料/空气/给水信号、速度负载控制系统的速度负载参考值($L.R.$)。

锅炉系统输入量为燃料/空气/给水信号、汽轮机控制阀开度(CV)，输出量为主蒸汽压力(P_T)、蒸汽流量(m_s)。

速度负载控制系统输入量为速度负载参考值($L.R.$)、发电机电功率(P_e)、机组转速(ω)、发电机电流(I)、主蒸汽压力(P_T)，输出量为控制阀开度(CV)、截止阀开度(IV)。

汽轮机系统(包含再热器)输入量为主蒸汽压力(P_T)、控制阀开度(CV)、截止阀开度(IV)，输出量为机械功率(P_{mec})。

在电网安全稳定分析中，对锅炉汽轮机系统一般都采用了不同程度的简化。暂态稳定分析中，很多情况下完全忽略了锅炉汽轮机系统的动态，将机械功率 P_{mec} 视为恒定值。更长时间的电网动态过程研究需要考虑原动机的动态和由此导致的机械功率变化，将汽轮机和速度负载控制系统加入模型中，但是不考虑锅炉动态，即认为主蒸汽压力 P_T 恒定。一般的电力系统仿真软件中都只考虑汽轮机及其调速系统模型，不考虑锅炉动态。当需要考虑更长时间的电网动态过程时，锅炉动态就可能带来一定影响，需要考虑锅炉的模型。

2.1.2 汽轮机模型

2.1.2.1 汽轮机控制的任务

由于电能难以大量储存，而且电力用户的用电量又经常变化，因此电力生产中必须对发电设备进行自动控制。因此，汽轮机控制系统的任务之一就是及时调节机组的功率，以随时满足用户对发电能量的需求。

除了要保证所发电能量的需求外，电力生产也要保证一定质的要求，这主要体现在电能的频率和电压两个参数上(我国规定频率变化在±1%以内，电压变化在±6%以内)。由同步发电机的运行特性知：发电机的端电压取决于无功功率，而无功功率决定于发电机的励磁；电网的频率(或周波)取决于有功功率，即决定于原动机的驱动功率。因此，电网电压的调节主要通过发电机的励磁系统来实现，频率的调节则归于汽轮机的功率控制系统，通过控制其转速而实现。控制系统的另一任务则是维持机组的转速在规定的范围内，保证供电频率和机组本身的安全。也正因为汽轮机控制系统是以机组转速为主要控制参数的，故而习惯上常将汽轮机控制系统称为调速系统。

对不同型号的汽轮机，其调节系统的结构千差万别，下面从发展历程和原理方面介绍汽轮机调节系统。

1) 直接控制

机械杠杆式调速器为最早期的小机组所采用，无液压部件，结构简单，由离心式重锤调速器通过杠杆机构直接驱动调速气门，因此执行机构的输出功率较小。

图 2-2 是汽轮机转速直接控制系统示意。当汽轮机负荷减小而导致转速升离时，离心

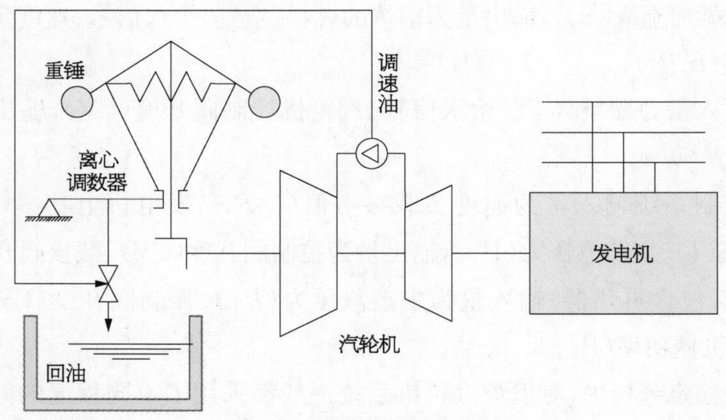

图 2-2 直接控制系统示意

调速器的重锤向外张开，通过杠杆关小调节气阀，使汽轮机的功率相应减小，建立起新的平衡。当负荷增加时电转速降低，重锤向内移动，开大调节气阀，增大汽轮机的功率。由此可见，调速器不仅能使转速维持在一定的范围之内，而且还能自动保证功率的平衡。该系统是利用调速器重锤的位移直接带动调节气阀的，所以称为直接控制系统。由于调速器的能量有限，一般难以直接带动调节气阀，所以应将调速器滑环的位移在能量上加以放大，从而构成间接控制系统。

2）间接控制

图 2-3 是最简单的一级放大间接控制系统示意。在间接控制系统中，调速器所带动的不是调节气阀，而是错油门滑阀。当汽轮发电机组以额定转速稳定运行时，发出一定的有功功率并与一定的负荷相平衡，系统频率为额定值。与这种稳定工况相对应，图中的杠杆 ACB 处于水平位置，A、B、C 三点代表工况如下：

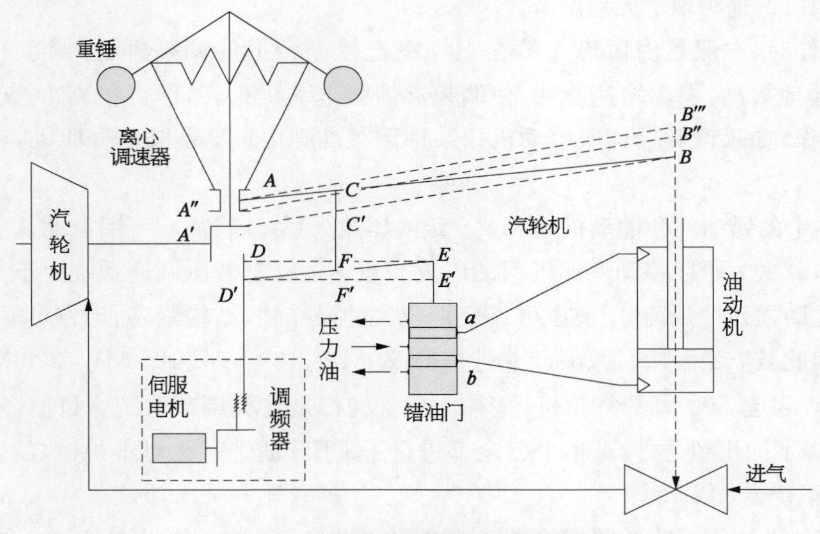

图 2-3　一级放大间接控制系统示意图

① A 点的位置由离心飞锤甩开的程度决定，稳定工况时即与汽轮机的额定转速（即发电额定频率 50 Hz）相对应。

② B 点的位置由油动机活塞和汽轮机调速气门的位置决定，对应了一定的气门开度、进气量和发电机有功功率 P。

③ C 点此时的位置决定错油门位置，油动机活塞停住不动，表示自动调频结束。此刻 D 点保持不动，通过 F 点和 E 点传递，错油门活塞停于中间位置，管口 a 和 b 封闭，压力油不能通过错油门进入油动机。

如负荷需求进一步增大，而发电机有功功率尚未变化（气门及 B 点均未动），必然会使机组转速下降。与原动机同步旋转的离心飞锤下落（因离心力变小），相应地使 A 点位置下降到 A'，使 C 点下降为 C'。由于 D 点不动（调频器未动作），杠杆 DFE 旋转到 $DF'E'$ 位置，使错油门活塞下移，进而压力油经过 b 管注入油动机活塞下部，推动活塞向上移，B 点将上移到 B''，使调速气门开度增大，汽轮机进汽量增加，发电机有功功率 P 随之增加。

与此同时，汽轮机转速回升，A 点位置在新的转速之下由 A' 回升到 A''，这就使杠杆 $A''B''$ 的 C 点又回到原来位置，从而使错油门活塞复位，管口 a 和 b 再次封闭，于是系统频率稳定在某一新值，与发电机组的新转速相对应。由于 A'' 点低于原来 A 点位置，机组新的转速和系统频率新值低于原来的额定值，因此这一调节过程是有差调节。

为了使系统频率回复到额定值，调度中心可以命令系统调频电厂值班人员开动调频器的伺服电动机，通过蜗轮蜗杆传动抬高 D 点位置，这样就可以使 E 点及错油门活塞再次下移，使压力油又经 b 管注入油动机下部，进一步推动活塞上移，开大调速气门，增加机组有功功率和转速，直到系统频率恢复额定值为止。这时 D 移到 D'，B'' 上移到 B'''，A'' 上移到原额定点 A，E 点也回到原平衡点（错油门又复位），C 和 F 点稍有提高。这就是频率二次调整的过程，通过二次调整实现了无差调节。

具体操作时，一般是由值班人员在主控室把控制台上的调频机组“调速开关”向“增速”方向短暂地扳动，发出增速脉冲，使调频器伺服电动机正转，即可抬高 D 点位置，这是手动调频操作；如果调频器伺服电动机按某种调频准则由自动调频信号驱动，就是自动调频了。

图 2-3 中的错油门和油动机组成了一级液压放大系统，将离心飞锤带动 A 点上下滑动的微弱力量，放大为可以移动调速气门的巨大力量。这种全液压调速系统由于其机械连接部件少，因此磨损元件少，利用液压可以获得较大的操作功，结构紧凑、工作可靠，而且灵敏度也较高，因此被广泛采用。原国产或进口的 50 MW、100 MW、125 MW、200 MW 以及早期的 300 MW 甚至 500 MW 汽轮机，基本上配备的都是这类调节系统。目前，液调系统除 100 MW 及以下的机组之外，基本上已全部进行了 DEH 改造。相对于机械杠杆式调速器，液调具有如下优点：

① 采用油动机作为改变调位的执行机构，显著提高了系统的输出功率。

② 通过油路和液压部套对控制信号进行综合，增强了系统的运算能力。

③ 对供热机组可以实现热、电双变量的联系调节。

3）数字电液控制

数字计算机技术的发展及其在过程自动化领域的应用，将汽轮机控制技术又向前推进了一大步，20 世纪 80 年代出现了以数字式计算机为基础的数字式电气液压控制系统，简称数字电调，系统示意如图 2-4 所示。其组成特点是用数字式电子计算机作为控制器，执行器仍保留液压式的油动机。

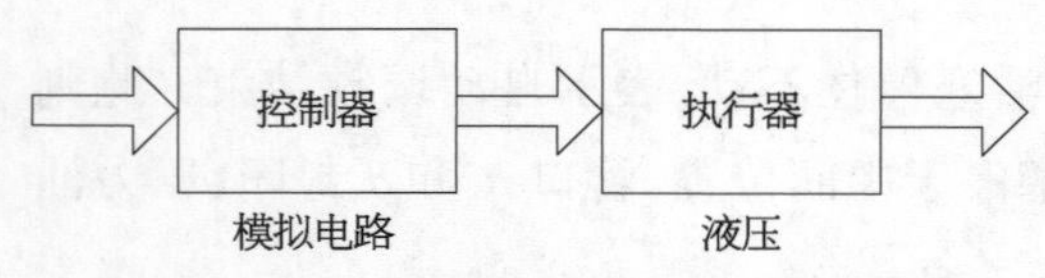

图 2-4　数字式电气液压控制装置示意

早期的数字电调大多是以小型计算机为核心，微机的功能加强后，数字电调也有采用微机的。近年来，随着分散控制系统的发展和普及，也普遍采用了由分散控制系统构成的电调。相对于模拟电调系统，数字电调的功能更为强大。由于采用了先进的数字处理和网络通信技术，DEH系统的抗干扰能力大大增强，控制方式也十分灵活。

DEH控制系统在汽轮发电机组中得到了广泛应用，图2-5所示为一个典型的单再热串联复合汽轮机模型。在再热器后、中高压缸前考虑了截止阀。由于截止阀只是提供了一种截止气流的备用手段，很多情况下不会动作。模型中有3个时间常数：T_{CH}、T_{RH}、T_{CO}，分别为进气室容积时间常数、再热器容积时间常数、交换器容积时间常数，其典型值分别为0.1～0.4 s、4～11 s、0.3～0.5 s。汽轮机控制阀动作后，经过进汽室一个环节后就会导致机械功率的变化，时滞仅为 T_{CH} 电力系统低频振荡关心的频率为0.1～2.5 Hz，其下限频率对应的周期为10 s，远大于进气室的容积时间常数 T_{CH}。

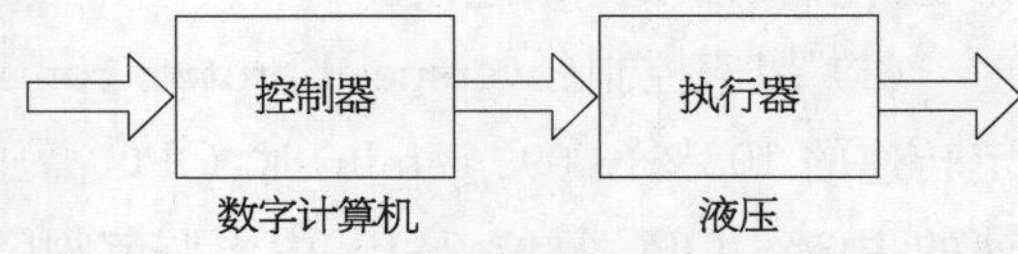

图2-5　典型单再热串联复合汽轮机模型

不考虑主蒸汽压力的变化和截止阀的动作，上述串联组合、单再热器汽轮机的模型(PSD-BPA程序中的TB模型)为：

$$G_{st}(s)=\frac{\Delta P_m}{\Delta \mu_m}=\frac{1}{1+ST_{CH}}\left(F_{HP}+\frac{1}{1+ST_{RH}}\left(F_{IP}+\frac{F_{LP}}{1+ST_{CO}}\right)\right)$$

式中：$F_{HP}=0.3$，$F_{IP}=0.4$，$F_{LP}=0.3$，$T_{CH}=0.2$ s，$T_{RH}=8.0$ s，$T_{CO}=0.5$ s。

2.1.2.2　汽轮机调速器

汽轮机调速器考虑下面2种。

(1) 普通数字电液调速器SGOV1(PSD-BPA中的GS模型)模型如图2-6所示。

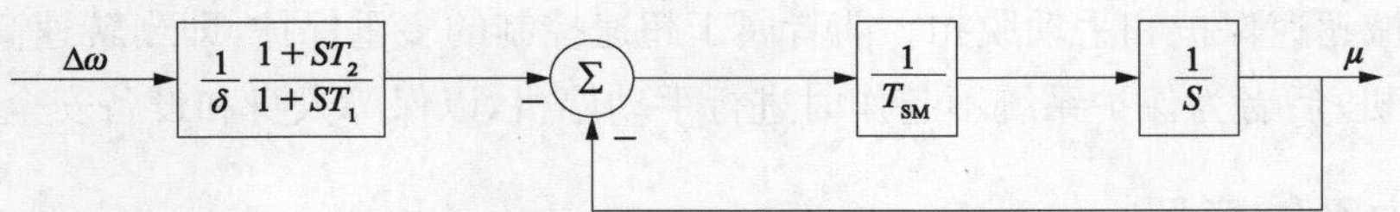

图2-6　汽轮机普通数字电液调速器模型SGOV1

参数：$\delta=0.05$，$T_1=7.5$ s，$T_2=2.8$ s，$T_{SM}=0.1$ s。

(2) 功频电液调速器SGOV2模型如图2-7所示。

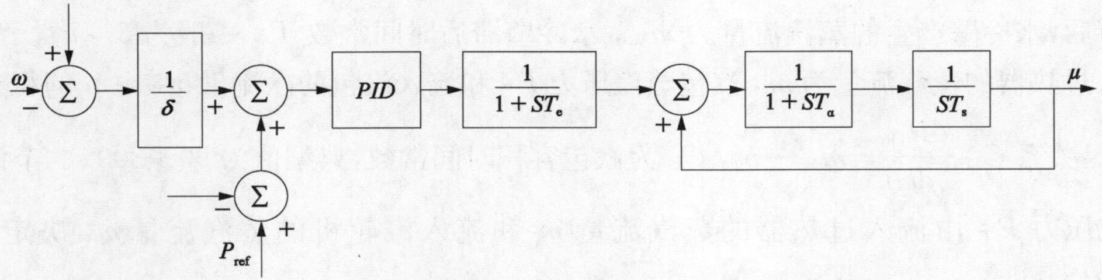

图2-7　汽轮机功频电液调速器模型SGOV2

参数：$\delta=0.05$，$T_e=0.05$ s，$T_\alpha=0.02$ s，$PID=1.0+\dfrac{0.2}{S}+\dfrac{0.1S}{1+0.02S}$。

2.1.2.3 调速系统中的控制和保护

汽轮机调速系统的作用主要是平衡正常工况下的负荷波动，通过上述的调速器控制调节高压气门调节阀开度，改变汽轮机输出功率，从而平衡负荷波动，保护汽轮机不受损坏。此外，调速系统中一般还具有下面几类保护，在中长期动态中可能产生重要影响，在中长期稳定计算中需要详细建模。

(1) 超速控制(overspeed protect controller, OPC)。在任何情况下，当机组转速超过额定转速的 103%(3 090 r/min)时，OPC 高压、中压调节阀门关闭，直到机组转速小于额定转速的 103%，OPC 复位，高压、中压调节阀门重新打开。

(2) 全部甩负荷。当机组甩负荷时，DEH 将负荷设定值改为额定转速，进行转速控制。OPC 将高压、中压调节阀门关闭，延时 1～10 s 后，转速小于额定转速的 103%时，OPC 复位，DEH 将转速调节到预定转速。

(3) 部分甩负荷(中压调节阀门快关)。机组正常运行时，汽轮机功率和发电机功率相等，中压调节阀门禁止关闭。当电力系统故障引起机组部分甩负荷(汽轮机的机械功率和发电机的功率差异超过设定值)时，OPC 动作，将中压调节阀门关闭一段时间(0.3～1.0 s)后释放。这样可以减少中、低压缸的出力，避免汽轮机功率与发电机功率的不平衡引起功角增大，使得发电机失步，电力系统失去稳定。

(4) 危急遮断控制(emergency trip system, ETS)。该保护是在 ETS 系统检测到机组超速达到 110%(3 300 r/min)或其他安全指标达到安全界限后，通过自动停机遮断电磁阀关闭所有的主汽阀和调节汽阀，实行紧急停机。

(5) 机械超速保护和手动脱扣。前者属于超速控制的多重保护，即当转速高于 110%时实行紧急停机；后者为保护系统不起作时进行手动停机，以保障人身和设备安全。

2.1.3 热力系统模型

2.1.3.1 锅炉动态模型

锅炉的动态模型如图 2-8 所示。燃料空气信号输入后，经过燃烧动态过程，产生热量释放。典型的燃烧动态过程，燃煤机组为 $\dfrac{e^{-40S}}{1+30S}$，燃油机组为 $\dfrac{1}{1+5S}$。经过水冷壁滞后环节后，水冷壁产生的蒸汽流量为 m_W，水冷壁滞后时间常数 T_W 一般为 5～7 s。流出汽包流入过热器的蒸汽流量为 m，汽包蒸汽压力 P_D 和流入汽包的净流量 m_W-m 的积分成正比，满足关系 $C_D\dfrac{dP_D}{dt}=m_W-m$，$C_D$ 为汽包容积时间常数，典型值为 90～300 s。节流阀处的蒸汽压力 P_T 由流入过热器的蒸汽流量 m 和流入汽轮机的蒸汽流量 m_s 决定，满足 $C_{SH}\dfrac{dP_T}{dt}=m-m_s$，$C_{SH}$ 为过热器容积时间常数，典型值为 5～15 s。流出汽包流入过热器

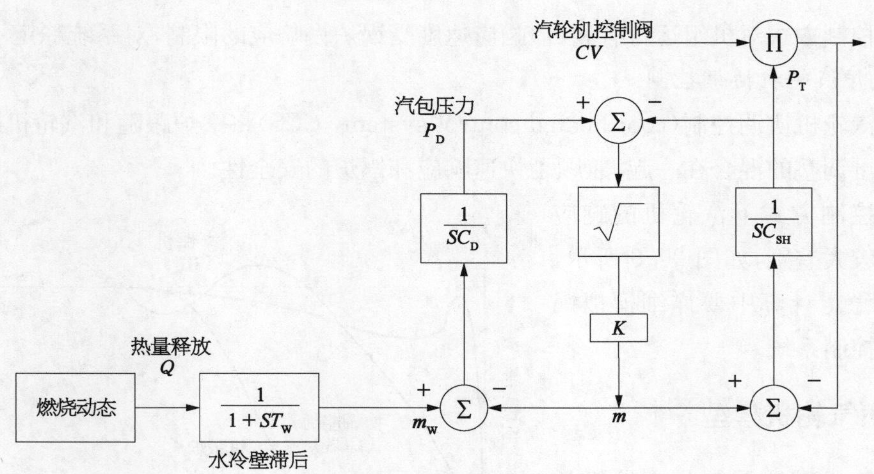

图 2-8　锅炉的动态模型

的蒸汽流量 m 由汽包和过热器中的压力差决定，满足的 $m=K\sqrt{P_D-P_T}$，系数 K 的典型值为 3.5。流入汽轮机的蒸汽流量 m_s，由汽轮机控制阀开度和主蒸汽压力 P_T 共同决定，满足 $m=\mu P_T$，μ 为控制阀开度。

从锅炉的模型可以看出，锅炉动态过程的时间常数非常大。燃料空气信号发生变化后，分别进过燃烧动态过程、水冷壁滞后导致流入汽包的蒸汽流量发生变化，这个过程的时滞对燃煤机组为 75 s 左右，燃油机组为 10 s 左右。流入汽包的流量变化导致汽包压力变化还存在很大的时滞(典型值为 90～300 s)。汽包压力变化导致流入过热器的流量变化，流量变化再引起主蒸汽压力 P_T 的变化，中间的时滞也达到 5～15 s。因此，燃煤汽包型锅炉的总时滞达到数分钟。

直流式锅炉没有汽包环节，时滞比汽包型锅炉小很多，但也接近分钟的量级。电力系统低频振荡关心的频率为 0.1～2.5 Hz，其下限频率对应的周期为 10 s，远小于锅炉系统的时间常数。因此，在低频振荡的研究中，锅炉的动态基本不会对振荡过程产生影响，忽略锅炉的动态是合理的，模型中可以认为汽轮机的主蒸汽压力恒定。

2.1.3.2　锅炉汽轮机控制

火电厂的锅炉汽轮机控制方式主要有 3 种。

1) 锅炉跟随(汽轮机先导)

控制过程为：负荷指令改变——汽轮机气门开度变化——汽轮机改变进汽量(汽轮机机械功率改变)——锅炉主蒸汽压力变化——调节锅炉给煤量和送风量。

这种控制方式的优点是能够快速改变汽轮机输出机械功率，对系统稳定有利，但锅炉出口压力剧烈波动会影响锅炉的稳定运行。

2) 汽轮机跟随(锅炉先导)

控制过程为：负荷指令改变——调节锅炉给煤量和送风量——锅炉主蒸汽压力变化——汽轮机气门开度变化——汽轮机机械功率改变。

这种控制方式对机组运行有利，但响应速度受锅炉慢响应的限制，对系统稳定不利。

3）锅炉汽轮机协调控制

锅炉汽轮机协调控制(coordinated control system，CCS)将锅炉跟随和汽轮机跟随两种运行模式可调整的混合在一起，兼顾了快速响应和锅炉的安全性。

不同控制方式下汽轮机的响应特性存在较大差别，如图 2－9 所示，在中长期稳定计算中要详细模拟锅炉汽轮机控制系统。

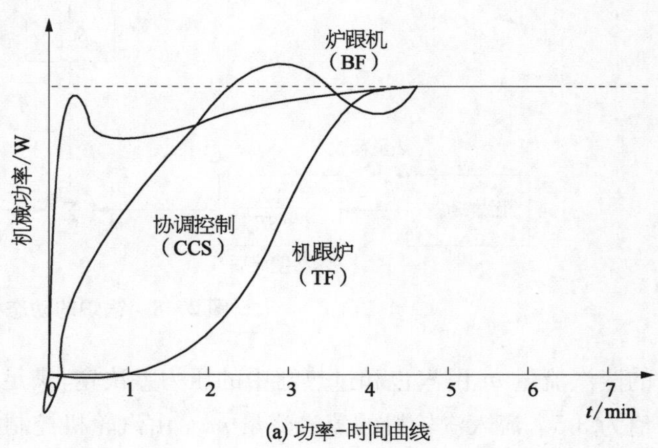

(a) 功率-时间曲线

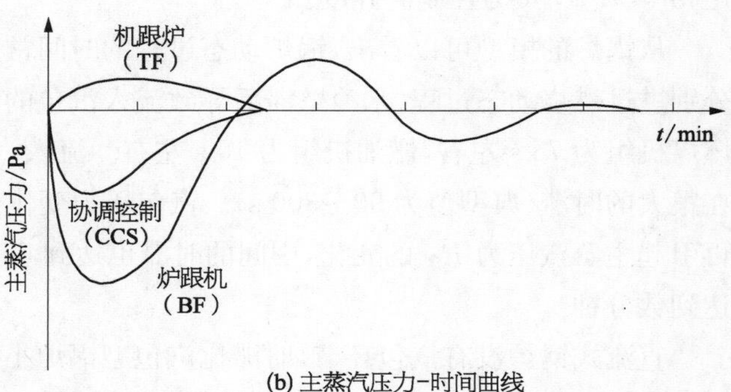

(b) 主蒸汽压力-时间曲线

图 2－9　不同锅炉汽轮机控制方式下的响应

2.1.4　燃气轮机模型

燃气轮机转速控制与汽轮机类似，燃气轮机直接控制进入燃烧室的天然气进气量。燃气轮机在火力发电厂带动交流发电机发电通常采用间接有差转速控制方式。通过在敏感元件调速器和燃料调节阀之间增加一级或二级中间放大后的调节系统为间接调节系统。放大器包括液压放大、电信号放大等多种形式。

以图 2－10 给出的一级液压放大间接调节系统为例。调速器不直接带动燃料调节阀，只用来带动圆柱形的滑阀。用滑阀来控制油动机，再通过油动机来带动燃料调节阀。滑阀位于中间位置时，其上、下凸肩正好遮住油口 a、b。油动机活塞上腔和下腔的油被封闭，活塞静止不动。如转速升高，即 Δx 为正时，调速器滑环带动滑阀向上位移，B 点向上移动 Δy 距离，油口 a 与高压油连通，而油口 b 与回油相通，在油压作用下，油动机活塞向下移动，带动燃料调节阀向减小燃料供给量的方向移动。与此同时，油动机活塞杆在 C 点通过杠杆带动滑阀向下，直至滑阀重

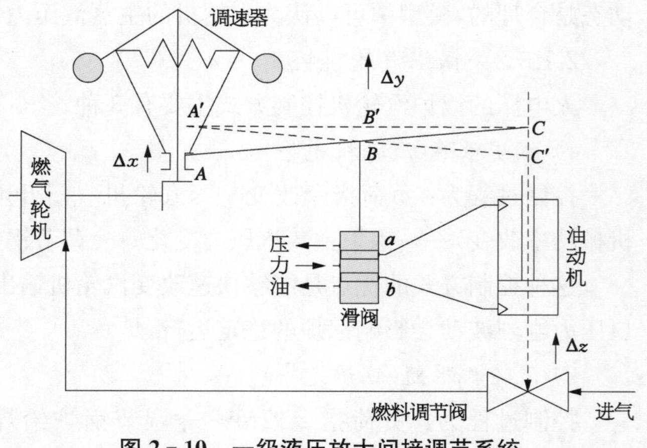

图 2－10　一级液压放大间接调节系统

新回到中间位置，上、下凸肩重新遮住油口 a、b，油动机停止动作。调节过程终了时滑阀必须回到中间位置，即 B 点 Δx 与燃料调节阀 Δz 之间一一对应。从静态角度看，调速器滑环位移和燃料调节阀位移的关系与直接调节相似，只是通过油动机活塞带动燃料调节阀的开关，因此该间接转速调节系统也为有差调节系统。

间接转速调节框图如图 2－11 所示。在此间接转速调节系统中，调速器滑环带动滑阀使油动机动作，而油动机本身反过来又带动滑阀，它带动的方向是使由 Δx 所引起的 Δy 减少，即抵消前者的作用，使油动机停止动作。图 2－11 上环绕油动机和杠杆间的回返线所示，该作用环节称之为负反馈，在框图中用“－1”标示。在燃气轮机调节系统中会经常遇到这种负反馈。负反馈可通过机械、液压或电信号等形式实现。

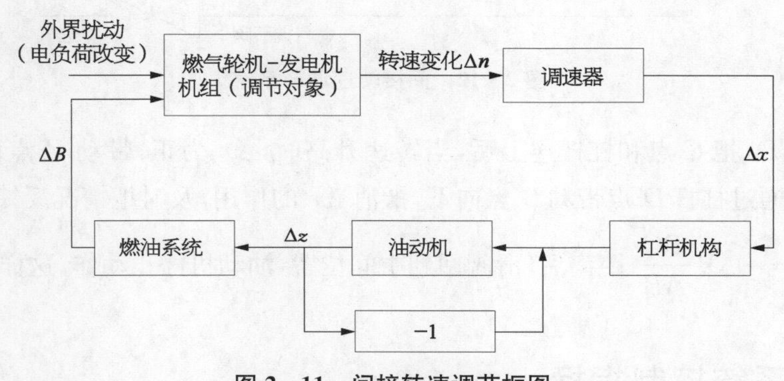

图 2－11　间接转速调节框图

实际自动调节系统中，信号需经过多次放大传递。一个环节把自己的输出传递给下一个环节，下一环节再输出信号传递至再下一个环节。每个环节完成动作需要一个过程，如滑阀打开油口后油动机动作全程需 0.2 s；由于高压燃气管线的充/放气需要一定时间，使得即使燃料调节阀位置变化，进气量也不会瞬间变化，这样就会导致后面环节的动作总要落后于前面环节。如果传递环节较多，最后环节的动作就会和前面信号相差很远，不易配合。调节系统中通过引入负反馈环节，能够及时把后面环节的动作通知前面环节，并根据后面环节的情况相应调整自己的动作，使得每个环节的动作更准确、适当。反馈环节是调节系统稳定的一个重要和必要的措施。

如果把间接转速调节系统油动机反馈的 C 的点去掉，把杠杆和油动机分开，另外新加一个支点 D，图 2－12 所示。简单分析该系统的工作过程。当负荷减少时，转速增加，Δx 为正，带动滑阀向上位移，把油口 a 与压力油相连，油动机活塞向下，减少燃料量供给。只要滑阀打开着，油动机活塞就会一直下行，直到惯性很大的转子把转速降下来使滑阀回到原来中间位置，油口 a 重新被遮盖，但此时油动机动作过了头，燃料量减少得太多了。图 2－12 间接转速调节系统燃气量的过度减少使得机组转速进一步下降，产生负的 Δx 位移，又把油口 b 与压力油相通，使油动机向增加进气量方向动作，可能使动作过头。这样来回反复，机组转速很难稳定下来。

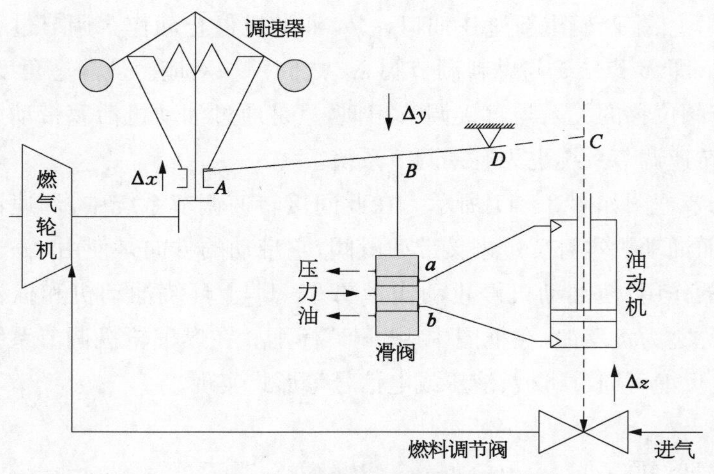

图 2－12　间接转速调节系统

去掉支点 D，把 C 点和杠杆连上后，当转速升高时，Δx 为正，带动 B 点向上，在 Δz 向下动作的同时通过杠杆 D 点带动 B 点向下，抵消 Δx 的作用，及时把情况反馈给滑阀。在油动机走完 $\Delta z=-\Delta x\dfrac{BC}{AB}$ 距离后，滑阀回到中间位置，油动机停止动作，这样就不易过调。

2.2　调速系统控制指标

2.2.1　术语和定义

(1) 调节系统是控制原动机运行的控制系统。

(2) 阶跃量是阶跃试验中，被控量的最终稳态值与初始值之差，如图 2－13 所示中的 U_1-U_0。

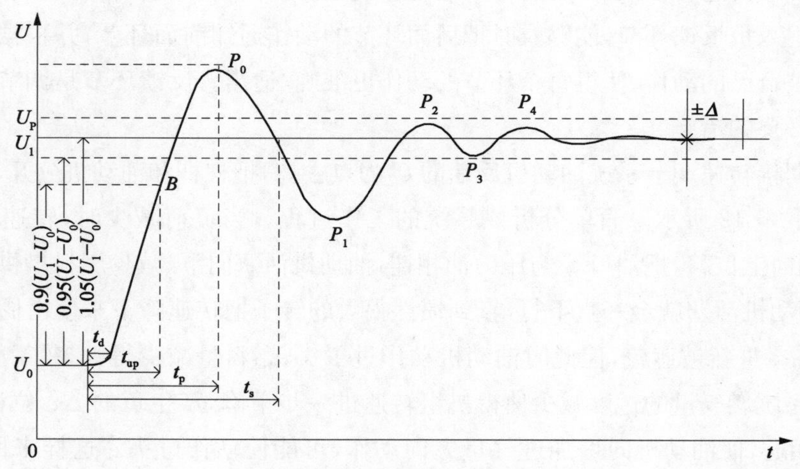

图 2－13　阶跃响应特性示例曲线

(3) 超调量是阶跃试验中，被控量的最大值与最终稳态值的差值与阶跃量之比的百分数，如图 2-13 的 $\frac{U_P - U_1}{U_1 - U_0}$。

(4) 起始时间 t_0 是阶跃试验信号加入时刻。

(5) 滞后时间 t_d 是阶跃试验中，从阶跃信号加入开始到被控量变化至 10%阶跃量所需时间。

(6) 上升时间 t_{up} 是阶跃试验中，从阶跃量加入开始到被控量变化至 90%阶跃量所需时间。

(7) 峰值时间 t_p 是阶跃试验中，从阶跃量加入开始到被控量达到最大值所需时间。

(8) 调节时间 t_s 是从起始时间开始，到被控量与最终稳态值之差的绝对值始终不超过 5%阶跃量的最主短时间。

(9) 振荡次数 N 是被控量在调节时间内震荡的次数。

(10) 水轮机反调峰值功率 P_{RP} 是在水轮机阶跃试验中，初始功率与反调功率最大值之差，如图 2-14 所示。

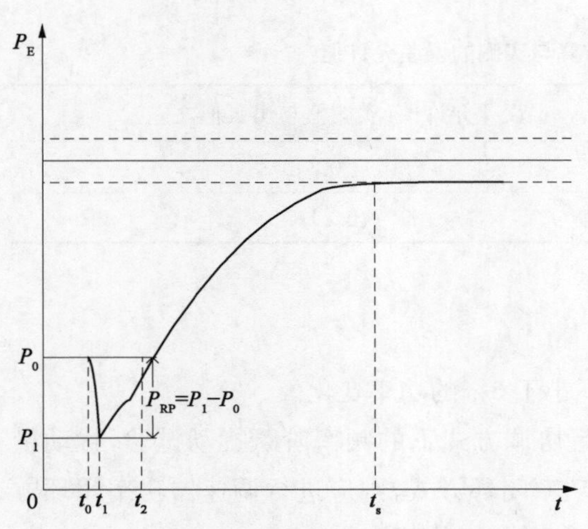

图 2-14　水轮机阶跃响应示例曲线

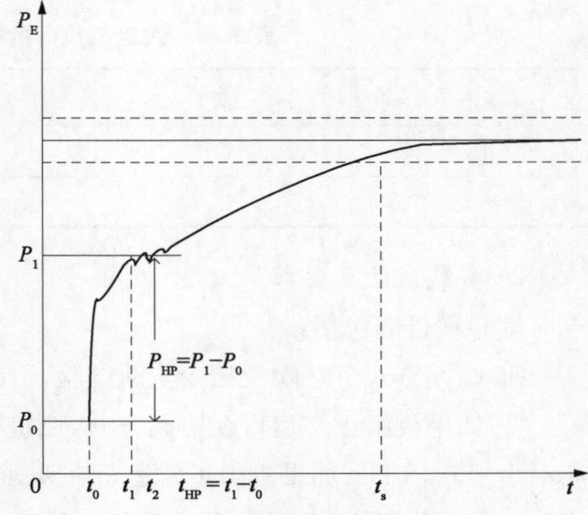

图 2-15　汽轮机阶跃响应示例曲线

(11) 水轮机反调峰值时间 t_{RP} 是在水轮机阶跃试验中，从阶跃量加入起到反调功率达到最大值所需时间，如图 2-14 所示。

(12) 汽轮机高压缸最大出力增量 P_{HP} 是在汽轮机阶跃试验中，功率快速变化过程达到的最大值减去初始功率的数值，如图 2-15 所示。

(13) 汽轮机高压缸峰值时间 t_{HP} 是在汽轮机阶跃试验中，从阶跃量加入起到功率达到高压缸最大出力增量所需时间，如图 2-15 所示。

(14) 频域测量法是在输入端加入不同频率正弦信号或者噪声信号，测量输出端对于输入端的频率响应特性，然后采用幅频与相频特性的直接对比或者曲线拟合技术来辨识模型及其参数的方法。

(15) 时域测量法是在输入端加入扰动信号,测量输出响应来辨识模型及其参数的方法。

2.2.2 性能考核指标

2.2.2.1 汽轮机组试验及要求

1) 静态试验及要求

试验项目应包括:

① 控制系统的输入/输出特性测试。

② 调节死区测试。

③ 测量环节模型参数测试。

④ 切除闭环控制逻辑检查、验证。

⑤ 执行机构开度大阶跃试验,阶跃量应大于30%。

⑥ 执行机构开度小阶跃试验,阶跃量值为5%。

根据测试结果确定其参数,在电力系统专用计算软件中进行仿真,执行机构仿真开度与实测开度的误差应满足表2-1的要求。

表2-1 汽轮机执行机构仿真与实测的误差允许值

品质参数	误差允许值(实测值与仿真值之差)
t_{up}	±0.2 s
t_s	±0.1 s

2) 负载试验及要求

试验项目应包括:

① 阀控方式下总阀位指令阶跃试验,引起不小于3%的功率变化。

② 如果机组正常运行在协调方式,则应进行协调方式下的频率阶跃扰动试验,扰动量应不小于0.15 Hz;如果机组正常运行在调速器功率闭环方式,则应进行调速器功率闭环方式下的频率阶跃扰动试验,扰动量应不小于0.15 Hz。

③ 有条件时,可进行转动惯量测试。

根据测试结果确定其参数,对阀控方式下总阀位指令阶跃试验结果进行校核,实测模型参数得出仿真机组电功率与实测电功率的误差应满足表2-2的要求。

表2-2 汽轮机阀控试验仿真与实测的误差允许值

品质参数	误差允许值(实测值与仿真值之差)
高压缸最大出力增量 P_{HP}	±10%的功率实测变化量
高压缸峰值功率时间 t_{HP}	±0.1 s
t_s	±2.0 s

应对闭环频率阶跃扰动试验结果进行校核，实测模型参数得出仿真机组电功率与实测电功率的误差应满足表 2－3 的要求。

表 2－3　汽轮机闭环频率扰动试验仿真与实测的误差允许值

品　质　参　数	误差允许值(实测值与仿真值之差)
高压缸最大出力增量 P_{HP}	±30%的功率阶跃量
高压缸峰值功率时间 t_{HP}	±0.2 s
t_s	±2.0 s

2.2.2.2　水轮机组试验及要求

1）静态试验及要求

试验项目应包括：

① 调速器频率测量单元的校验。

② 调节模式或控制方式的检查和切换试验，在试验中应核实调节工况和调节模式及调节参数的转换条件。

③ 永态转差系数 b_P 校验。

④ 人工转速死区测定试验。

⑤ PID 空载运行、并网带负荷运行工况下频率、开度、功率闭环控制参数的校验。

⑥ 开度、功率死区的校验。

⑦ 接力器关闭与开启时间测定。

⑧ 接力器反应时间常数 t_y 测定试验。

⑨ 转桨式机组不同水头轮叶随动系统放大系数及时间常数的测试。

⑩ 转桨式机组不同水头下协联关系测试。

根据测试结果确定其参数，在电力系统专用计算软件中进行仿真，执行机构仿真开度与实测开度的误差应满足表 2－4 的要求。

表 2－4　水轮机执行机构试验仿真与实测的误差允许值

品　质　参　数	误差允许值(实测值与仿真值之差)
t_{up}	±0.2 s
t_s	±1.0 s

2）负载试验及要求

试验项目应包括：

① 开度闭环方式下，不小于±0.15 Hz 的频率阶跃扰动试验。

② 若机组正常运行在监控闭环方式，则应进行监控闭环方式下的频率阶跃扰动试验；

如果机组正常运行在调速器功率闭环方式，则应进行调速器功率闭环方式下的频率阶跃扰动试验，扰动量应不小于 0.15 Hz。

③ 有条件时，可进行转动惯量测试。

根据测试结果确定其参数，对频率阶跃扰动试验结果进行校核，仿真机组电功率与实测电功率的误差标准应满足表 2－5 的要求。

表 2－5　水轮机负载试验仿真与实测的误差允许值

品　质　参　数	误差允许值(实测值与仿真值之差)
反调峰值功率 P_{RP}	±10%的功率实测变化量
反调峰值时间 t_{RP}	±0.2 s
t_s	±2.0 s

2.2.2.3　燃气轮机试验及要求

1) 静态试验及要求

试验项目应包括：

① PID 环节的输入/输出特性测试。

② 调节死区测试。

③ 测量环节模型参数测试。

④ 切除闭环控制逻辑检查、验证。

⑤ 执行机构开度小阶跃试验，阶跃最可为 10%。

根据测试结果确定其参数，在电力系统专用计算软件中进行仿真，执行机构仿真开度与实测开度的误差应满足表 2－6 的要求。

表 2－6　燃气轮机执行机构试验仿真与实测的误差允许值

品　质　参　数	误差允许值(实测值与仿真值之差)
t_{up}	±0.1 s
t_s	±0.1 s

2) 负载试验及要求

试验项目应包括：

① 功率开环方式下的频率阶跃扰动试验，扰动量不小于 0.15 Hz。

② 功率闭环方式下的频率阶跃扰动试验，扰动量不小于 0.15 Hz。

③ 有条件时可进行转动惯量测试。

根据测试结果确定其参数，对频率阶跃扰动试验结果进行校核，仿真机组电功率与实测电功率的误差标准应满足表 2－7 的要求。

表 2－7　燃气轮机负载试验仿真与实测的误差允许值

品　质　参　数	误差允许值(实测值与仿真值之差)
t_{up}	±0.2 s
t_s	±1.0 s

2.3　调速系统参数测试与建模

2.3.1　试验目的

长期以来，电力系统的动态稳定分析中一般忽略调速系统的影响，主要是过去的机械液压式调速器本身响应慢，调节死区较大，对动态稳定影响不大，而且动态稳定的分析技术也受建模、仿真等技术的制约。目前，发电机组基本全部采用响应速度快、调节精度高、调节死区小的电气液压式的调速器，能够对电力系统小干扰作出响应，这使得电力系统稳定分析中有必要考虑调速系统的影响，建模、仿真技术也得到了长足的进步，建立了更加准确的模型，使得分析中有可能考虑调速系统影响。

调速系统作为电力系统中的一个重要环节，对于承担系统的调频、调峰任务，维护系统的稳定和提高电能质量都起着非常重要的作用。因此，在国家电网公司 2005 年印发的国家电网调(2005)922 号文件《国家电网公司关于加强预防与控制电网功率振荡的若干措施》中，对调速系统参数的实测和模型优化工作也提出了较为明确的要求。

目前，电网稳定计算分析中采用的调速器模型多为早期缓冲式调速器的数学模型，模型参数也一直沿用计算程序本身的典型参数，这种状况对电网的相关分析计算，特别是西电东送动态稳定的计算带来较大的误差。开展对发电机组调速系统的参数实测工作，并通过对调速器数学模型的研究和仿真计算，建立更为准确的调速系统的计算模型，以便进一步提高系统稳定计算的精度，为电力系统安排运行方式提供更为可靠的依据。

试验目的如下：

① 考查调速器性能。

② 为电力系统的中长期稳定性仿真分析提供真实可靠的数据。

③ 由于调速系统参数实测和建模试验是为系统稳定分析及电网日常生产调度提供准确的计算数据，所以必须使用电力系统稳定计算用的专用软件，使用已测定的发电机及励磁系统模型进行仿真校核，精度满足有关导则要求，可直接用于调度的运行方式计算。

2.3.2　试验内容和方法

1）技术原则

(1) 基本原则。

① 对控制系统、执行机构和原动机应分环节建模、分环节测试以及分环节辨识。

② 应进行原动机及其调节系统的闭环控制方式(如汽轮机功率闭环方式、协调控制方式,水轮机组功率闭环方式、监控闭环方式等)的频率阶跃扰动试验,作为评价原动机及其调节系统模型参数正确性的依据。

③ 不计建模对象中的离散性,将其离散控制系统考虑为连续控制系统。

④ 应在静态试验中进行调节系统、执行机构的实测建模。

⑤ 应在负载试验中进行原动机的实测建模,试验工况应包括 50%额定负荷及以上的典型工况。

⑥ 原动机的模型参数实测应在调节系统功率开环状态下(汽轮机组运行在阀控方式、水轮机组运行在开度闭环方式、燃气轮机组运行在功率开环方式)进行。

⑦ 应分别验证控制系统、执行机构、原动机等各部分模型参数辨识结果,仿真结果与实测结果的误差应满足 2.2.2 节的要求。

⑧ 原动机及其调节系统各部件应满足 GB/T14100、DL/T496、DL/T824 的要求,静态试验应在完成调节系统验收后进行,负载试验应在一次调频试验合格后法行。

⑨ 应根据实际情况采用频域测量法或时域测量法。

⑩ 原动机及其调节系统的模型的各种系数采用标幺值表示,时间常数单位为秒。

(2) 原动机及其调节系统数学模型的建立。

① 根据制造厂提供的资料,按照原动机及其调节系统的实际功能块组成来构建初始模型。

② 通过原动机及其调节系统参数实测及辨识,对初始模型进行补充与修正,建立与实际特性一致的实测模型。

③ 在指定的电网稳定计算程序中选择与实测模型结构一致的常见模型(参见 DL/T1235 附录 A),经过仿真校核可得到计算模型。

④ 原动机及其调节系统的计算模型参数应经过电力系统专用计算程序(如 PSD-BPA、PSASP 等程序)校验,仿真结果与实测结果的误差应满足 2.2.2 节的要求。

⑤ 当在电力系统专用计算程序中无法选择出满足要求的模型时,可要求计算程序提供商增加新的模型,或利用程序的用户自定义功能建立新的模型。

⑥ 建模报告应提供电力系统稳定计算用原动机及其调节系统模型的选用结果及其模型参数,并提供仿真曲线与实测曲线的对比结果,给出误差指标,误差应满足 2.2.2 节的要求。

(3) 已建模的原动机及其调节系统各部件如进行改造、大修、软件升级及参数修改等,应重新测试。

(4) 试验人员和配合人员应熟悉设备内部原理,测试设备满足计量要求,实测波形应满足后期分析处理要求。

2) 对原动机及其调节系统供货商的要求

(1) 调节系统应满足 GB/T14100、DL/T496、DL/T824 的要求,应提供调节系统及各附加环节的数学模型参数和技术数据，应标明程序运算和试验测量中涉及的纯延时环节。

(2) 调节系统应具备可供第二方进行模型参数测试所需要的接口，可输入模拟量信号进行测试，输出模拟量的刷新频率应大于 20 Hz。

(3) 调节系统的设置值应以十进制表示，时间常数以秒表示，放大倍数以标幺值表示，并说明标幺值的基准值确定方法。

(4) 试验设备应满足下列要求：

① 频率信号发生器不准确度不大于 0.002 Hz，分辨率不大于 0.001 Hz。

② 频率测量不准确度不大于 0.002 Hz，分辨率不大于 0.001 Hz，采样周期不大于 0.01 s。

③ 位移传感器精度为 0.2 级。

④ 压力变送器精度为 0.5 级。

⑤ 录波器的采样频率不小于 1 kHz。

⑥ 其他测量设备的精度不低于 0.5 级。

3) 实测建模流程

(1) 准备工作。

① 收集资料，确定原动机及其调节系统数学模型类型。

② 根据资料确定现场试验项目编写试验方案并上报相应调度机构。

(2) 现场试验。

① 试验前根据现场情况，落实试验方案(明确试验条件、步骤、方法、安全技术措施、组织机构等)。

② 测试设备满足计量要求，实测波形应满足后期分析处理。

③ 参与试验人员应熟悉试验方案，现场配合人员应熟悉设备内部原理；测试人员应受过建模培训。

④ 试验工况应包括 80%额定负荷及以上的典型工况，水轮机的试验应避开机组振动区进行。

(3) 电力系统稳定计算用原动机及其调节系统模型的选择及参数处理方法。

① 选择稳定计算程序中与实测模型相同的原动机及其调节系统类型。

② 测量、控制、限制部分和实测模型一致，或者可通过等值变换获得稳定计算用环节模型。

③ 实测模型中有多个限幅可采用稳定计算用模型的单个限幅替代。

④ 计算用模型中多余的环节应设置相应参数使其不起作用。如反馈环节应设置其增益为零或稳定计算程序允许的最小值，超前滞后环节应设置超前与滞后的时间常数相同。

(4) 报告编写及结果校验。

① 根据《汽轮机调节保安系统试验导则》(DL/T 711)、《水轮机电液调节系统及装置调整试验导则》(DL/T 496)等规范中相关试验内容和方法的规定编写报告。

② 根据 2.2.2 节的要求进行实测模型参数的校验。

4）建模报告

建模报告的主要内容有：

① 概况。

② 建模参照标准和基本方法。

③ 原动机及其调节系统制造厂提供的模型和参数。

④ 调节系统的设定：

a. 包括与数学模型有关的设定值、反馈量、限制功能和限制值；

b. 调节系统的控制模式，各控制模式的使用工况以及相应的调节模式之间的转换条件，各种控制模式下的控制参数设置值，以及工况的变化引起控制参数的改变。

⑤ 试验内容及参数辨识：

a. 调节系统的试验及参数辨识；

b. 执行机构的试验及参数辨识；

c. 原动机的试验及参数辨识；

d. 整体闭环控制的试验；

e. 转动惯量测试及参数辨识。

⑥ 电力系统稳定计算用的原动机及其调节系统模型和参数。

⑦ 电力系统稳定计算用的原动机及其调节系统模型和参数的校核。

⑧ 结论及建议：

a. 提出电力系统稳定计算用原动机及其调节系统模型参数；

b. 控制系统中如有控制方式、控制参数切换的情况，说明其切换条件以及切换后的处理方法；

c. 存在的问题和处理意见。

5）汽轮机测试内容

（1）试验内容。

① 控制系统静态试验。

② 机组带负荷试验。

③ 汽轮机动态扰动试验。

（2）控制系统静态试验。

① 试验条件。DEH 调试完毕，用时域及频域法实测主环调节回路 PID 的有关参数工作已完成；锅炉没有点火；润滑油、抗燃油系统（包括蓄能器）工作正常；机组已经挂闸且油温、油压在正常范围内。

② 调门动作速度测试。在 DEH 端子柜加转速模拟信号，并模拟机组的并网状态；调门工作在单阀和顺序阀方式时分别进行试验；记录整个过程中以下参数的变化情况：总阀位指令，ICVL、ICVR 和 CV1～CV4 的阀位反馈，ICVL 和 CV1 伺服电流；得到油动机开启与

关闭时间常数，调门动作速度。

③ 控制系统频率调节系数（速度变动率）和迟缓率测试。

④ 测试 DEH 死区，测试调速系统频率调节系数（速度变动率）和迟缓率。试验条件为模拟机组的并网状态，调门工作在单阀方式。记录整个过程中以下参数的变化情况：频压转换后的模拟转速信号（直流电压量），总阀位指令（能流指令），ICVL、ICVR 和 CV1～CV4 的阀位反馈，ICVL 和 CV1 伺服电流；判断 DEH 的死区；由系统速度变动率的测试曲线可以计算出机组控制系统的实测速度变化率，进而可计算出相应的一次调频差系数。

⑤ 转速反馈通道动态特性测试，得到转速反馈通道（一般为频压转换仪）的响应时间，即调速器模型中转速变换通道的时间常数，由转速通道相应时间曲线可计算出实测响应时间。

⑥ 控制系统负荷回路特性测试，考查负荷反馈回路工作特性。考查电网周波变化时，DEH 的总阀位指令输出跟踪电网频率变化的反应速度、电网频率变化（发电机转速）、总阀位指令变化、调门动作；记录整个过程中以下参数的变化情况：负荷反馈模拟信号，总阀位指令 ICVL、ICVR 和 CV1～CV4 的阀位反馈。

（3）变负荷试验。

高压调门工作在顺序阀方式，DEH 负荷回路投入。通过增大一次调频转速死区设置，暂时切除一次调频功能。回热系统正常投入，小机用汽由本机四抽提供。进行负荷的变化试验.试验期间维持定压运行，主汽、再热汽和真空等参数尽量维持在额定值。

（4）控制系统动态扰动试验，考查调速系统动态特性。

① 原动机阶跃响应特性测试。通过调门的阶跃扰动来测试原动机的特性，在机组稳定运行期间，突然在 DEH 的转速给定端施加一个阶跃扰动，以此来模拟电网的频率改变，通过测试汽轮机各点的压力变化来分析识别原动机的模型参数。应分别进行间位阶跃和不同闭环方式下的阶跃扰动试验。

② 原动机斜坡响应特性测试。在 DEH 操作站，由运行人员设定升负荷率目标负荷。同时进行燃料扰动试验记录以下参数变化情况：机组负荷、总阀位指令、CV1～CV4 的阀位反馈、汽包压力、主汽压力、速度级压力、冷端再热压力、热端再热压力、中排压力。

试验测点情况参见表 2-8。

表 2-8　试验测点名称及备注

序　号	测　点　名　称	备　　注
1	机组功率	
2	机组转速（汽机前端）	齿轮脉冲
3	DEH 总阀位指令输出	DEH 输出信号
4	高压调门位移反馈	CV1、CV2、CV3、CV4

续 表

序 号	测 点 名 称	备 注
5	中压调门位移反馈	ICVL、ICVR
6	汽包压力	DAS 信号
7	主气门后压力	DAS 信号
8	调节级压力	DAS 信号
9	冷端再热器出口压力	DAS 信号
10	热端再热器出口压力	DAS 信号
11	中排压力	DAS 信号

2.3.3 工程实例

某燃气电厂燃机发电机组采用东方汽轮机有限公司生产的燃气轮机，调速控制系统由三菱公司提供。

2.3.3.1 原动机及其调速控制系统简介及模型参数

燃机型号：M701F4；额定出力：350 MW；燃机调节系统模型型号：DIASYS；燃气轮机主控制系统逻辑图如 2－16 所示。

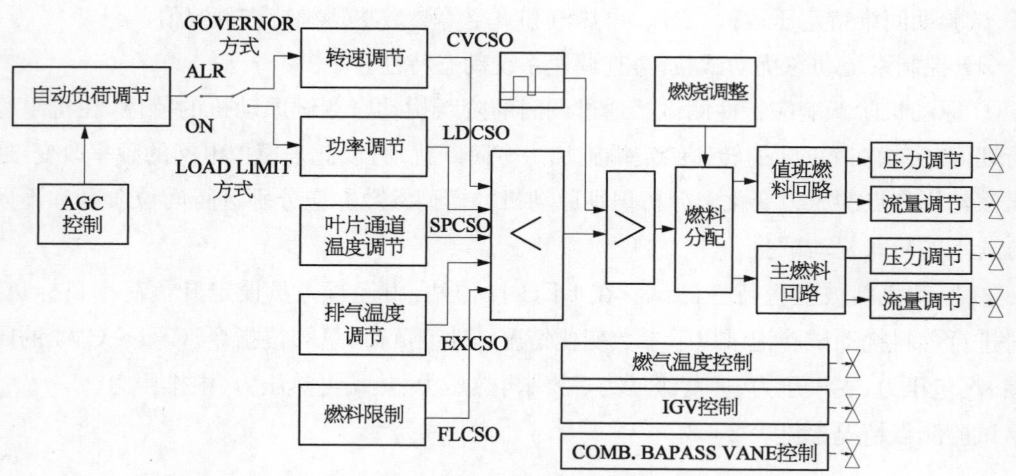

图 2－16 三菱 M701F 燃气轮机主控制系统框图

转速控制回路，包括两种模式：退出自动负荷控制的转速调节（ALR OFF GOVERNOR）模式和投入自动负荷控制的转速调节（ALR ON GOVERNOR）模式，采用纯比例控制，能够实现有差调节，使机组按一定的不等率自动进行转速调节，而在机组带负荷阶段将机组的负荷指令按照不等率转化为转速设定进行控制。ALR ON GOVERNOR 模式为机组实际运行控制方式。

负荷控制回路，ALR ON LOAD LIMIT 模式采用 PID 控制，能够实现无差调节，可将机组负荷调节到负荷设定值。机组实际运行来采用此模式，但是经现场查询控制逻辑发现，转速控制回路的输出经过负荷控制回路后，再经过小选环节输出到燃料分配，因此 ALR OFF GOVERNOR 模式和 ALR ON GOVERNOR 模式都受到 LOAD LIMT 模式的 PID 控制。

其中现场设置参数分别如下：

负荷控制回路控制器 PID：$K=0.7$、$K_P=1$、$K_D=0$、$K_I=0.25$，$T_1=0.02$ s，转速不等率为 4.5%，一次调频死区为 2 r/min，一次调频限幅为 8%额定有功功率。

2.3.3.2　现场试验及参数辨识

1）执行机构实测及参数测试

（1）试验实测。

分别对执行机构进行燃料总指令大阶跃试验、燃料总指令小阶跃试验，测试主燃气流量控制阀执行机构大、小阶跃特性。主燃气流量控制阀开启速度为 198.89%/s，关闭速度为 195.82%/s。

（2）参数辨识。

根据录波图计算可得主燃气流量控制阀调门开启和关闭速度分别为：$T_0=0.50$ s，$T_c=0.51$ s，拟合得出执行机构 PID 参数为：$K_P=2.2$，$K_I=0$，$K_D=0$。

对 GV1 进行 5%上下阶跃仿真，仿真误差符合标准要求，参见表 2 - 9。

表 2 - 9　5%上阶跃仿真误差

项　　目	上升时间 t_{up}/s	调整时间 t_s/s
仿　　真	0.46	0.61
实　　测	0.46	0.62
偏　　差	0	−0.01
允许偏差	±0.2	±1

2）燃气轮机试验及参数辨识

机组在 ALR OFF GOVERNOR 模式下进行一次调频投入，进行频率扰动试验，试验中转速改变 6 转（包含死区）。

（1）t_{GAS}辨识。

结合上述结果，根据试验测得的燃气控制阀开度和燃机有功功率，采用最小二乘法，辨识得到燃气轮机时间常数 $t_{GAS}=0.5$ s。

（2）燃气轮机模型参数校验

在 BPA 中的单机无穷大系统中，进行 ALR OFF GOVENOR 方式下的一次调频仿真。发电机和励磁系统模型参数采用该燃机参数，由表 2 - 10 可知仿真得到的功率与实测功率比较吻合。

表 2-10 仿真误差表

项　目	上升时间 t_{up}/s
仿　真	11.6
实　测	11.5
偏　差	0.1 s
允许偏差	±0.2

3）正常运行方式下扰动试验

机组在 ALR ON GOVENOR 模式下进行，一次调频投入，进行频率扰动试验，试验中转速改变 6 转（包含死区）。

2.3.3.3　稳定用计算模型参数及校验

1）调速器模型参数计算

根据一次调频试验结果，其一次调频功能死区为±2 转，由于稳定计算模型需要填写的死区为 $\pm\frac{\varepsilon}{2}$ 对应±2 转，则折算为稳定计算的频差死区为：

$$2\ \frac{2}{3\ 000}=0.001\ 3\text{p.u.}$$

根据 ALR ON GOVERNOR 模式频率扰动试验，计算得到转速偏差放大倍数：

$$K=(8.4/300)/(4/3\ 000)=21$$

GJ 模型中"一次调频负荷上限"和"一次调频负荷下限"位于频差输入环节，所以应填写为一次调频的频差限制。一次调频限幅为 8% 额定有功功率，折算为频差限制标幺值为 $\frac{0.18}{50}=0.003\ 6$。

2）稳定计算用模型参数

由于目前 BPA 和 PSASP 中都没有燃气轮机的模型，但燃气轮机模型与无再热器式汽轮机的模型相同，控制系统也与汽轮机控制系统类似，执行机构也可用采用汽轮机的执行模型。因此，BPA 用户可用暂时选用 GJ 卡、GA 卡、TA 卡。GJ 卡仿真结果及参数如表 2-11 所示。

表 2-11 燃机 GJ 卡参数

参　数　名	参 数 值
转速测量环节时间常数	0.02
转速偏差死区（2 倍设定值）	0.001 3
转速偏差放大倍数	21

续 表

参　数　名	参 数 值
控制方式选择	3
PID 比例环节倍数 KP	0.7
PID 微分环节倍数 KD	0
PID 积分环节倍数 KI	0.25
PJD 积分环节限幅上限	1.0
PID 积分环节限幅下限	−1.0
PID 输出限幅环节的上限	1.0
PIO 输出限幅环节的下限	−1.0
K2 负荷控制前馈系数	0
一次调频负荷上限	0.003 6
一次调频负荷下限	−0.003 6

仿真结果对比可知，该模型参数可以描述该套燃机的动态特性，可用于电力系统稳定计算。

3）负荷扰动试验结果仿真校验

在 BPA 中建立单机无穷大模型，发电机参数采用该燃机参数，励磁系统模型参数采用实测参数，原动机及其调节控制系统模型参数采用“稳定计算用模型参数”中的结果。在 ALR ON GOVENOR 方式投入的情况下进行仿真。

部分仿真结果与实测结果如表 2－12 所示。

表 2－12　仿真误差表

项　　目	调整时间 t_s/s
实　　测	12.2
仿　　真	11.9
偏　　差	0.3
允许偏差	±2

2.3.3.4　结论以及建议

（1）在某电厂燃机调速系统及其原动机模型参数测试工作中，完成了执行机构最大动作速度测试、小幅度的动作特性测试；原动机阶跃响应测试；燃机基本控制方式一次调频负荷扰动试验测试。

（2）在测试结果的基础上，得出了该套燃机调速系统及其原动机的 BPA 和 PSASP 稳定计算用模型参数。

（3）通过将仿真结果与实际原动机阶跃和一次调频动作结果比对，验证了调速控制系统及其原动机模型参数的准确性。

（4）测试得到的该电厂燃机电力系统稳定计算用调速系统及其原动机的模型和参数，为系统稳定分析及电网日常生产调度提供准确的计算依据，可供电力系统稳定分析计算使用。

第 3 章　一次调频控制

电力系统中原动机功率或负荷功率发生变化时，必然引起电力系统频率的变化，此时，存储在系统负荷（如电动机等）的电磁场和旋转质量中的能量会发生变化，以阻止系统频率的变化。发电功率大于用电负荷时，电网频率升高；发电功率小于用电负荷时，电网频率降低；当发电功率与用电负荷大小相等时，电网频率稳定。

一次调频是指电网的频率一旦偏离额定值时，电网中机组的控制系统就自动地控制机组有功功率的增减，限制电网频率变化，使电网频率维持稳定的自动控制过程。当电网频率升高时，一次调频功能要求机组利用其蓄热等快速减发电功率；反之，机组快速增发电功率。一次调频一般由发电机的调速器进行，调节过程由发电机的自动调速系统随电力负荷的变化而改变输出功率，同时减小电网频率的变化。

3.1　频率的影响及频率控制的必要性

3.1.1　频率的影响

1）频率对电力用户的影响

电力系统频率变化必然会引起异步电动机转速变化，这会使得电动机所驱动的加工工业产品的机械转速发生变化。有些产品（如包装和造纸行业的产品）对机械加工的转速要求很高，转速不稳定会影响产品质量，甚至会出现残次品和废品。

电力系统频率波动会影响某些测量和控制用的电子设备的准确性和性能，频率过低时有些设备无法工作。这对一些重要工业和国防是不允许的。

电力系统频率降低将使电动机的转速和输出功率降低，导致其所带动机械的转速和出力降低，影响电力用户设备的正常运行。

2）频率对电力系统的影响

频率下降时，原动机叶片的振动会变大，会产生裂纹，影响使用寿命。

对于额定频率为 50 Hz 的电力系统，当频率低到 45 Hz 附近时，某些汽轮机的叶片可能因发生共振而断裂，造成重大事故。

频率下降到 47～48 Hz 时，由异步电动机驱动的送风机、引风机、给水泵、循环水泵和磨煤机等火电厂厂用机械的出力随之下降，使火电厂的锅炉和汽轮机的出力随之下降，从而使火电厂发电机发出的有功功率下降。这种趋势如果不能被及时制止，就会在短时间内使电力系统频率下降到不能允许的程度，称为频率雪崩。出现频率雪崩会造成大面积停电，甚至使整个系统瓦解。

在核电厂中，反应堆冷却介质泵对供电频率有严格要求。当频率降到一定数值时，冷却介质泵即自动跳开，使反应堆停止运行。

电力系统频率下降时，异步电动机和变压器的励磁电流增加，使异步电动机和变压器的无功消耗增加，引起系统电压下降。频率下降还会引起励磁机出力下降，并使发电机电势下降，导致全系统电压水平降低。如果电力系统原来的电压水平偏低，在频率下降到一定值时，可能出现电压不断快速地下降，即电压雪崩。

3.1.2　电力系统频率控制的必要性

一次调频是电力系统有功频率控制的重要环节，反映了电网应对负荷突变的能力，对于系统的安全稳定运行有重要的作用。系统的一次调频能力与发电机组调速器的设置和机组控制方式密切相关。目前火电机组数字电液调节系统的广泛应用，使得一次调频功能不再是调节系统的固有属性，可通过人为操作进行逻辑修改及投切操作。随着电力市场改革不断深入，厂网分开后发电机的考核管理难度加大。

投入一次调频功能会造成机组调节系统及热力系统产生一定的波动，部分发电企业只注重机组运行稳定性长时间切除一次调频功能或是增大动作死区，从而削弱了电网的一次调频能力，致使事故后系统的准稳态频率过低，可能导致低频减载装置动作，不利于系统的安全稳定运行。

因此，实时、准确地评估机组的一次调频能力对督促电厂保持发电机组良好的一次调频性能，以及实时掌握全网的一次调频水平、增加电网的运行质量和稳定性，具有重要意义。

3.2　一次调频调节模式

3.2.1　频率一次调整的基本原理

当电力系统负荷发生变化引起系统频率变化时，系统内并联运行机组的调速器会根据电力系统频率变化自动调节进入它所控制的原动机的动力元素，改变输入原动机的功率，使系统频率维持在某一数值运行，这就是电力系统频率的一次调整，也称为一次调频。

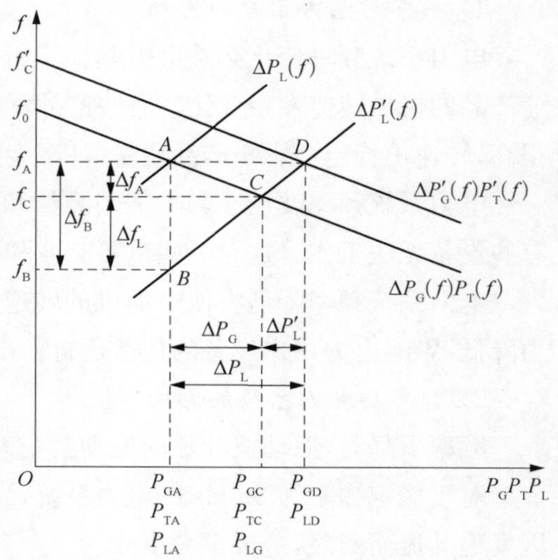

图 3-1　电力系统一次调频和二次调频过程

电力系统一次调频可用图 3-1 说明。图中 $P_G(f)$ 是电力系统等效发电机组的静态调节特性曲线，$P_L(f)$ 和 $P_L'(f)$ 是电力系统负荷的静态频率特性曲线。设电力系统中有 m 台机组并联运行，第 i 台机组的原动机输出功率为 $P_{\mathrm{T}i}$，发电机输出的功率为 $P_{\mathrm{G}i}$，则系统等效机组的原动机和发电机输出的功率分别为 $P_{\mathrm{T}}=\sum_{i=1}^{m}P_{\mathrm{T}i}$，$P_{\mathrm{G}}=\sum_{i=1}^{m}P_{\mathrm{G}i}$。对应于图 3-1 中的 A 点，如果忽略机组内部损耗，则

$$P_{\mathrm{TA}}=P_{\mathrm{GA}}=P_{\mathrm{LA}}$$

由于此时等效机组的输入和输出功率相等，系统将在 A 点运行。

如果电力系统负荷功率突然增加 ΔP_{L} 系统负荷的静态频率特性曲线由 $P_{\mathrm{L}}(f)$ 变为 $P_{\mathrm{L}}'(f)$。由于电力系统中的电能是不能储存的，任何时刻电力系统中并联运行的机组发出的有功功率总和必须等于负荷所消耗的功率总和，所以，在电力系统负荷突然增加 ΔP_{L} 的瞬间，系统等效机组的发电机必须立刻多发出有功功率 ΔP_{L}。等值机组发出的功率将从 P_{GA} 突然增加到 P_{GD}，而等效机组的原动机输出仍然为 P_{TA}。数学表达式为

$$P_{\mathrm{G}}=P_{\mathrm{GD}}=P_{\mathrm{LD}}=\sum_{i=1}^{m}P_{\mathrm{G}i}$$

$$P_{\mathrm{T}}=\sum_{i=1}^{m}P_{\mathrm{T}i}=P_{\mathrm{TA}}$$

$$P_{\mathrm{G}}-P_{\mathrm{T}}=\sum_{i=1}^{m}P_{\mathrm{G}i}-\sum_{i=1}^{m}P_{\mathrm{T}i}=P_{\mathrm{GD}}-P_{\mathrm{TA}}$$

式中：P_{GD}、P_{TA}、P_{LD} 如图 3-1 所示。

根据能量守恒定律，为了保持系统等效发电机有功功率的平衡，机组会将转子中储存的一部分动能转换成电功率送往负荷，即有

$$\begin{cases}\Delta P_{\mathrm{L}}=\dfrac{\mathrm{d}}{\mathrm{d}t}\left(\sum_{i=1}^{m}W_{\mathrm{K}i}\right)\\ W_{\mathrm{K}i}=\dfrac{1}{2}J_{i}\omega_{i}^{2}\end{cases}$$

式中　$W_{\mathrm{K}i}$ ——系统中并联运行的第 i 台机组转子中储存的动能；

$\sum_{i=1}^{m}W_{\mathrm{K}i}$ ——系统等效机组转子中储存的动能；

m——系统中并联运行机组的台数；

J_{i}，ω_{i} ——系统中第 i 台机组的机械转动惯量和机械角速度。

由上式不难看出，在等效机组释放转子动能的同时，机组自身的转速（频率）也随之下降。由图 3-1 可知，随着频率下降，一方面机组调速系统会按照等效机组的静态调节特性增加输入原动机的动力元素，使原动机输出功率增加；另一方面根据负荷的静态频率特性，负荷从系统取用的有功功率也要减少。上述过程一直进行到 C 点。在 C 点，$f=f_{\mathrm{C}}$，等效机组的原动机输出功率与发电机输出功率相等，等于系统负荷的功率，等效机组处于稳定运

行状态。此时的运行状态可用下列数学表达式描述

$$f = f_{C} \tag{3-1}$$

$$P_{TC} = P_{GC} = P_{LC} \tag{3-2}$$

$$\frac{d}{dt}\left(\sum_{i=1}^{m} W_{Ki}\right) = 0 \tag{3-3}$$

$$\Delta P = \Delta P_{G} = \Delta P_{L} - \Delta P'_{L} \tag{3-4}$$

$$\Delta P_{G} = \sum_{i=1}^{m} \Delta P_{Ti} = \sum_{i=1}^{m} \Delta P_{Gi} \tag{3-5}$$

$$\Delta P'_{L} = K_{L} \Delta f \tag{3-6}$$

$$\Delta f = f_{C} - f_{A} \tag{3-7}$$

式中 ΔP_{G}——等效机组多发出的有功功率；

$\Delta P'_{L}$——系统负荷从系统少取用的功率。

当电力系统负荷突然减少时，经过与增加负荷功率相反的调节过程以后，系统会在某一频率稳定运行，并同时满足式 3－1～式 3－7 描述的各项内容，只是 Δf 和 $\Delta P'_{L}$会变为正值，ΔP_{T}、ΔP_{G}会变成负值。

由图 3－1 可知，当负荷增加时，如果机组调速器不进行调节，即系统的等效机组的输入不变而仍为 P_{TA}，负荷增加的功率(ΔP_{L})全部由负荷频率调节效应调节。在这种情况下，系统将稳定在图中的 B 点，$f = f_{B}$，$\Delta f_{B} = f_{B} - f_{A}$。图 2－1 中 $\Delta f_{1} = \Delta f_{B} - \Delta f_{C}$ 就是一次调频的调节效果。

除了系统负荷固有的频率调整特性外，发电机组参与系统频率的一次调整具有以下特点。

3.2.2 系统频率一次调整的特点

(1) 系统频率一次调整由原动机的调速系统实施，对系统频率变化的响应快，电力系统综合的一次调整特性时间常数一般为 10～30 ms。

(2) 由于火力发电机组的一次调整仅作用于原动机的进气阀门位置，而未作用于火力发电机组的燃烧系统。当阀门开度增大时，锅炉中的蓄热暂时改变了原动机的功率，由于燃烧系统中的化学能量没有发生变化，随着蓄热量的减少，原动机的功率又回到原来的水平。因此，火力发电机组参与系统频率的一次调整作用时间是短暂的。不同类型的火力发电机组，由于蓄热量的不同，一次调整的作用时间为 0.5～5 min 不等。

(3) 发电机组参与系统频率一次调整采用的调整方法是有差特性法，其优点是所有机组的调整只与一个参变量即系统的频率有关，机组之间相互影响小。但是，它不能实现对系统频率的无差调整。

3.2.3　系统频率一次调整的作用

从电力系统频率的一次调整的特点可知，它在电力系统频率调整中的作用有以下几点：

(1) 自动平衡电力系统的第一种负荷分量，即那些快速的、幅值较小的负荷是随机波动。

(2) 频率一次调整是控制系统频率的一种重要方式，但由于它的调整作用的衰减性和调整的有差性，因此不能单独依靠它来调整系统频率。要实现频率的无差调整，必须依靠频率的二次调整。

(3) 对异常情况下的负荷突变，系统频率的一次调整可以起到某种缓冲作用。

3.3　一次调频控制指标

3.3.1　一次调频指标体系及指标限值

1) 一次调频指标体系

近年来，基于全球定位系统(global positioning system，GPS)的同步相量测量技术不断成熟和发展，可在全局统一时钟协调下，对各测点的电压、电流等相量及功率、频率等模拟量进行同步测量以25～100帧/s的速率实时采样并上送至WAMS主站。WAMS是实现准确捕捉电力系统在故障扰动、低频振荡以及人工试验等情况下电网动态过程的技术手段，为系统动态行为的实时监控提供了良好的基础，也为一次调频动态特性的在线评估奠定了基础。

一次调频在线评估系统基于WAMS和EMS提供的数据，可详细地记录电网一次调频的动态和静态过程，获取实时数据和相关的长期统计数据，可从不同维度对系统进行全面的评估。本章提出了完整的三维一体的一次调频在线评估指标体系，如图3-2所示。

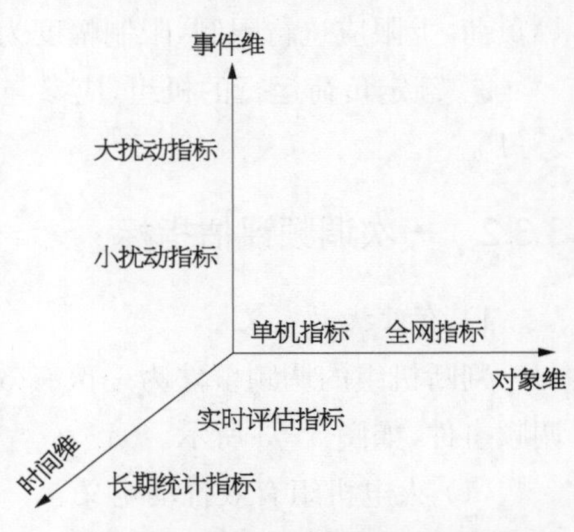

图3-2　基于WAMS的一次调频在线评估指标体系

(1) 对象维。一次调频的评估对象包括全网的和单机的一次调频能力，既对电网的一次调频性能做整体的评估，便于调度人员实时掌握电网应对大扰动的能力，又对单台机组进行针对性的评估和考核，以促进机组一次调频性能的提高。

(2) 事件维。大电网运行中总是存在各种扰动，而系统频率和机组频率调节特性在不同扰动下的行为特征不尽相同，因此指标体系在事件维上分为大扰动和小扰动两类事件。小扰动下一次调频的调整量较小，数据受到负荷随机波动和机组出力自然波动的影响较大，但又是日常评估的最主要指标，此情形下的评估指标既要能评估一次调频的能力，又要尽量排除测量误差的影响，以保证评估的准确性和考核的公正性。大扰动下系统和机组的一次调频过程具有调节幅度大、时间较长、动作明显等特点，利用 WAMS 可有效捕捉完整的频率扰动过程，此情形下的评估指标可用于全面分析评估系统和机组的各个方面，为电网的规划运行、管理考核制度的制定提供相应的依据。可见对事件维度的分类，可从不同角度评价一次调频在不同场景下的行为特征。

(3) 时间维。指标体系在时间维上分为实时评估指标和长期统计指标两类，即综合系统的短期数据和长期数据，从单次表现和长期表现两个角度来对单机和系统的一次调频能力进行评估，并为一次调频能力的数学描述提供更全面的数据支撑。

2) 机组一次调频主要技术指标限值

根据 GB/T30370《中华人民共和国国家标准火力发电机组一次调频试验及性能验收导则》，一次调频主要技术指标限值如下：

① 转速不等率：汽轮机控制系统静态特性曲线的斜率，通常以对应空负荷与满负荷的转速差值与额定转速比值的百分数来表示，火电机组转速不等率应为 3%～6%。

② 调频死区：机组参与一次调频死区应在±0.033 Hz 或者±2 r/min 范围内。

③ 机组参与一次调频的响应滞后时间应小于 3 s。

④ 机组参与一次调频的稳定时间应小于 1 min。

⑤ 机组一次调频的负荷响应速度应满足：燃煤机组达到 75%目标负荷的时间应不大于 15 s，达到 90%目标负荷的时间应不大于 30 s，燃气轮机机组达到 90%目标负荷的时间应不大于 15 s。

⑥ 一次调频负荷变化幅度：机组参与一次调频的调频负荷变化幅度下限应大于机组稳燃负荷，上限应进行限制，限制幅度为(6%～10%)P_0。

⑦ 额定负荷运行的机组，应参与一次调频，增负荷方向最大调频负荷增量幅度不小于 3%P_0。

3.3.2 一次调频评估指标

1) 有效扰动定义

判断机组的调频事件为一次有效的一次调频事件，如图 3-3 所示。

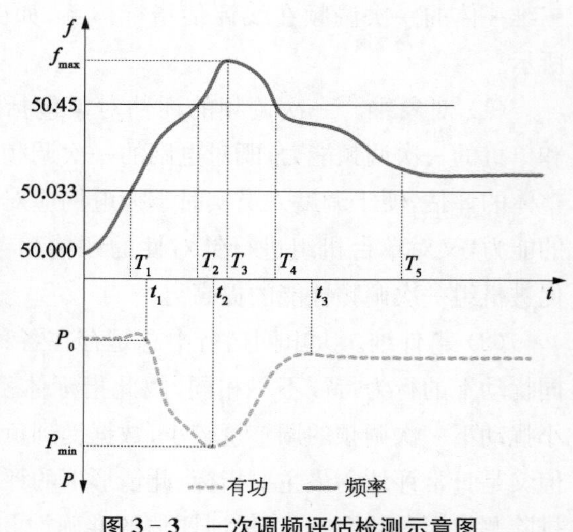

图 3-3　一次调频评估检测示意图

(1) 火电机组有效扰动定义。

① 频率超过一次调频死区 y(Hz)的数值(0.033 Hz，可设置)，且频率在一次调频死区数值外持续至少 10 s(可设置)以上，最多不超过 60 s(可设置)的频率区间作有效扰动的待选取段。

② 要求频率从超过一次调频死区开始的 15 s(即 $T_2-T_1\leqslant 15$ s，可设置)内，最大

幅值应超过(50.0±0.045) Hz(可设置)，并且要持续 2 s($T_4 - T_2 \geqslant 2$ s，可设置)以上。

③ 要求满足①、②条件后选出来的有效扰动频率段的起始点前 15 s(可设置)内频率波动不能超过(50.0±0.033) Hz。

④ 本次考核后 20 s(可设置)不再抓取考核。

(2) 水电机组或其他特殊类型机组有效扰动定义。

频率超过一次调频死区的数值，即当电网频率$|f-50.0\ \text{Hz}| \geqslant y$(Hz，可设置)，且频率在一次调频死区数值外持续至少 20 s(可设置)以上，最多不超过 60 s(可设置)的频率区间作有效扰动区间。

2) 一次调频负荷响应滞后时间(B_1)

一次调频负荷响应滞后时间指机组从电网频率越过一次调频死区开始，到机组的负荷开始变化所需要的时间，对应图 3-3 中 $t_1 - T_1$ 时间。

3) 一次调频负荷调整幅度(B_2)

所有机组在 15 s 内负荷调整幅度应达到 15 s 内频率极值点对应的一次调频理论调整负荷的 90%(可设置)。

4) 一次调频负荷调整幅度(B_3)

功能：在电网频率变化超过机组一次调频死区开始至 60 s(可设置)或至频率变化回到一次调频死区时止，机组实际与理论调整负荷之差绝对值的平均值应在理论调整负荷最大值的±25%(可设置)内。

采用下面公式计算：

$$B_3 = \text{AVERAGE}(|PT_3 - P_3|)/\Delta P_{\max}$$

式中　PT_3——3 s 开始至一次调频考核结束，任意时刻机组实际出力，代表多个点的值；

P_3——3 s 开始至一次调频考核结束，任意时刻机组理论出力值，代表多个点的值；

$\text{AVERAGE}(PT_3 - P_3)$——机组实际出力与理论出力偏差的平均值；

$\Delta P_{\max}$——调频期间频率极值点对应的理论出力减去越死区时的机组出力值 P_0。

5) 一次调频响应指数(B_u)

在电网频率变化超过机组一次调频死区开始 3～60 s(可设置)或至频率变化回到一次调频死区时止，机组一次调频实际加权积分电量要达到理论积分电量 90%(可设置)以上。

采用下面公式计算：

$$B_u = \frac{\int_3^{15}(-0.333t+6)\Delta P_{实}(t)\mathrm{d}t + \int_{16}^{结束}\Delta P_{实}(t)\mathrm{d}t}{\int_3^{15}(-0.333t+6)(1-\mathrm{e}^{-t/6})\Delta P_{理}(t)\mathrm{d}t + \int_{16}^{结束}(1-\mathrm{e}^{-t/6})\Delta P_{理}(t)\mathrm{d}t}$$

式中　$\Delta P_{实}(t)$——机组实际负荷变化的值；

$\Delta P_{理}(t)$——机组理论出力变化的值。

6）稳定时间

从机组有功极值时间开始到调频结束期间，有功功率达到稳定状态的时间，对应图 3-3 中 $t_3 - T_1$ 时间。

7）实际贡献电量计算

当系统频率偏差超过规定的范围时，统计程序自动启动，以机组一次调频死区点前两秒出力的平均值 P_o 为基点，向后积分发电变化量，直至系统频率恢复到机组动作死区以内。即机组 i 的一次调频贡献电量 H_i 表示为

$$H_i = \int_{t_o}^{t_t} (P_t - P_o) \mathrm{d}t$$

式中 H_i——机组 i 的一次调频贡献电量；高频少发或低频多发电量为正，高频多发或低频少发电量为负；

t_o——系统频率超过机组 i 一次调频动作死区的时刻；

t_t——系统频率进入机组 i 一次调频动作死区的时刻；

P_t——t 时刻机组 i 实际发电有功功率；

P_o——机组频率越死区前 2 s(可设置)有功功率平均值。

8）理论贡献电量计算

机组 i 的理论一次调频积分电量 H_e 表示为

$$H_e = \int_{t_o}^{t_t} \Delta P(\Delta f, t) \mathrm{d}t$$

$$\Delta P(\Delta f, t) = \Delta f(t) \times MCR / f_n \times K_c$$

式中 $\Delta f(t) = | f_t - 50 | - 0.033$；

$|\Delta f(t)|$——对应电网频率变化超过死区的频率差绝对值；

MCR——机组额定有功出力；

f_n——电网额定频率 50 Hz；

K_c——机组速度变动率(永态转差系数)，负数。

9）最大调整负荷限幅(表 3-1)

表 3-1　最大调整负荷限幅

机　组　容　量	最大调整负荷限幅
$P_N \geqslant 500$ MW	额定负荷的±6%
350 MW $\leqslant P_N <$ 500 MW	28 MW
250 MW $\leqslant P_N <$ 350 MW	额定负荷的±8%
200 MW $\leqslant P_N <$ 250 MW	20 MW
$P_N \leqslant 200$ MW	额定负荷的±10%

10）速度变动率

调频期间，对频率极值点前一秒时间内各点（共50个点），按下式计算得到的速度变动率求平均所得的数值。

$$K_c=\frac{\Delta f(t)}{\Delta P(t)}\times\frac{P_N}{50}$$

式中　K_c——速度变动率；

$\Delta f(t)$——t 时刻频率与调频死区的差值；

$\Delta P(t)$——t 时刻有功 P 与 P_0 的差值。

注：计算结果取绝对值。

11）自动免考核

在出现下列情况时，对机组进行免考核：

① 一次调频退出。

② PMU通信中断、时钟不对、PMU故障。

③ 无调节裕度（出力大于设定值，或小于设定值）。

④ 出力连续上升（采用调节前负荷指令判断）。

⑤ 出力连续下降（采用调节前负荷指令判断）。

12）一次调频月投运率

一次调频月投运率＝月投入时间／并网时间

并网时间：机组有功大于5 MW（可设置）的运行时间。

月投入时间：在机组判为并网运行时，其一次调频投退状态为投入的运行时间。

$$月投运率考核电量=(100\%-\lambda)\times P_N\times 10\ \text{h}\times\alpha_{一次调频}$$

其中，λ 为一次调频月投运率；P_N 为机组额定有功；$\alpha_{一次调频}$ 为一次调频考核系数，数值为3。

13）一次调频正确动作率

在电网频率越过机组一次调频死区的一个积分期间，如果机组的一次调频贡献电量为正，则统计为该机组一次调频正确动作1次，否则，为不正确动作1次。

一次调频月正确动作率 $\lambda_{动作}$ ＝正确动作次数／调频总次数

只对月正确动作率小于80%的机组计算考核电量。

$$月动作率考核电量=(80\%-\lambda_{动作})\times P_N\times 2\ \text{h}\times\alpha_{一次调频}$$

其中，$\lambda_{动作}$ 为一次调频月正确动作率；P_N 为机组额定有功；$\alpha_{一次调频}$ 为一次调频考核系数，数值为3。

14）调频性能考核电量

考核综合指标 $K_0=1-0.05/L$

其中，L 为机组速度变动率。

对 $K_0 > 0$ 的机组进行考核：

$$考核电量 = K_0 \times P_N \times 1\,h \times \alpha_{一次调频}$$

其中，K_0 为一次调频考核综合指标，对应调频结果表内字段为 K_0；P_N 为机组额定有功；$\alpha_{一次调频}$ 为一次调频考核系数，数值为 3。

3.4 一次调频试验

3.4.1 试验目的

电网频率是重要的电网特征参数，监视和控制电网频率在规定范围内变化，是电网调度的主要任务之一。一次调频能提供合格的电能、保证电网的安全，是所有并网电厂的职责和义务，发电机组的一次调频对维持电网频率的稳定起着极其重要的作用，可以明显地提高系统抗功率突变的能力。系统中相对较大的功率突变，因为一次调频的快速响应，可以为系统的二次调频以及三次调频提供有利的缓冲作用。为保证电网及并网运行发电机组的安全运行，提高电能质量，必须对电网相关机组进行一次调频试验。

一次调频试验目的是验证火电机组参与电网运行一次调频性能，一次调频性能应满足本标准指标要求，同时应确认火力发电机组参与一次调频时的调节安全。根据国家及电网公司发布的 GB/T30370《火力发电机组一次调频试验及性能验收导则》及 Q/GDW669《火力发电机组一次调频试验导则》相关要求，新建机组在投产时应具备一次调频功能，并作为发电厂并网运行安全性评价的必备条件。根据规定要求，对机组进行一次调频试验，检验机组一次调频功能，保证在试验工况下满足电网对其一次调频性能要求。

3.4.2 试验内容和方法

1）试验条件

① 一次调频控制回路功能。

DEH、TCS(调速)侧控制回路：应采取将转速差信号经转速不等率设计函数直接叠加在汽轮机调速气门或燃机燃料调节门总阀位指令处的设计方法，同时功率回路的功率指令亦根据转速不等率设计指标进行调频功率定值补偿，且补偿的调频功率定值部分不经过速率限制。

② CCS 侧控制回路：具有机组协调控制的机组，由 DEH(TCS)、CCS 共同完成一次调频功能；即调速侧采取将转速差信号经转速不等率设计函数直接叠加在汽轮机调速气门或燃机燃料调节门总阀位指令处的设计方法，而 CCS 中功率回路的功率指令亦根据转速不等率设计指标进行调频功率定值补偿，且补偿的调频功率定值部分不经过速率限制。

③ 机组模拟量控制系统指标满足 DL/T657 的规定。

④ 协调控制系统或 DEH 功率控制系统正常投入。

⑤ 机组运行主要参数无报警或异常。

⑥ 发电机组转速和电网频率信号校验合格。

⑦ 机组退出 AGC 控制方式。

⑧ 试验方案已编制并经批准,试验组织机构成立,明确职责分工。

⑨ 已经取得电网调度部门的同意。

2）试验要求和方法

① 新建机组可以只进行单阀工况下的一次调频试验。

② 运行工况的选择：存在单阀、顺序阀运行方式的机组,一次调频试验包括单阀方式下的一次调频试验和顺序阀方式下的一次调频试验,其中新建机组根据汽轮机本体运行要求适时开展单阀、顺序阀方式下的一次调频试验。无单、顺序阀运行工况的机组进行的一次调频试验应能表征该机组运行工况下的实际性能。

③ 负荷工况的选择：试验工况点应能较准确反应机组变负荷运行范围内的一次调频特性。试验负荷工况点应不少于 3 个,宜在 $60\%P_0$、$75\%P_0$、$90\%P_0$ 工况附近选择。

④ 扰动量的选择：每个试验负荷工况点,应至少分别进行±0.067 Hz(±4 r/min)及±0.1 Hz(±6 r/min)频差阶跃扰动试验。

⑤ 试验频差可采用机组控制系统生成,亦可采用外接信号发生设备生成,需保证 CCS 与 DEH(TCS)同步。

⑥ 试验数据采集周期不大于 1 s。

3）试验步骤

① 机组稳定运行在试验要求的负荷工况。

② 启动数据采集装置。

③ 生成阶跃频差,作用于一次调频回路,并保证 CCS 回路和 DEH 回路的频差一致。

④ 频差持续不少于 1 min,然后恢复频差函数。

⑤ 记录该次试验数据,如功率、调门反馈、主汽压、调节剂压力,转速(频)差等。

⑥ 重复③—⑤,直至各个负荷工况结束。

⑦ 将试验数据按表 3-2 记录。

⑧ 恢复系统至试验状态。

表 3-2　一次调频试验分析计算表(以 $60\%P_0$ 为例)

负　荷　工　况	$60\%P_0$	$60\%P_0$	$60\%P_0$	$60\%P_0$
扰动量/Hz	−0.067	0.067	−0.1	0.1
试验前负荷/MW				

续 表

负 荷 工 况	60%P_0	60%P_0	60%P_0	60%P_0
试验发生 15 s 负荷/MW				
15 s 负荷变化量 ΔP/MW				
15 s 负荷变化幅度/%				
试验稳定负荷/MW				
稳定后负荷变化量 ΔP				
实际转速不等率/%				
响应时间/s				
稳定时间/s				

4）性能验收

① 一次调频性能验收分为静态功能验收和动态指标验收两部分。

② 静态功能验收包括控制回路检查、参数设置核查，按照前文相关的规定进行。

③ 动态指标验收依据试验结果直接或间接计算进行。指标包括前文所规定的全面部内容：转速不等率、一次调频死区、一次调频相应滞后时间、一次调频稳定时间，一次调频响应速度、一次调频负荷变化幅度等。

④ 任一负荷工况的各动态指标应满足前文所规定的要求，任一负荷各动态指标以该负荷工况下各次阶跃扰动响应的平均值为最终验收值。

⑤ 验收结果以表 3－3 进行记录。

表 3－3　一次调频性能验收表

指　　标	标准要求	试验数值(均值)	结　论	备　注
转速不等率/%	3～6			
响应时间/s	＜3			
15 s 响应幅值/%	＞75(%)			
稳定时间/s	＜60			
死区/Hz	±0.033			

3.4.3　工程实例

某发电厂二期 350 MW 燃煤机组，燃煤锅炉为超临界参数变压运行螺旋管圈直流炉，锅炉型号 SG－1152/25.4－M4432，汽轮机型号为 CB350/296－24.2/0.4/566/566 型。机组分散控制设备采用南京国电南自美卓控制系统有限公司的 MaxDNA 控制系统，本试验对燃煤机组的一次调频功能进行检测，在确保机组安全稳定运行的前提下，优化一次调频运行参数，保证在试验工况下满足电网对其一次调频性能的要求。

3.4.3.1　试验目的、要求及基本参数

(1) 试验目的。

本试验依据 GB/T30370 及 DL/T1870 规范相关要求，验证火力发电机组参与电网运行的一次调频功能的完好、一次调频性能满足电网指标要求，同时确保火力发电机组参与电网一次调频时的调节安全。

(2) 试验要求。

① 转速不等率：火电机组转速不等率应为 4%～5%，该技术指标不计算调频死区影响部分。

② 调频死区：机组参与一次调频死区应不大于±0.033 Hz 或±2 r/min。

(3) 动态指标。

① 机组参与一次调频的响应时间应小于 3 s。

② 机组参与一次调频的稳定时间应小于 60 s。

③ 机组一次调频的负荷响应速度应满足：达到 50%目标负荷的时间应不大于 6 s，达到 75%目标负荷的时间应不大于 15 s。

(4) 机组参与一次调频的负荷变化幅度。

① 机组参与一次调频的调频负荷变化幅度不应设置下限。

② 机组一次调频的负荷变化限幅不小于±28 MW。

3.4.3.2　试验内容

(1) 进行静态检查。

(2) 进行动态试验。

① 在机组协调控制方式下进行一次调频功能试验：

a. 在协调控制方式下进行 210 MW 负荷一次调频试验；

b. 在协调控制方式下进行 260 MW 负荷一次调频试验；

c. 在协调控制方式下进行 315 MW 负荷一次调频试验。

② 在机组阀位控制方式下进行一次调频功能试验：

a. 在阀位控制方式下进行 210 MW 负荷一次调频试验；

b. 在阀位控制方式下进行 260 MW 负荷一次调频试验；

c. 在阀位控制方式下进行 315 MW 负荷一次调频试验。

③ 在机组功率控制方式下进行一次调频功能试验：

a. 在功率控制方式下进行 210 MW 负荷一次调频试验；

b. 在功率控制方式下进行 260 MW 负荷一次调频试验；

c. 在功率控制方式下进行 315 MW 负荷一次调频试验。

3.4.3.3　试验条件

① 一次调频设计满足相关规定要求。

② 主要控制系统正常投入。

③ DEH 系统运行正常。

④ 机组运行的主要参数，如主汽温、主汽压、汽包水位（中间点温度）、炉膛负压等运行稳定，无报警或异常。

⑤ 发电机组转速和电网频率信号校验合格，并有相关的校验证书。

⑥ 试验方案已编制并经电厂主管领导批准，试验组织机构成立，明确职责分工。

⑦ 已经取得电网调度部门的同意。

3.4.3.4　试验步骤

1）静态试验

（1）静态试验条件确认。

① 汽轮机主、再热气门、调门已校验合格。

② 机组电调系统一次调频控制回路检查合格。

③ DEH 已在仿真状态下。

（2）静态试验内容。

汽轮机在冲转之前，检查机组一次调频主要参数，合理设置相关参数（包括调频死区、限幅），在 DEH 仿真的状态下检验机组一次调频主要参数的正确性，为动态试验做好准备。

2）动态试验

（1）动态试验条件确认。

① 静态试验检查已完毕并对相关设置进行修改。

② 机组已于试验前带满负荷并连续稳定运行 24 h。

③ 机组各项保护投入率 100%。

④ 机组负荷调整各项指标合格。

（2）在协调方式下进行一次调频试验，选取 210 MW（60% P_e）、260 MW（75% P_e）、315 MW（90% P_e）三个试验点，模拟转速差 ±4 r/min、±6 r/min。

（3）在功率控制方式下进行一次调频试验，选取 210 MW（60% P_e）、260 MW（75% P_e）、315 MW（90% P_e）三个试验点，模拟转速差 ±4 r/min、±6 r/min。

（4）在阀位控制方式下进行一次调频试验，选取 210 MW（60% P_e）、260 MW（75% P_e）、315 MW（90% P_e）三个试验点，模拟转速差 ±4 r/min、±6 r/min。

3.4.3.5　试验过程及试验结果

1）静态检查及试验结果

速度变动率设定公式：

$$\delta = \frac{(\Delta r - 2) \times P_e}{\Delta U \times 3\,000} \times 100\%$$

式中：δ 为速度变动率；Δr 为转速差；P_e 为机组额定容量；ΔU 为负荷变化幅度。

一次调频死区设定：±2 r/min。

速度变动率设定：5%。

2）动态试验及数据分析

(1) 在协调控制方式下，以210 MW负荷工况为例，试验于2019年08月17日16:42开始，17:04结束。全部试验数据如表3-4所示。

表3-4　协调控制试验数据

序　　号	1	2	3	4
试验前负荷/MW	210.13	209.56	210.09	209.87
转速扰动量/(r/min)	4	−4	6	−6
响应时间/s	1.12	0.37	0.79	0.39
50%负荷调整量时间/s	1.68	0.75	1.14	0.87
75%负荷调整量时间/s	1.99	0.93	1.5	1.1
稳定时间/s	19.96	13.49	21.49	22.49
稳定负荷/MW	204.52	215.29	198.42	220.52
负荷变化量/MW	5.61	5.73	11.67	10.65
积分电量	0.083	0.093 9	0.192 1	0.110 4
实际转速不等率/%	2.50	2.44	2.39	2.62

试验分析：在210 MW协调控制方式下一次调频平均速度变动率为2.49%，响应时间最大1.12 s，达到50%目标调整量的时间最大为1.68 s，达到75%目标调整量的时间最大为1.99 s，稳定时间最大22.49 s，波动4 r最小积分电量是0.083，波动6 r最小积分电量0.110 4，以上指标均符合标准要求。其余工况及控制方式此处不再详述。

(2) 在阀位控制方式下，以260 MW负荷工况为例，试验于2019年08月17日20:23开始，20:33结束。全部试验数据如表3-5所示。

表3-5　阀位控制试验数据

序　　号	17	18	19	20
试验前负荷/MW	264.37	266.05	268.46	269.89
转速扰动量/(r/min)	4	−4	6	−6
响应时间/s	0.42	0.29	0.30	0.32
50%负荷调整量时间/s	0.90	0.92	0.60	0.93
75%负荷调整量时间/s	1.138	1.082	0.982	1.417
稳定时间/s	26.84	34.17	42.28	42.97
稳定负荷/MW	257.13	273.07	251.81	282.43

续　表

序　　号	17	18	19	20
负荷变化量/MW	8.24	7.03	16.64	12.54
积分电量	0.110 1	0.092 6	0.243 1	0.192 6
实际转速不等率/%	2.12	2.49	2.10	2.79

试验分析：在 260 MW 工况阀位控制方式下一次调频平均速度变动率为 2.38%，响应时间最大 0.42 s，达到 50%目标调整量的时间最大为 0.93 s，达到 75%目标调整量的时间最大为 1.42 s，稳定时间最大 42.97 s，波动 4 r 最小积分电量是 0.092 6，波动 6 r 最小积分电量 0.192 6，以上指标均符合标准要求。

(3) 在功率控制方式下，以 315 MW 负荷工况为例，试验于 2019 年 08 月 18 日 00:20 开始，00:32 结束。全部试验数据如表 3-6 所示。

表 3-6　功率控制试验数据

序　　号	33	34	35	36
试验前负荷/MW	316.59	316.66	315.88	314.05
转速扰动量/(r/min)	4	−4	6	−6
响应时间/s	0.39	0.34	0.19	0.24
50%负荷调整量时间/s	0.65	0.59	0.27	0.33
75%负荷调整量时间/s	0.78	14.39	0.39	0.52
稳定时间/s	17.73	39.87	37.37	45.79
稳定负荷/MW	311.94	321.2	304.05	323.36
负荷变化量/MW	4.66	5.26	11.83	9.31
积分电量	0.080 9	0.058 8	0.182 9	0.164 2
实际转速不等率/%	4.51	3.99	3.55	4.51

试验分析：在 315 MW 工况功率控制方式下一次调频平均速度变动率为 4.14%，响应时间最大 0.39 s，达到 50%目标调整量的时间最大为 0.65 s，达到 75%目标调整量的时间最大为 14.39 s，稳定时间最大 45.79 s，波动 4 r 最小积分电量是 0.058 8，波动 6 r 最小积分电量 0.164 2，以上指标均符合标准要求。

3.4.3.6　试验结论

1) 静态试验结论(表 3-7)

表 3-7　静态试验结论

参　　数	调　门	一次调频控制回路	一次调频死区	速度变动率设置	限　幅
阀位方式	校验合格	校验合格	±2 r/min	5%	+28 MW

2）动态试验结论(表3-8)

表3-8　动态试验结论

参　数	平均速度变动率/%	一次调频死区/(r/min)	最大响应时间/s	达到正确调整量50%的最大时间/s	达到正确调整量75%的最大时间/s	稳定时间/s
DL/T1870	3～5	±2	≤3	≤6	≤15	≤60
试验过程	3.15	±2	1.12	1.68	14.39	49.84

试验过程中,机组各主要运行参数基本平稳。

3）试验结论

通过以上试验数据及分析可以看出,该机组总体上具备一次调频功能,能够参与电网一次调频,机组的一次调频指标符合GB/T30370《火力发电机组一次调频试验及性能验收导则》及DL/T1870《电力系统网源协调技术规范》要求。该燃煤机组于2019年08月18日00:32完成一次调频试验,具备投入一次调频的条件。

第 4 章　自动发电控制系统

当系统负荷发生随机变化和缓慢变化时，虽然通过一次调频调节发电机的输出功率可以使输出功率随着负荷的变化而变化，但是由于发电机自动调速系统的调差系数不能为零，单靠一次调频不可避免地会产生频率偏差。而当系统负荷发生较大变化时，频率偏差将会超出容许范围。此时，需要进行频率的二次调整即二次调频，进一步调整发电机的输出功率，使之跟随负荷的变化同时维持系统频率的稳定。二次调频实现的方式主要包括调度员人工下令手动改变机组的出力和通过自动发电控制系统自动改变机组的出力。

随着我国电力系统规模越来越大，跨省跨区的系统互联正在逐步形成，这就需要在保证系统频率稳定的同时，兼顾区域联络线的功率交换按照事先约定的协议进行。AGC 作为电力系统二次调频的重要手段，不仅能够弥补一次调频带来的系统静差，对于维护系统安全、稳定运行有着重要的意义，而且在系统互联、电力市场环境下显得更为重要。

电力系统调度自动化系统中，AGC 是互联电力系统运行中一个基本的和重要的计算机实时控制功能，其目的是使系统出力和系统负荷相适应，保持频率额定和通过联络线的交换功率等于计划值，并尽可能实现机组(电厂)间负荷的经济分配。具体地说，自动发电控制有四个基本的目标：使全系统的发电出力和负荷功率相匹配；将电力系统的频率偏差调节到零，保持系统频率为额定值；控制区域间联络线的交换功率与计划值相等，实现各区域内有功功率平衡；在区域内各发电厂间进行负荷的经济分配。

第一个目标与所有发电机的调速器有关，即与频率的一次调整有关。第二和第三个目标与频率的二次调整有关，也称为负荷频率控制(load frequency control，LFC)。通常所说的 AGC 是指三项目标，包括第四项目标时往往称为 AGC/EDC(经济调度控制，即 economic dispatching control)，但也有把 EDC 功能包括在 AGC 功能之中的。

4.1　AGC 系统控制模式

AGC 是由自动装置和计算机程序对频率和有功功率进行二次调整实现的，所需的信息(如频率，发电机的实发功率，联络线的交换功率等)通过 SCADA 系统经过上行通道传送到调度控制中心，再根据 AGC 的计算机软件功能形成对各发电厂(或发电机)的 AGC 命令，通过下行通道传送到各调频发电厂(或发电机)。

AGC是一个闭环反馈控制系统，主要包括两大部分，见图4-1。负荷分配器根据系统频率和其他有关的信号，按照一定的调节准则确定机组设定的有功出力。机组控制器根据负荷分配器设定的有功出力，使机组在额定频率下的实发功率与设定有功出力相一致。

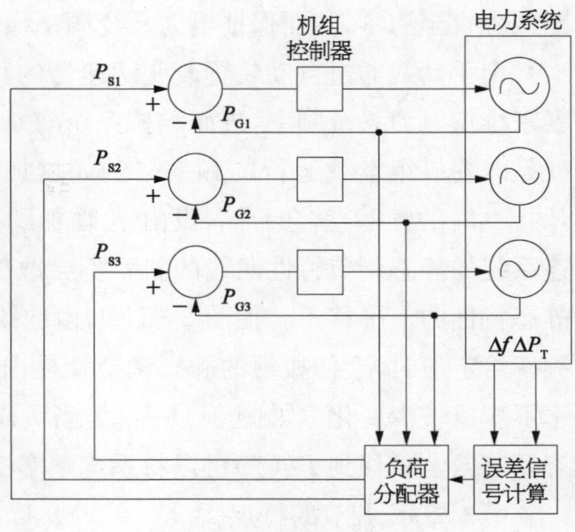

图4-1　AGC示意图

AGC中的负荷分配器是根据测得的发电机实时出力和频率偏差等信号按一定的准则分配各机组应调节的有功出力。确定各机组设定功率P_{Si}最简单的办法是根据下式计算：

$$P_{Si}=a_i\left(\sum_j P_{Gj}-B\Delta f\right)$$

式中　B——频率偏差系数；

a_i——分配系数，$\sum a_i=1$。

所以，系统机组总的设定功率为：

$$\sum_i P_{Si}=\sum_i a_i\left(\sum_j P_{Gj}-B\Delta f\right)=\sum_j P_{Gj}-B\Delta f$$

也就是说，系统机组总的设定功率取决于系统机组总的实发功率即系统的频率偏差。偏差越大，设定功率的变动就越大。主与频率偏差趋近于零时，系统机组总的设定功率就与实发功率相等。分配到每台机组的设定值则由分配系数a_i决定。

对于分区调频的电力系统，可取区域控制偏差(area control error，ACE)作为调节信息，根据分配系数。$a_i\left(\sum a_i=1\right)$可确定各机组的设定有功出力：

$$P_{Si}=a_i\left[\sum_j P_{Gj}-(\Delta P_T+B\Delta f)\right]$$

按固定分配系数方法控制出力的缺点是，各机组按同定的比例分配出力，一般并不符合功率经济分配原则。为了克服这个缺点，可以采取一种实现经济分配的控制方法。

4.1.1　AGC调节过程

AGC指的是电网调度中心直接通过机组分散控制系统(distribution control system，DCS)实现自动增、减机组目标负荷指令的功能。AGC以满足电力供需实时平衡为目的，根据机组本身的调节性能及其在电网中的地位，对不同的机组分配不同的权重系数进行分类控制，自动维持电力系统中发电功率和负荷的瞬时平衡，使由于负荷变动而产生的ACE不断减少直至为零，从而保证电力系统频率稳定。

用手动或通过自动装置改变调速器的频率（或功率）给定值，调节进入原动机的动力元素来维持电力系统频率，进而维持系统有功平衡的调节。改变调速器的频率给定值实际上就是改变机组空载运行的频率。例如增加频率给定值，则图 3-1 中的空载频率（对应于 $P_G=0$ 时的频率）就会升高，设由 f_0 增加到了 f_0'。由于没有改变调差系统的整定值，机组调速系统的静态调节特性曲线的斜率不会改变。这样，增加调速器中的频率给定值就使机组静态特性向上平移了。在图 3-1 中，由曲线 $P_G(f)$ 向上平移到了 $P_G'(f)$。当减小调速器中频率给定值时，会使机组的静态调节特性向下平移。通过改变频率给定值可以保持系统频率不变或较少变化。如图 3-1 所示，当负荷功率增加 $\Delta P_L'$ 之后，增加给定频率值，使机组静态调节向上平移到 $P_G'(f)$ 可以将系统频率由 f_C 回调到 f_A，从而使系统频率保持不变。

(1) AGC 调节的特点。

① 频率的二次调整，不论是采用分散的还是采用集中的调整方式，其作用均是对系统频率实现无差调整，进而实现对电网有功需求和电源有功输出的平衡。

② 在具有协调控制的火力发电机组中，由于受能量转换过程的时间限制，频率二次调整对系统负荷变化的响应比一次调整慢，它的响应时间一般需要 1～2 min。

③ 在频率的二次调整中，对机组功率往往采用简单的比例分配方式，常使发电机组偏离经济运行点。

(2) AGC 调节的作用。

① 由于系统频率二次调整的响应时间较慢，因而不能调整那些快速变化的负荷随机波动，但它能有效地调整分钟级和更长周期的负荷波动。

② 频率二次调整的作用可以实现电力系统频率和有功的无差调整。

③ 由于响应的时间不同，频率的二次调整不能代替频率一次调整的作用；而频率二次调整的作用开始发挥的时间，与频率的一次调整作用开始逐步失去的时间基本相同，因此两者若在时间上配合好，对系统发生较大扰动时快速恢复系统频率相当重要。

④ 频率二次调整带来的使发电机组偏离经济运行点的问题，需要由频率的三次调整（功率经济分自己）来解决，集中的计算机控制也为频率的三次调整提供了有效的闭环控制手段。

通电厂内的 AGC 控制主要包括单机控制方式和集中控制方式两种，在单机控制方式中，调度机构将自动发电控制系统计算得到的 AGC 指令直接下发到电厂中参与 AGC 调节的 AGC 机组机炉协调控制系统上，直接给机组发送升降功率指令。在集中控制方式中，调度中心 AGC 控制指令为全厂总功率设定值，此功率值再由电厂内部的机组分散控制系统对全厂每台机组进行综合协调控制和经济负荷分配。我国实际电网中，采取单机控制的方式。

从系统的角度，AGC 服务的目的是维持系统的频率（或联络线上的潮流）在要求的范围内；但是从机组考虑，AGC 服务就是提供跟踪指令变化的能力。评价 AGC 服务质量，就是考核 AGC 机组跟随指令变化是否达到了要求。

如图 4-2 展示了一个比较典型的单机 AGC 调节过程，其中 Z 表示 AGC 指令曲线，P 表示 AGC 机组有功输出曲线，t_0、t_1'、t_1 和 t_2 分别表示某个控制时段的控制起点时刻、机组出力跨出控制死区时刻、控制终点时刻和下一个控制时段起点时刻（控制时段指的是 AGC 指令与当前机组出力的偏差大于机组 AGC 响应死区的时段），Z_0、Z_1 和 Z_2 分别表示相应时刻的 AGC 指令值，P_0、P_1 和 P_2 分别表示相应时刻的机组出力值。

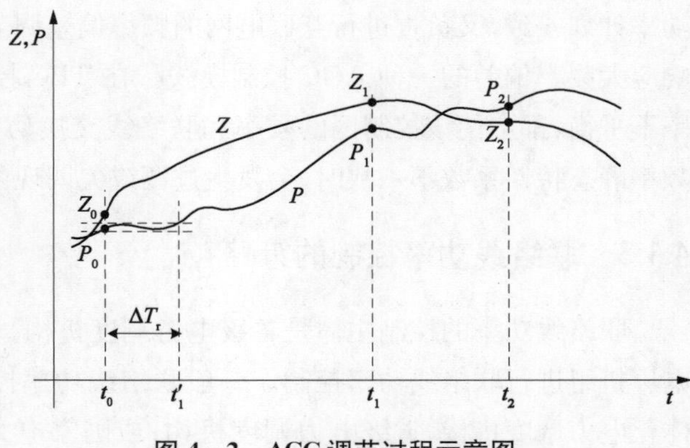

图 4-2　AGC 调节过程示意图

在 t_0 时刻，机组出力与 AGC 指令的差值大于预先设定的 AGC 响应死区，于是机组开始根据 AGC 指令调整出力在调整的过程中，AGC 指令有可能改变，也有可能保持，都要求机组出力曲线能够跟随 AGC 指令曲线。在 t_1' 时刻，机组出力跨出了机组的调节死区，在此之后开始机组出力跟随调节。在 t_1 时刻，机组出力和 AGC 指令的差值重新回到 AGC 响应死区之内，AGC 调节过程结束，开始进入相对稳态，机组出力在小范围随机波动。此时虽然机组有可能接收到 AGC 指令，但是只要处于 AGC 响应死区之内，机组的 AGC 调节就不会动作，这主要是为了防止机组频繁动作而可能对机组造成损害。在 t_2 时刻，当机组出力与 AGC 指令的差值重新大于 AGC 响应死区时又开始了和上面一样的调节过程，这里不再赘述。

4.1.2　AGC 模式分类

控制区的 AGC 控制模式可分为定频率、定交换功率和联络线偏差三种，控制主体应根据电网的实际运行情况和上级电力调度机构的要求选择合适的控制模式。

1）定频率控制模式

定频率控制模式（constant frequency control，CFC）是不考虑与外部控制区的功率交换，只控制系统频率在基准频率范围内一种 AGC 控制模式。这种模式只适合在独立电网或互联电网的主控制区采用。

2）定交换功率控制模式

定交换功率控制模式（constant net interchange control，CNIC）是不考虑控制系统频率，只控制实际交换功率与计划交换功率一致的一种 AGC 控制模式。这种模式只适合于小容量的控制系统中，同时必须有另一控制区采用 CFC、或多个控制区用联络线偏差控制方式来维持系统的频率。

3）联络线偏差控制模式

联络线偏差控制模式（tie-line bias control，TBC）是既维持联络线实际交换功率与交换功率计划一致，又负责进行互联电网的频率偏差调节，通过发电机调速系统调整发电功率来响应大频率偏差的一种 AGC 控制模式。在 TBC 控制方式下，不管哪个控制区发生负荷功率不平衡，都会使该控制区的频率和联络线交换功率产生一定的偏移。当频率偏差系数与频率静态特性系数不一致时，会发生过调或欠调现象，一般互联电网均推荐 TBC 模式。

4.1.3 联络线功率控制的策略

联络线功率的控制主体是各级电力调度机构。各级调度机构根据选定的模式，控制发电厂机组进行联络线功率控制。一般联络线功率控制的主体存在两个层级：国调、分调一体化电力调度机构，省级电力调度机构；或国家电力调度机构，分调、省级并列电力调度机构。宜按调度管辖范围划分控制区，采用国分统一控制区模式时国分调度管辖机组纳入统一控制区。

上下级控制主体之间的控制配合方式，直接影响所辖范围内的电网安全、优质、经济运行。上下级控制主体之间采用“主—子控制区”方式。上级控制主体与其直接调度的发电厂构成一个控制区，负责所辖电网整体的频率控制或对外的联络线功率控制。下级控制主体及其直接调度的控制主体的配合方式应能根据电网安全、优质、经济运行的需要进行调整。

发电厂构成电网中的子控制区，负责所辖子区域的联络线功率控制。

1）“统一控制区”与“主—子控制区”方式一（CFC＋TBC）

国调和分调作为统一控制区，国分调和省调之间采用主—子控制区方式。国分调和省调间采用 CFC＋TBC 的控制策略，即国分调按照 CFC 模式进行控制，省调按照 TBC 模式进行控制。

① 国调和分调分别负责制定其调度管辖机组的运行计划、跨区联络线计划和跨省联络线计划。

② 国调负责统一下达国调和分调调度管辖发电机组 AGC 控制指令，负责按 CFC 模式控制机组出力，负责整个交流电网频率调节。

③ 正常情况下，国调选择部分发电机组 AGC 投 CFC 模式，剩余发电机组 AGC 投跟计划模式。

④ 在发生大的扰动时，国调根据扰动造成的影响调整所有国调和分调调度管辖机组出力，必要时可调整相关省调调度管辖机组出力，直至电网恢复稳定。

⑤ 省调负责制定其调度管辖机组的运行计划，负责按照 TBC 控制模式，通过调整机组实时出力，满足本控制区电力实时平衡，控制省间联络线潮流。在发生大扰动的情况下，省调须按照国调指令，参与跨省/跨区联络线调整。

2）“统一控制区”与“主—子控制区”方式二（CFC/CNIC＋TBC）

国调和分调作为统一控制区，国分调和省调之间采用主—子控制区方式。国分调和省调间采用 CFC/CNIC＋TBC 的控制策略，即国调按照 CFC 模式进行控制，分调按照 CNIC 模式进行控制，省调按照 TBC 模式进行控制。

① 国调负责制定其调度管辖机组的运行计划及跨区联络线计划，按照 CFC 模式控制机组出力，负责整个交流电网频率调节。

② 在发生大的扰动时，国调根据扰动造成的影响调整所有国调和分调调度管辖机组出力，必要时可调整相关省调调度管辖机组出力，直至电网恢复稳定。

③ 分调负责制定其调度管辖机组的运行计划及跨省联络线计划，按照 CNIC 模式控制机组出力，负责调度管辖机组实际功率与计划功率的总体平衡。在发生大的扰动时，根据国调指令调整调度管辖机组出力，直至电网恢复稳定。

④ 省调负责制定其调度管辖机组的运行计划，负责按照 TBC 控制模式，通过调整机组实时出力，满足本控制区电力实时平衡，控制省间联络线潮流。在发生大扰动的情况下，省调须按照国调指令，参与跨省/跨区联络线调整。

3)“主—子控制区”方式一(CFC＋TBC)

国调作为主控制区，分调和省调作为子控制区，采用主—子控制区方式。主—子控制区间采用 CFC＋TBC 的控制策略，即国调按照 CFC 模式进行控制，分调和省调均按照 TBC 模式进行控制。

① 国调负责制定其调度管辖机组的运行计划及跨区联络线计划，按照 CFC 模式控制机组出力，负责整个交流电网频率调节。

② 在发生大的扰动时，国调根据扰动造成的影响调整所有国调和分调调度管辖机组出力，必要时可调整相关省调调度管辖机组出力，直至电网恢复稳定。

③ 分调负责制定其调度管辖机组的运行计划及跨省联络线计划，按照 TBC 模式控制机组出力，通过调整机组实时出力，满足本控制区电力实时平衡。在发生大的扰动时，根据国调指令调整调度管辖机组出力，直至电网恢复稳定。

④ 省调负责制定其调度管辖机组的运行计划，负责按照 TBC 控制模式，通过调整机组实时出力，满足本控制区电力实时平衡，控制省间联络线潮流。

⑤ 在发生大扰动的情况下，省调须按照国调指令，参与跨省/跨区联络线调整。

4)“主—子控制区”方式二(CFC＋TBC)

分调作为主控制区，省调作为子控制区，采用主—子控制区方式。主—子控制区间采用 CFC＋TBC 的控制策略，即分调按照 CFC 模式进行控制，省调按照 TBC 模式进行控制。

① 分调负责制定其调度管辖机组的运行计划及跨省联络线计划，按照 CFC 模式控制机组出力，负责整个区域电网频率调节。

② 在发生大的扰动时，分调根据扰动造成的影响调整所有调度管辖机组出力，必要时可调整相关省调调度管辖机组出力，直至电网恢复稳定。

③ 省调负责制定其调度管辖机组的运行计划，负责按照 TBC 控制模式，通过调整机组实时出力，满足本控制区电力实时平衡，控制省间联络线潮流。

④ 在发生大扰动的情况下，省调须按照分调指令，参与跨省联络线调整。

上述四种控制方式适用于国家电网当前阶段的各区域电网，未来可根据特高压交直流互联电网的不同发展阶段，选择其他控制方式。

4.1.4 AGC 系统总体结构

AGC 系统由主站控制系统、信息传输系统、电厂控制系统等组成，其总体结构见图 4－3。

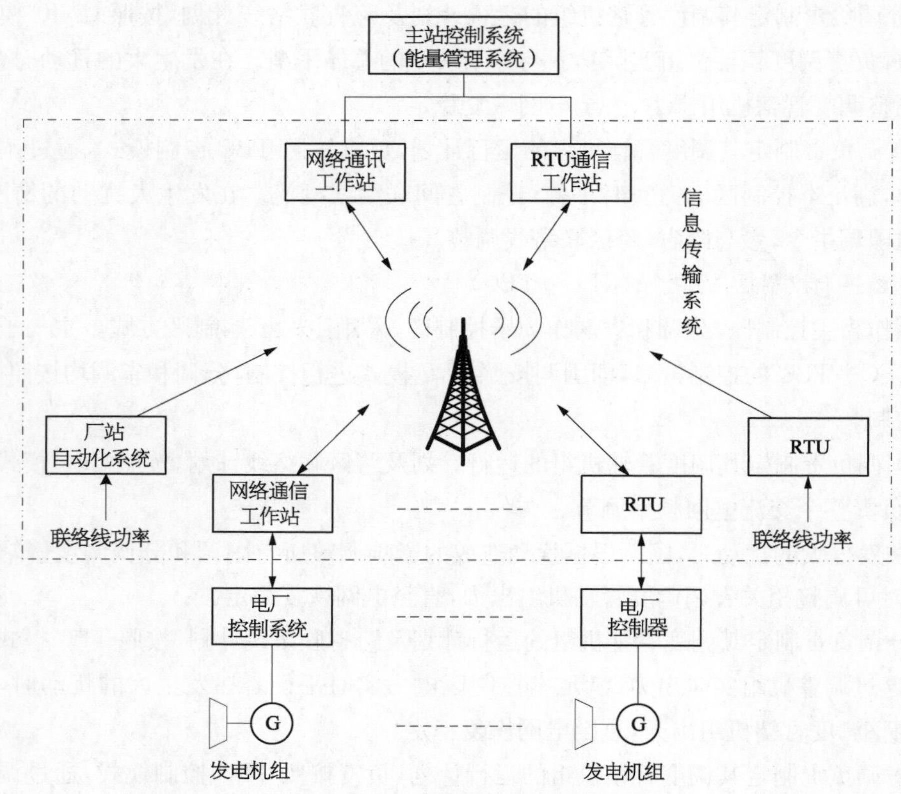

图 4－3 AGC 系统构成总图

4.1.4.1 AGC 主站控制系统

AGC 主站控制系统又称能量管理系统，为实现自动发电控制，EMS 应由以下部分组成。

1）主站计算机系统

能量管理系统是一个功能复杂的计算机系统，现代的 EMS 主要组成部分如下。

（1）通信工作站：与远动装置、厂站自动化系统、其他调度机构的能量管理系统等进行通信，执行采集信息、发送控制指令的功能。

（2）电力系统应用工作站：执行对电力系统运行进行计划、统计、监视、控制、计算、分析等功能。

（3）数据管理服务器：执行对电力系统运行所需的实时和历史的数据，设备参数的存储、管理功能。

（4）人一机界面工作站：通过显示画面、报表等媒介，向调度员提供电力系统运行信息；

向调度员提供输入控制指令的手段。

2）能量管理软件系统（图 4-4）

(1) 系统软件：由计算机厂商提供的用于管理计算机系统资源的操作系统，以及用于诊断、调试、维护、编程的支持工具。

(2) 支撑软件：为支撑 SCADA、电力系统应用软件运行所需的数据库管理、人—机界面管理等软件系统。

(3) SCADA：对实时数据进行采集和处理，对电力系统设备进行监视和控制的软件系统。

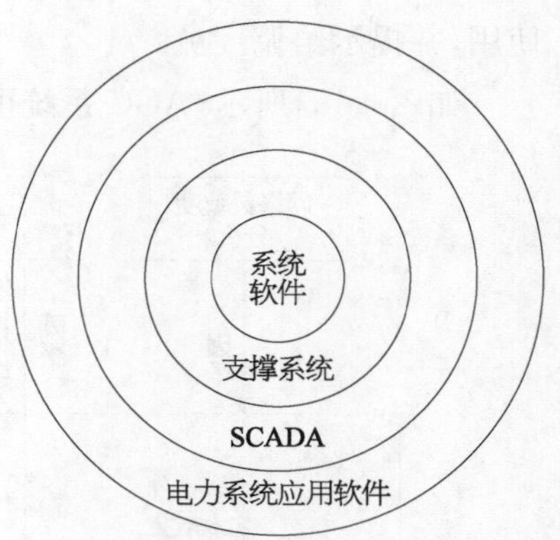

图 4-4　能量管理软件系统组成

(4) 电力系统应用软件：实现对发电生产进行调度和控制（发电调度）、电力系统的运行进行安全分析（网络分析）、对电力系统运行人员进行模拟培训、支撑电力市场运作等功能的软件系统。

(5) 负荷频率控制：负荷频率控制通过调节发电机，控制本区域的区域误差为 0，以达到系统频率和网络交换功率到预定值。负荷频率控制程序一般 2～8 s 启动一次。在计算 ACE 时，AGC 还要考虑如下问题。

① 无意电量偿还（无意交换电量是控制区与互联电力系统之间的电能计划与实际电能之间的差异）。

② 自动或计划的时钟误差校正。

③ 对外部控制区域的影响。

负荷频率控制功能可以考虑调节目标和经济目标：调节目标通过计算过滤后的 ACE 确定；经济目标则通过经济调度程序确定最优调度方案。

(6) 经济调度程序：经济调度程序的功能是计算本控制区域的所有具备 AGC 功能的机组的最优发电模式，并且要满足功率平衡和备用容量要求。一般的经济调度程序提供 3 种模块：静态经济调度（economic dispatch static，EDS）、动态经济调度（economic dynamic dispatch，EDD）、研究模式的经济调度（study economic dispatch，SED）。

静态经济调度和动态经济调度都可以为负荷频率控制提供机组的基点功率值和经济负荷分配系数。它们在实际运行时可以为调度员选用其一。EDS 只考虑当前的负荷水平，而 EDD 则能给出下一小时内每 5 min 的发电机计划曲线。因此，EDD 需要与负荷预测协同工作。相对而言，EDD 比 EDS 给出的策略可以更好地协调一段时段内的经济和安全目标。研究模式的经济调度（SED）主要给调度员对某一断面研究用。

(7) 生产成本（production costing，PC）模块计算各机组和系统的每小时和每天的生产成本。计算采用 EDS 提供的各机组的基点功率。

(8) 负荷预报（load predictor，LP）功能为动态经济调度程序提供系统的下一小时内每 5 min的负荷。

(9) 备用容量计算（reserve calculation，RC）模块计算各发电机的备用容量给其他模块使用,并提示给调度员。

如图 4-5 所示,AGC 系统可有两种模式。

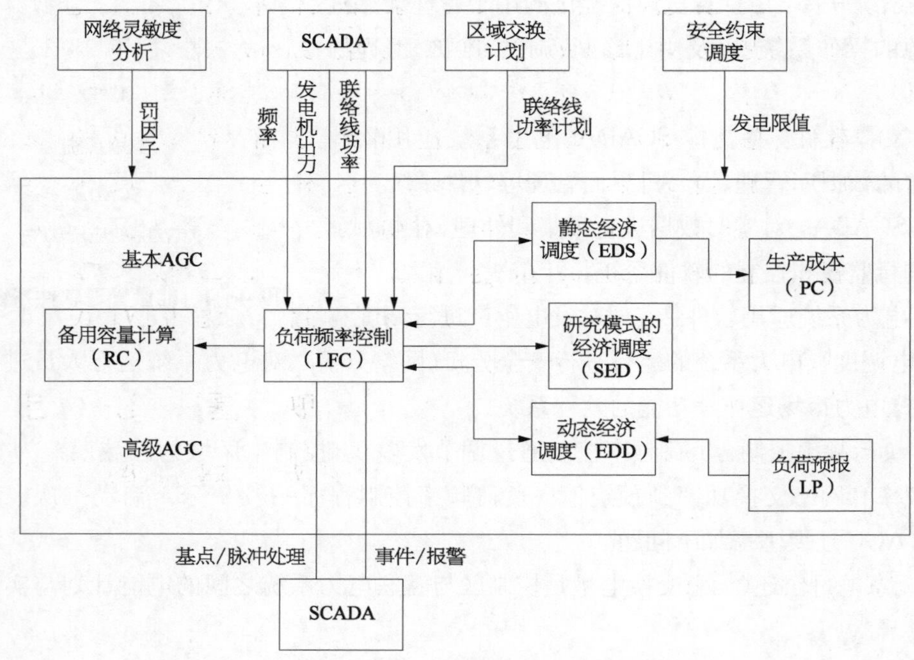

图 4-5 AGC 软件功能模块关系

一是基本 AGC 模式,由负荷频率控制、静态经济调度、研究态经济调度以及备用容量计算和生产成本计算等模块构成。在这种模式下,负荷频率控制采用静态经济调度提供的基点功率值和经济负荷分配系数来控制本区域。

二是基本和高级 AGC 混合模式,由负荷频率控制、静态经济调度、研究态经济调度、动态经济调度、负荷预测、备用容量计算和生产成本计算等模块构成。在这种模式中,静态经济调度和动态经济调度同时运行,调度员可以在线选择 LFC 需要的机组基点功率值和经济负荷分配系数是采用 EDS 还是 EDD 的计算结果。

4.1.4.2 控制区域

一般情况下根据 FACE 的大小将 AGC 控制区分为死区、正常调节区、次紧急调节区及紧急调节区,如图 4-6 所示。

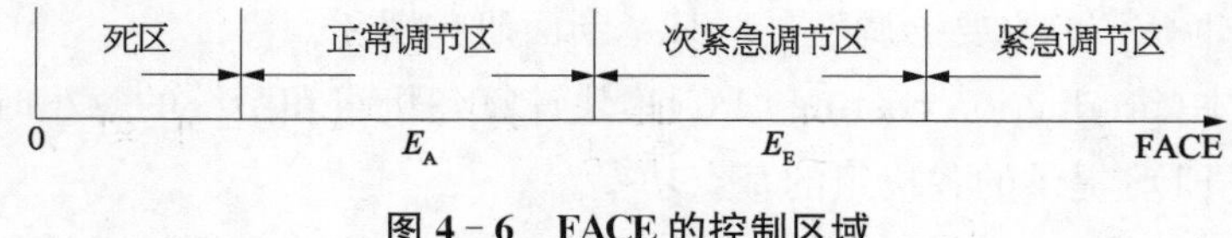

图 4-6 FACE 的控制区域

在不同的 AGC 控制区域应采用不同的 AGC 控制策略。

(1) 死区。调节功率中不存在 ACE 比例分量 P_{pj},但由于基点功率 P_{bj} 和 ACE 积分分

量 P_{lj} 的作用，仍有可能下发控制命令。

(2) 正常调节区。不考虑 ACE 的方向，直接将期望功率 UDG_j 作为控制命令下发到电厂。

(3) 次紧急调节区。类似于正常调节区，但如果机组的期望功率 UDG_j 不利于系统 ACE 向减小的方向变化，控制命令暂不下发。

(4) 紧急调节区。此时系统情况非常紧急，减小 ACE 是 AGC 面临的最迫切的任务。取基本功率 P_{bj} 为当前实际出力 P_{Gj}，则机组的期望功率 UDG_j：

$$UDG_j = P_{bj} + REG_j$$

4.1.4.3　发电机组控制模式

(1) 手动控制模式。

机组离线：机组停运，该模式由程序自动设置。

当地控制：机组由电厂执行当地控制，不参加 AGC 调节。

负荷爬坡：向机组下发给定的目标出力，不承担调节功率。

响应测试：机组在 AGC 控制下执行预定的机组响应测试功能。

抽水蓄能：抽水蓄能机组在蓄水状态，该模式由程序自动设置。

等待跟踪：当机组在当地控制下，设置该模式，进行设点跟踪，当机组投入远方控制时，自动切换为指定的机组控制模式。

(2) 基本功率模式。

实时功率：机组的基本功率取为当前的实际出力。

计划控制：机组的基本功率由电厂/机组的发电计划确定。

人工基荷：机组的基本功率为当时的给定值。

经济控制：机组的基本功率由实时调度模块提供。

等调节比例：各机组的基本功率按相同的上、下可调容量比例分配。

负荷预测：机组的基本功率由超短期负荷预报确定，这类机组承担由超短期负荷预报预计的全部或部分负荷增量。

断面跟踪：机组的基本功率由断面的传输功率确定，用来控制特定断面的功率。

遥测基点：机组的基本功率是指定的实时数据库中某一遥测量，或计算量，或其他程序的输出结果。

(3) 调节功率模式。

不调节：不承担调节功率。

正常调节：无条件承担调节功率。

次紧急调节：在次紧急区或紧急区时才承担调节功率。

紧急调节：在紧急区时才承担调节功率。

(4) 自动控制模式。

机组的自动控制模式由不同的基本功率模式和调节功率模式两两组合而成，如实时功率、人工基荷等。

4.1.4.4　AGC 信息传输系统

如果把能量管理系统比作自动发电控制的大脑，信息传输系统则好比神经系统，用于传输自动发电控制主站系统计算所需的信息，以及主站系统发送给电厂的控制指令。

1) 自动发电控制传输的信息类型

为实现自动发电控制，需传输的主要信息类型有：

(1) 计算控制偏差所需的信息，如系统频率、与相邻区域的联络线交换功率等。

(2) 执行机构的工况信息，如参与 AGC 运行的发电机的实际发电功率、发电功率调节的限制条件(调节范围、调节速率)、电厂控制系统的运行状态等。

(3) 控制指令，如调节发电功率的功率设定值或升降命令、改变发电机运行状态或电厂控制系统运行状态的控制指令。

2) 信息传输技术

用于传输自动发电控制所需信息的主要技术有：

(1) 远动通信技术是一种采用专用通道、专用通信协议的通信技术，其特点是由于采用专用通信协议，通信的额外开销少，所需设备和软件简单，但通用性差。由于采用专用通道，信息传输不受其他系统通信的影响，传输时间易保证，排错较容易；但为保证传输的可靠性，一般需配置主备通道，通道资源利用率低。信息传输一般需经过调制成模拟信号、传输、解调成数字数据的过程，传输速率一般较低，常用的传输速率为1 200～9 600 b/s。

(2) 数据网络通信技术是一种采用标准通信协议、共用数据通信网络的通信技术，其特点是由于采用标准通信协议，通用性好；但通信协议较复杂，通信的额外开销大，所需设备和软件较复杂。由于采用共用数据通信网络，通道资源利用率高；但传输时间易受数据通信网络负载轻重的影响，排错较复杂。由于数据通信网络采用数字通信技术，传输速率较高，一般在 64 kb/s 以上。

(3) 信息传输系统的组成部分及其作用。

① 主站通信工作站：能量管理系统的一部分，承担与外部通信，交换数据的任务。进行通信协议的解释和转换，数据的预处理，差错控制等工作。根据所采用的通信技术，又分为远动装置通信工作站和数据网络通信工作站。

② 通信网络：信息传输的媒介，主要有微波通信网络和光纤通信网络。

③ 数据网络：采用标准的通信协议，复用通信网络，提供数据网络通信业务的增值业务通信网络。目前常用的数据网络有：分组交换网、数字数据网、帧中继网、异步传递方式网等。

④ 远动装置：采集遥测、遥信数据，发送遥控、遥调信号的设备。

⑤ 厂站自动化系统：除具有远动装置的信息采集和控制功能外，还具有人—机会话和数据处理功能，一般通过数据网络与主站系统进行通信。

4.1.4.5　AGC 电厂控制系统

发电厂用于接受控制信号、控制发电机组调整发电功率的系统或设备如下。

(1) 调速器。

调速器是控制发电机组输出功率最基本的执行部件，改变调速器的功率基准值或转速基准值是进行频率二次调节最基本的方法。对于那些具有功率基准值输入接口的功频电液调速器或微机调速器，可通过远动装置或电厂自动化系统直接将功率设定值或升降命令发送到调速器，实现 AGC 控制。

(2) 调功装置。

对于那些不具备功率基准值输入接口的调速器(如机械式调速器)，必须由调功装置进行控制信号的转换，如转换成对调速电动机的控制信号。同时，调功装置还具有功率限制控制、转速控制、汽温汽压保护等功能。

(3) 协调控制系统。

单元汽轮发电机组的发电机、汽轮机和锅炉是一个有机的整体，对汽轮发电机组的运行要求是：当电力系统负荷变化时，机组能迅速满足负荷变化的要求，同时保持机组主要运行参数(特别是主汽压)在允许的范围内。调功装置运用于汽轮发电机组的控制，只能实现对汽轮机响应负荷变化的控制，无法实现对锅炉的控制。因此，需要采用协调控制系统，对汽轮发电机组机、电、炉的多个变量进行协调控制，使机组既能满足电力系统的运行要求，又能保证整个机组的安全性、经济性。

(4) 全厂控制系统。

在有多台机组的电厂中，采用全厂控制系统对主站的 AGC 指令在机组之间进行负荷分配，能降低每台机组调节的频繁程度；进一步提高负荷分配的经济性；避开机组不宜运行的区域(如水电机组的振动区、气蚀区)；当其中某些机组因运行工况不能响应控制指令时(如启、停辅机)能将控制指令转移给其他机组。因此，全厂控制系统是提高电厂的安全性、经济性，改善控制性能的有效手段。

4.1.4.6　调频电厂的选择

电力系统中所有并联运行的发电机组都装有调速器。当系统负荷变化时，有可调容量的机组均参与频率的一次调整，而二次调整只由部分发电厂承担。从是否承担频率的二次调整任务考虑，可将系统所有发电厂分为调频电厂和非调频电厂两类。承担二次调频任务的发电厂称为调频电厂。调频电厂负责全系统的频率调整任务，非调频电厂在系统正常运行情况下只按调度控制中心预先安排的负荷曲线(日发电计划)运行而不参加频率调整。

选择系统调频电厂时，主要考虑下列因素：

① 具有足够大的容量和可调范围；

② 允许的出力调整速度满足系统负荷变化速度的要求；

③ 符合经济运行的原则；

④ 联络线上交换功率的变化不致影响系统安全运行。

水轮发电机组的出力调整范围大，允许出力变化速度快，一般从空载至满载可在 1 min 内实现，出力变化对运行经济性影响不大，容易实现操作自动化。汽轮发电机组由于受最小技术出力的限制(其中锅炉约为 25%～70%额定容量，汽轮机约为 10%～15%额定容量)，所以出力调整范围小，出力变化速度受汽轮机各部分热膨胀的限制，在 50%～100%额定容量范围内，每分钟出力允许上升速度仅 2%～5%，而且出力变化对运行经济性影响很大，实现操作自动化也较复杂。

从以上分析可知，在水、火电厂并存的电力系统中，一般宜选水、电厂担任调频。在洪水季节，为了充分利用水力资源，避免弃水、水电厂宜带稳定负荷满发，可选择热效率居中的中温中压凝汽式火电厂担任调频，以提高系统运行的经济性。在枯水季节，可由水、电厂和中温中压的火电厂作为调频发电厂。

4.2 AGC 系统控制指标

4.2.1 术语和定义

图 4-7 所示为火电机组 AGC 负荷响应模拟曲线。

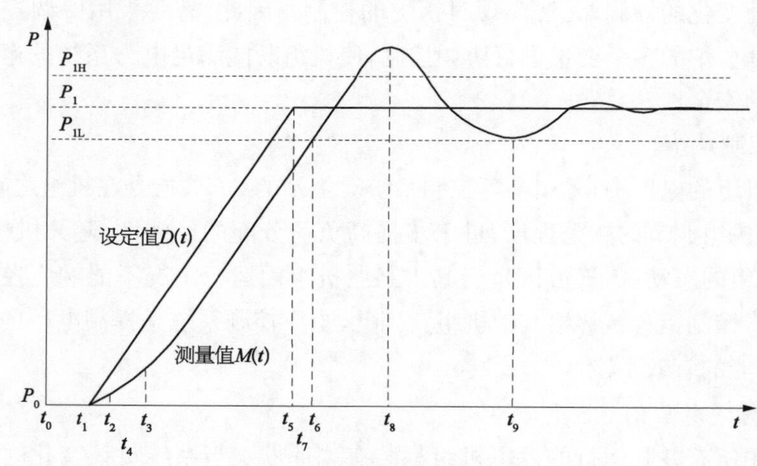

图 4-7 火电机组 AGC 负荷响应模拟曲线

图中 P_0——负荷变化前的 AGC 负荷指令；

P_1——负荷变化结束后的 AGC 负荷指令；

P_{1H}——稳定负荷 AGC 指令 P_1 允许负荷波动范围的上限值；

P_{1L}——稳定负荷 AGC 指令 P_1 允许负荷波动范围的下限值；

$D(t)$——速率限制后的 AGC 负荷指令；

$M(t)$——机组负荷；

t_0——响应曲线计时起始时刻；

t_1——AGC 负荷指令开始变化时刻；

t_2——负荷变化至 AGC 负荷指令目标变化幅度 10%和 90%两负荷点的连线与时间轴的交叉时刻；

t_3——负荷跟随指令开始变化，且变化幅度超过负荷稳态偏差允许范围后并在趋势上不再反向的时刻；

t_4——负荷变化至 AGC 负荷指令目标变化幅度 10%的时刻(图中情况与时刻 t_3 重合)；

t_5——AGC 指令第一次进入指令 P_1 所允许负荷稳态偏差范围的时刻；

t_6——负荷变化至 AGC 负荷指令目标变化幅度 90%的时刻；

t_7——t_4 和 t_6 点的连线，第一次进入指令 P_1 所允许负荷稳态偏差范围的时刻(图中情况与时刻 t_6 重合)；

t_8——AGC 指令变化结束且指令不再变化时的 10 min 内，机组负荷最大值的时刻；

t_9——AGC 指令变化结束且指令不再变化时的 10 min 内，机组负荷最小值的时刻。

(1) 负荷平均变化速率：选取负荷变化至 AGC 负荷指令目标变化幅度 10%和 90%的两个负荷点，其连线的斜率，按下列公式计算：

$$负荷平均变化速率 = \frac{M(t_6) - M(t_4)}{t_6 - t_4}$$

(2) 负荷响应时间：自 AGC 指令开始变化时刻起 t_1，至机组实际负荷开始变化，且变化幅度超过负荷稳态偏差允许范围并在趋势上不再反向的时刻 t_3 之间的时间差，按下列公式计算：

$$负荷响应时间 = t_3 - t_1$$

(3) 负荷启动时延时间：自 AGC 指令开始变化时刻 t_1 起，至表示负荷平均变化速率的连线和时间轴的交叉时刻 t_2 之间的时间差，按下列公式计算：

$$负荷启动时延时间 = t_2 - t_1$$

(4) 负荷结束响应时间：自 AGC 指令第一次进入稳定负荷 AGC 指令 P_1 所允许的负荷稳态偏差波动范围($P_{1L} \sim P_{1H}$)内的时刻 t_5，与表示负荷平均变化速率的连线进入该波动范围内的时刻 t_7 之间的时间差，按下列公式计算：

$$负荷结束时延时间 = t_7 - t_5$$

(5) 负荷动态过调量：自 AGC 指令变化结束后的 10 min 内，负荷偏离指令的偏差值，按正向负荷动态过调量、负向负荷动态过调量分别计算，按下列公式计算：

$$正向负荷动态过调量 = M(t_8) - D(t_8)$$

$$负向负荷动态过调量 = M(t_9) - D(t_9)$$

(6) 负荷稳态偏差：AGC 指令不变的工况下，在考核时间段内，负荷偏离 AGC 指令的偏差值，按正向负荷稳态偏差、负向负荷稳态偏差分别计算。

4.2.2 性能考核指标

1) 稳定负荷 AGC 性能测试的考核指标

除负荷最大偏差外，稳定负荷 AGC 性能指标符合 DL/T657 规定的要求，见表 4-1。

表 4-1 稳定负荷工况机组 AGC 测试主要参数品质考核指标

指　标	负荷稳态偏差 /%P_e	主蒸汽压力 /MPa	主蒸汽温度 /℃	再热蒸汽温度 /℃	汽包水位 /mm	炉膛压力 /Pa	烟气含氧量 /%
300 MW 等级以下亚临界机组	±1.0	±0.2	±2.0	±0.3	±20	±50	±1
300 MW 等级以上亚临界机组	±1.0	±0.3	±0.3	±0.4	±25	±100	±1
超临界及超超临界机组	±1.0	±0.3	±0.3	±0.4	—	±100	±1

2) 变动负荷 AGC 性能测试的考核指标

幅度为 5%P_e 的单项斜坡指令 AGC 性能指标要求，见表 4-2。

表 4-2 变负荷工况 AGC 测试主参数品质考核指标一

参　数	亚临界机组		超临界机组	
	300 MW 等级以下	300 MW 等级及以上	600 MW 等级以下	1 000 MW 等级
负荷平均变化速率/min	≥1.5	≥1.5	≥1.5	≥1.2
负荷响应时间/s	60	60	60	60
负荷启动时延时间/s	45	45	45	45
负荷结束时延时间/s	45	45	45	45
负荷动态过调量/%P_e	±1.5	±1.5	±1.5	±1.5
主蒸汽压力偏差/MPa	±0.5	±0.5	±0.5	±0.5
主蒸汽温度偏差/℃	±8.0	±8.0	±8.0	±8.0
再热蒸汽温度偏差/℃	±10.0	±10.0	±10.0	±10.0
汽包水位偏差/mm	±60	±60	—	—
炉膛压力偏差/Pa	±200	±200	±200	±200

注：1. 纯滑压机组不考虑主蒸汽压力偏差。
　　2. 亚临界直流锅炉参照超临界直流锅炉。

幅度为 5%P_e 的连续三角波指令 AGC 性能指标要求，以及幅度为 5%P_e 的单向斜坡指令 AGC 性能指标要求，见表 4-3。

表 4-3　变负荷工况 AGC 测试主参数品质考核指标二

参　　数	亚临界机组		超临界机组	
	300 MW 等级以下	300 MW 等级及以上	600 MW 等级以下	1 000 MW 等级
负荷平均变化速率/min	≥1.5	≥1.5	≥1.5	≥1.2
负荷响应时间/s	60	60	60	60
负荷启动时延时间/s	45	45	45	45
负荷结束时延时间/s	45	45	45	45
负荷动态过调量/%P_e	±1.5	±1.5	±1.5	±1.5
主蒸汽压力偏差/MPa	±0.5	±0.6	±0.6	±0.6
主蒸汽温度偏差/℃	±10.0	±10.0	±10.0	±10.0
再热蒸汽温度偏差/℃	±12.0	±12.0	±12.0	±12.0
汽包水位偏差/mm	±60	±60	—	—
炉膛压力偏差/Pa	±200	±200	±200	±200

注：1. 纯滑压机组不考虑主蒸汽压力偏差。
2. 亚临界直流锅炉参照超临界直流锅炉。
3. 对于三角法变动，仅考核 AGC 指令开始变化时的负荷响应时间。

4.3　AGC 系统联调与试验

4.3.1　试验目的

自动发电控制系统的整个工程是一项复杂的系统工程，环节多，且涉及面广。因此，AGC 的调试工作也是最终实现 AGC 控制的重要环节。合理地安排 AGC 的调试工作，能给工程的实施带来完满的结果。为保障我国电网电力系统安全、优质运行，降低电网运行风险，要求并网火电机组具备电网调峰功能和 AGC 负荷连续响应能力。

通过 AGC 性能测试试验，可以考核机组响应 AGC 负荷响应能力和机组在尚未稳定的工况下适应负荷连续变化的能力。与此同时，试验是在完成 AGC 开环自测试验且各项技术指标合格的基础上，进一步开展的 AGC 闭环联调试验及 168 h 挂网运行试验，目的是检验机组 AGC 技术指标是否满足相关要求，以及机组是否能达到商业运行的条件。

4.3.2　试验内容和方法

4.3.2.1　机组 AGC 性能测试条件

1）电网调度和机组之间通信信号品质要求

(1) 电网调度和机组之间通信信号应符合下列要求：

① 调度侧的 AGC 负荷指令信号与机组接收到的 AGC 负荷指令信号之间的误差应在±0.2%之内。

② 机组送调度的负荷信号与调度接收到的负荷信号之间的误差应在±0.2%之内。

③ 机组进行 CCS 控制的负荷信号与调度接收到的负荷信号之间的误差应在±0.2%之内。

④ 调度和机组之间的其他模拟量通信信号应传输正常。

⑤ 调度和机组之间的开关量通信信号应传输正常。

(2) 如机组的历史数据表明信号的通信品质满足了 4.3.2.1 中 1)的相应要求,可不重新进行试验确认;反之,应按要求安排对信号的通信品质进行调校并确认,并将结果填入表4-4。

表 4-4 调度和机组通信信号测试记录表

测试内容分类		信号描述	强制值 1	测量值 1	强制值 2	测量值 2	强制值 3	测量值 3
调度至机组	模拟量	AGC 负荷指令						
	开关量	AGC 投入允许						
机组至调度	模拟量	机组负荷						
		负荷上限设定						
		负荷下限设定						
		负荷速率设定						
	开关量	投入 AGC 方式						
		AGC 请求信号						
机组接口逻辑正确性评价								

注:不同电网规定的机组 AGC 接口信号可能不同,可据具体情况对本表内容进行增删。

(3) 按 4.3.2.1 中 1)进行试验确认信号的通信品质时,可选在调度侧或机组 DCS 侧,一侧强制另一侧读取的方式进行;也可选在电厂远动装置端和机组 DCS 侧,一侧强制另一侧读取的方式进行。两种测试方式下的信号品质都应达到相应要求。

2) 机组 AGC 辅助控制逻辑要求

(1) 机组连锁退出 AGC 控制逻辑功能应正确,主要包括:AGC 负荷指令信号坏质量时连锁退出 AGC 的功能;调度 AGC 允许信号失去时连锁退出 AGC 的功能;非 CCS 方式时连锁退出 AGC 的功能。

(2) 机组 CCS 的其他基本控制功能应正确,如:负荷指令闭锁增和闭锁减功能;AGC 指令超限闭锁增减功能等。

3) 机组各主要控制系统要求

(1) 机组各主要模拟量控制系统均应在自动方式下运行,主要包括:协调控制系统 CCS、锅炉给煤(或给粉);汽包水位(汽包炉);汽水分离器出口温度或焓值(直流炉);送风、引风、一次风;过热蒸汽喷水减温、再热蒸汽喷水减温等。

(2) 在进行变负荷 AGC 性能测试时,应在避开启停磨煤机的负荷段内进行,若变负荷幅度较大且无法避开启停磨煤机操作时,可适度放宽考核指标。

(3) 在较高负荷段内进行升负荷试验时,在整个过程中应保证给煤(或给粉)、送风等系统都有向上至少 $5\%P_e$ 的控制裕量。

(4) 在较低负荷段内进行降负荷试验时,在整个过程中应保证给煤(或给粉)、送风等系统都有向下至少 $5\%P_e$ 的控制裕量。

(5) 试验期间宜解除机组一次调频功能。

4.3.2.2 机组 AGC 性能测试内容和方法

1) 性能测试内容

(1) 在 AGC 方式下机组负荷的控制品质测试。

(2) 在 AGC 方式机组其他主要参数的控制品质测试。

2) 稳定负荷性能测试

(1) 稳定负荷 AGC 性能测试应在 AGC 负荷指令或者机组负荷指令无变化的情况下进行。

(2) 可以选择 AGC 退出,CCS 投入情况下的稳定负荷试验来代替本试验。

(3) 稳定负荷 AGC 性能测试的测试时间长度应不小于 1 h。

(4) 试验进行前 15 min 的时间段内以及试验进行期间,机组各主要控制系统应无明显内外扰动。

(5) 稳定负荷 AGC 性能测试的机组主要参数包括:负荷稳态偏差、主蒸汽压力偏差、主蒸汽温度偏差、再热蒸汽温度偏差、汽包水位偏差(直流锅炉除外)、炉膛压力偏差、烟气含氧量偏差,详见表 4-1。

(6) 稳定符合 AGC 性能测试应在机组较高和较低负荷范围内分别进行。

3) 变动负荷性能测试

(1) 变动负荷 AGC 试验中,指令的设定方式分为以下两种,可选用其中之一进行试验。

① CCS 模拟 AGC 方式下的性能测试:退出 AGC,采用机炉协调 CCS 模拟 AGC 方式,按照预先设计的机组负荷指令曲线,改变机组目标负荷设定值,测试火电机组 AGC 的性能品质。

② AGC 方式下的性能测试:投入 AGC,按照预先约定,由电网调度改变机组目标负荷设定值,测试火电机组 AGC 的性能品质。

(2) 变动负荷 AGC 试验可以选择以下一种或两种模式进行试验。

① 单向斜坡变动的符合指令变动。

② 三角波变动的负荷指令变动。

(3) 单向斜坡负荷变动。

① 幅度为 $5\%P_e$ 和 $10\%P_e$ 的两种单项斜坡负荷指令变动。

② 两种幅度的单项斜坡指令变动应在升、降负荷的方向上分别进行。

③ 两个负荷变动试验之间的稳定时间应不少于 20 min。

(4) 三角波负荷指令变动：幅度为 $5\%P_e$ 的连续三角波负荷指令变动，指令曲线应设计为 2.5 个以上的无间断连续三角波形式。

(5) 在变负荷 AGC 性能试验进行前 20 min 的时间段内，以及试验结束后 20 min 的时间段内，机组各主要控制系统除负荷指令外应无明显的内外扰动。

(6) 变负荷 AGC 性能测试的机组主参数应包括：负荷平均变化速率、负荷响应时间、负荷启动时延时间、负荷结束时延时间、负荷动态过调量、主蒸汽压力偏差、主蒸汽温度偏差、再热蒸汽温度偏差、汽包水位偏差(直流炉除外)、炉膛压力偏差，详见表 4-2 和表 4-3。

(7) 变负荷 AGC 性能测试应在机组较高和较低负荷范围内分别进行。

4.3.2.3 文档和资料验收

火电机组 AGC 性能测试结束后，应编制 AGC 性能测试报告，其内容应包括：

(1) 机组主辅设备概述。

(2) 机组 CCS 控制策略概述(必要时辅以关键逻辑框图说明)。

(3) 机组主要 MCS 系统的概述性控制品质说明(直接关系 AGC 品质的主要 MCS 系统)。

(4) 调度和机组通信信号测试数据和结论(表 4-4)。

(5) 稳定负荷 AGC 性能测试数据和指标(表 4-5)。

表 4-5 稳定负荷工况 AGC 性能测试机组主参数品质记录表

指标值	负荷稳态偏差 /$\%P_e$	主蒸汽压力 /MPa	主蒸汽温度 /℃	再热蒸汽温度 /℃	汽包水位 /mm	炉膛压力 /Pa	烟气含氧量 /%
允许值	*	*	*	*	*	*	*
实测值 1							
实测值 2							
试验结果评价							

注：1. 直流锅炉不包括上表中的汽包水位指标。
2. 据机组等级和表 4-1 中的规定，将允许值填入本记录表中 * 处。

(6) 稳定负荷 AGC 性能测试曲线。

(7) 变动负荷工况 AGC 性能测试指标和数据(表 4-6)。

表 4-6 变动负荷工况 AGC 性能测试机组主要参数品质记录表

指标值	允许值	实测值 1	实测值 2	实测值 3	实测值 4
负荷平均变化速率/min	*				
负荷响应时间/s	*				

续 表

指 标 值	允许值	实测值1	实测值2	实测值3	实测值4
负荷启动时延时间/s	*				
负荷结束时延时间/s	*				
负荷动态过调量/%P_e	*				
主蒸汽压力偏差/MPa	*				
主蒸汽温度偏差/℃	*				
再热蒸汽温度偏差/℃	*				
汽包水位偏差/mm	*				
炉膛压力偏差/Pa	*				
试验结果评价					

注：1. 直流锅炉不包括上表中的汽包水位指标。
2. 据机组等级和表4-1中的规定，将允许值填入本记录表中*处。

（8）变负荷AGC性能测试曲线。

（9）机组AGC性能整体评价。

4.3.3 工程实例

某350 MW燃煤机组，燃煤锅炉为超临界参数变压运行螺旋管圈直流炉，锅炉型号SG-1152/25.4-M4432，汽轮机型号为CB350/296-24.2/0.4/566/566型，DCS控制设备采用南京国电南自美卓控制系统有限公司的MaxDNA控制系统。

该燃煤机组进行AGC闭环联调试验及168 h挂网运行试验，以检验机组AGC技术指标是否满足相关要求。

4.3.3.1 试验依据及指标

（1）本次AGC联调试验的负荷调整范围确定为：机组AGC运行方式下为175～350 MW。

（2）负荷调节的静态偏差指标不大于1%P_e，动态偏差指标不大于2%P_e，本机组静态偏差为不大于3.5 MW，动态偏差为不大于7 MW。

（3）调节响应时间应小于60 s。

（4）在整个试验过程中，各主要自动系统应正常投入，自动系统的动态特性良好，能够满足机组连续负荷变动的要求。

4.3.3.2 试验内容

（1）机组进行AGC运行方式下175 MW～350 MW～175 MW～350 MW～175 MW负荷的联调试验。

（2）机组进行AGC运行方式下185 MW～290 MW～185 MW～290 MW～185 MW负

荷随动联调试验。

4.3.3.3 试验过程及试验结果

(1) 第一阶段：机组 AGC 方式下 175 MW～350 MW～175 MW 负荷动态联调试验，共进行两次。

2019 年 10 月 28 日 14:24:44，机组运行 AGC 控制方式，起始负荷为 174.86 MW，目标负荷由 175 MW 变为 240 MW，负荷变化率设定 7.1 MW/min，实际负荷响应时间为 42 s，至 14:33:38 机组实际负荷升至 237.5 MW，实际负荷变化率 7.62 MW/min，其间静态偏差最大 0.7 MW，动态偏差最大 1.3 MW。

14:45:00，机组运行 AGC 方式，起始负荷为 239.93 MW，目标负荷由 240 MW 变为 300 MW，负荷变化率设定为 7.1 MW/min，实际负荷响应时间为 44 s，至 14:53:08 机组实际负荷升至 279.75 MW，实际负荷变化率 7.31 MW/min，其间静态偏差最大 1.2 MW，动态偏差最大 1.0 MW。

15:01:08，机组运行 AGC 方式，起始负荷为 299.68 MW，目标负荷由 300 MW 变为 350 MW，负荷变化率设定为 7.1 MW/min，实际负荷响应时间为 38 s，至 15:08:16 机组实际负荷升至 347.8 MW，实际负荷变化率 7.40 MW/min，其间静态偏差最大 0.8 MW，动态偏差最大 0.8 MW。

15:18:58，机组运行 AGC 方式，起始负荷为 349.8 MW，目标负荷由 350 MW 变为 300 MW，负荷变化率设定为 7.1 MW/min，实际负荷响应时间为 32 s，至 15:25:40 机组实际负荷降至 303.49 MW，实际负荷变化率 7.13 MW/min，其间静态偏差最大 0.8 MW，动态偏差最大 0.4 MW。

15:33:50，机组运行 AGC 方式，起始负荷为 300.29 MW，目标负荷由 300 MW 变为 240 MW，负荷变化率设定为 7.1 MW/min，实际负荷响应时间为 40 s，至 15:41:50 机组实际负荷降至 243.48 MW，实际负荷变化率 7.21 MW/min，其间静态偏差最大 0.6 MW，动态偏差最大 1.2 MW。

15:51:54，机组运行 AGC 方式，起始负荷为 239.96 MW，目标负荷由 240 MW 变为 175 MW，负荷变化率设定为 7.1 MW/min，实际负荷响应时间为 38 s，至 16:00:40 机组实际负荷降至 178.4 MW，实际负荷变化率 7.12 MW/min，其间静态偏差最大 0.6 MW，动态偏差最大 2.1 MW。

第二次试验过程与第一次相同，此处不再详述。

试验分析：第一阶段进行机组 AGC 运行方式下 AGC 闭环联调试验，负荷由175 MW～350 MW～175 MW 变化，共进行两次，最大静态偏差为 1.4 MW，最大动态偏差为 2.1 MW，负荷响应时间最大为 45 s，最小负荷变化率为 7.05 MW/min。

(2) 第二阶段：进行机组 AGC 运行方式 AGC 闭环控制下 185 MW～290 MW～185 MW～290 MW～185 MW 负荷的 AGC 闭环随动"M"形曲线联调试验。

2019 年 10 月 28 日 18:45:23，机组运行 AGC 控制方式，起始负荷为 184.92 MW，目标

负荷由185 MW逐步变为290 MW，负荷变化率设定为7.7 MW/min，实际负荷响应时间为51 s，至19:00:28机组实际负荷升至290.27 MW，其间动态偏差最大1.3 MW。

19:00:35，起始负荷为289.91 MW，目标负荷由290 MW逐步变为185 MW，负荷变化率设定为8 MW/min，实际负荷响应时间为46 s，至19:15:28机组实际负荷降至186.99 MW，动态偏差最大3.7 MW。

19:15:47，起始负荷为186.42 MW，目标负荷由185 MW逐步变为290 MW，负荷变化率设定为10 MW/min，实际负荷响应时间为38 s，至19:29:14机组实际负荷升至184.92 MW，动态偏差最大3.7 MW。

19:31:42，起始负荷为288.35 MW，目标负荷由290 MW逐步变为185 MW，负荷变化率设定为12 MW/min，实际负荷响应时间为43 s，至19:44:49机组实际负荷降至184.92 MW，动态偏差最大1.7 MW。

试验分析：第二阶段进行机组一拖一联合循环运行方式下185 MW～290 MW～185 MW～290 MW～185 MW负荷的AGC闭环随动"M"形曲线联调试验，负荷变化率为9.43 MW/min，最大动态偏差为3.7 MW，负荷响应时间最大为51 s。

(3) 第三阶段：机组进入AGC 168 h试运行阶段。

2019年10月28日20:00正式开始168小时试运行，至2019年11月4日20:00结束。其间机组AGC运行良好。

4.3.3.4　试验结论

机组一拖一联合循环运行方式下AGC闭环联调动态试验结果如表4-7所示。

表4-7　试验结论

指　　标	最大静态误差	最大动态误差	最小调节速率	最大响应时间
标　　准	3.5 MW	7 MW	≥7.00 MW/min	<60 s
实验结果	1.4 MW	2.1 MW	7.05 MW/min	45 s

第5章　自动电压控制系统

随着电力工业的飞速发展，电力系统的规模日益扩大，其安全、经济和优质运行显得尤为重要。与此同时，随着电力体制改革的深入和电力市场的开放，用电管理逐步走向市场，促使电力部门越来越重视电力系统的安全性和经济性。作为衡量电能质量的一个重要指标，电压质量对电网稳定运行、降低线路损耗、保障工农业生产安全、提高产品质量、降低用电损耗等都有直接影响。

电压稳定问题的出现是与电力系统发展的趋势紧密相关的。近年来，随着科学技术的进步，为满足日益增长的电能需求，电力系统的发展出现了许多新变化，如电网电压等级的升高，电力系统的互联，大容量发电机组的普遍应用，远离负荷中心的水电厂、坑口电厂、核电厂的涌现，负荷容量的集中，直流输电和新型电力电子控制装置的应用等。这些新变化对利用能源、提高经济效益和保护环境都有重要意义，但受环境和建设成本的限制，在电网结构相对薄弱、发电设备储备量较少、系统经常运行在重负荷条件下，同时在国家对部分电力工业解除管制、实行市场化以后，电网的运行状态和当初的设计有了很大的差别，给电力系统的安全运行带来了隐患，其中包括电压不稳定或电压崩溃引起的局部失去负荷或大面积停电。

我国虽然还没有发生过大范围的恶性电压崩溃事故，但电压失稳引起的局部停电事故却时有发生，例如1972年7月27日湖北电网、1973年7月12日大连电网的停电事故等。我国正处于经济快速发展的时期，电力系统也步入了大电网、超高压、大机组、远距离的时代。当前的经济发展速度远远超出了在1997年亚洲金融危机时的预期，导致当前甚至今后若干年内出现全国大范围内电力建设落后于经济发展水平的局面，电力系统运行在接近电网极限输送能力状态的概率大大增加，较大程度威胁着电网的电压稳定。因此，研究开发适合我国电网实际情况的全网电压控制系统是十分迫切和必要的。AVC系统是目前电压控制中追求的最高级形式，它集安全性和经济性于一体，可实现安全约束下的经济的闭环控制，被公认为是电力系统调度控制发展的最高阶段。AVC系统与AGC系统共同构成了电力系统稳态自动控制的基石，对于运行人员更轻松地驾驭复杂大电网具有重要意义。

AVC系统的实施具有巨大的社会经济效益：

① AVC是电网自动调度的重要功能，大大降低了调度工作的劳动强度，实现了电压调

度的自动化，提高了电压质量，保证信息社会对高质量电能的需求。

② 实现无功的经济调度，同时降低网损，提高电网的经济运行指标。电力市场改革后，厂网分离，这将是输电网络实现经济运行的主要手段。

③ 提高电网电压运行水平，保证足够的、快速的无功备用，提高电网运行的稳定性。

5.1　AVC的概念与原理

5.1.1　AVC的概念

AVC是指在正常运行情况下，通过实时监视电网无功/电压情况，进行在线优化计算，分层调节控制电网无功电源及变压器分接头，自动化调度主站对接入同一电压等级电网的各节点的无功补偿可控设备实施实时的最优闭环控制，满足全网安全电压约束条件下的优化无功潮流运行，达到电压优质和网损最小。从本质上说，AVC的目标就是通过对电网无功分布的重新调整，保证电网运行在一个更安全、更经济的状态。从整体上看，AVC的研究工作主要集中在以下几个方面：

空间上，怎样利用无功/电压控制的区域特性将电网划分成为耦合较为松散的区域；怎样选取合适的中枢母线和控制发电机。本质上是研究如何将控制目标空间降维，使不可控问题转化为可控问题。

时间上，怎样设计不同控制器的时间常数；怎样将静态时间断面下的控制策略计算与随时间变化的电力系统状态结合。本质上是研究电压控制的动态特性。

目标上，怎样提高电网安全性和经济性；怎样在电网的安全性和经济性目标之间进行协调，这是一个研究如何合理求解控制策略的过程。

5.1.2　AVC的原理

为避免无功长距离输送或多级变压器输送，传统的无功/电压控制一般采用分散控制。在这种控制方式下，各电压控制设备(发电机、有载调压变压器、电容电抗器组)仅能获取本地信息，独立地控制本地的电压。这样的分散控制虽然响应速度快，不依赖于控制中心，但由于控制器之间无法协调，仅保证就地将无功/电压控制在一定范围内，但可能会对主网的无功分布、电压水平产生不利影响，所以不能保证就地控制对于全网来说就是最好的控制方式，甚至可以肯定地说，必然存在更好的控制方式。

与分散控制相对应的是电压集中控制，它需要系统范围内各点的电压信息，由调度中心产生控制信号。在集中控制中，每个控制器需要全系统的动态信息，运行人员监控全系统的电压分布，然后发出改变全系统无功控制的命令。这种控制方式对无功测量准确度和数据通信有较高的要求，实施起来有一定的难度。此外，它还要求对全系统运行机制有透彻了解。如果要实现闭环自动控制，对基础自动化水平、信息通道质量和电压/无功监控主机系统性能的要求很高，不仅投资太大，且功能过于集中，风险太大。因此这种控制方式只适用于较小的系统。

AVC 系统是集散控制系统，是分散控制和集中控制的综合体现，它避免了单独采用分散控制或集中控制的弊端，扬长避短，采用 3 层无功/电压控制体系，解决了分散控制不利于全网最优的缺点，也解决了集中控制风险大的缺点，实现了全网范围内的无功/电压优化运行。

5.2 AVC 系统调节模式

5.2.1 AVC 的基本模块

AVC 系统是一个集散控制系统，即所谓的集中决策分层控制，具体来说主要由 1 个中心控制子系统和 3 个分散控制子系统组成，包括省调度中心的电压/无功综合优化控制系统、地区调度中心的电压/无功综合优化控制系统、发电厂的自动电压控制系统和变电站（主要为 500 kV 变电站）的自动电压控制系统。

通过调度主站侧以网损最小为目标函数、电压合格为约束进行优化计算，得出各个调节手段的调整目标，包括发电厂高压侧的母线电压定值、并联补偿设备的最优投切状态、主变压器的分接头最优位置，再进行调整达到网络运行的最优状态，实现无功潮流的最优分布和电压的合格，最终实现省网电压调度的自动化系统。

该系统由省调 AVC 主站系统和分布于各个地区、发电厂、500 kV 变电站的协调控制子系统组成，主站系统和子系统之间通过高速电力数据网络通信，如图 5-1 所示。

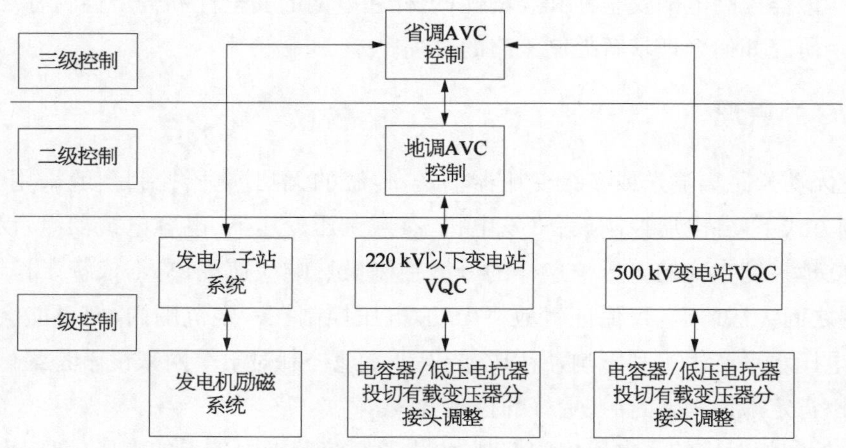

图 5-1　220 kV 以上电网 AVC 三层控制框架

下面详解介绍省级 AVC 的三层控制结构。

5.2.1.1　一级控制

由控制速度快的发电厂组成，它们根据高压母线电压设定值进行闭环控制。电厂 AVC 主要有两种方式，一种是电厂监控系统具有全厂 AVC 功能，另一种是在电厂内增加自动电压无功控制(AVQC)装置,实现全厂机组的电压/无功综合自动控制。电厂 AVC 功能可根据调度中心下发的定值进行控制,也可根据逆调压原则制定的母线电压计划进行自动跟踪。由于发电机的电压/无功控制是连续的、快速的、最安全的,且具有较大的调整范围,因此主要用来控制全网的电压水平和实现电压的快速校正控制。一级控制的周期一般为 10～60 s,高压母线电压控制死区不小于 0.5 kV(负荷变化引起的随机扰动幅度大致为 0.3～4 V)。

5.2.1.2　二级控制

由地区 AVC 系统组成。地区 AVC 系统根据省调度中心下发的功率因数考核指标和低压母线电压(110 kV、10 kV)考核自动控制地区范围内的 220 kV、110 kV 变电站内主变压器分接头和并联补偿设备,保证地区电压质量和降低网损,同时协调省级 AVC 系统进行全网的无功/电压控制。根据功率因数的考核进行并联补偿设备的控制,保证省级主力电厂有足够的无功备用来控制全网的电压水平和提高电压的稳定性,对功率因数的控制由原来的宽带控制变为窄带控制。

二级控制的周期一般为 1～5 min,功率因数的控制死区不小于 0.005(对负荷为 800 MW 的地区系统,功率因数在 0.95～0.99 时,相应的无功功率控制死区大约为 15～34 Mvar)。

5.2.1.3　三级控制

由省调中心的 AVC 系统构成,先通过对全网的优化计算得到电厂高压母线电压、500 kV 变电站变压器分接头和并联补偿设备的投切状态以及地区功率因数考核指标,然后通过通信网络将优化控制指标下发到电厂 AVQC,500 kV 变电站 AVC 系统、地区 AVC 系统去执行。由于 500 kV 电网和 220 kV 电网是电磁环网,500 kV 变电站的控制目前不宜通过在变电站安装 AVQC 装置来实现,应纳入三级优化控制中进行综合协调控制。三级控制的周期对发电厂一般为 15～30 min,对 500 kV 变电站为每日 2～5 次,网损的控制死区一般不小于 0.2 MW(不考虑运行方式的变化,按全网用电负荷 8 000 MW、潮流计算高压网损 2%、无功优化平均降低网损 2%计算,网损控制死区大约等价为 500 MW 的负荷变化范围)。

5.2.1.4　三层控制的协调关系

由电厂组成的一级控制利用快速和安全的控制来保证全网的优化电压水平,使高压输电系统近似在优化状态下运行。地区 AVC 作为二级控制不但要提高地区电压水平和降低网损,同时还要通过控制功率因数保证一级控制有足够的备用容量保证全网的电压优化控制和电压稳定。三级控制通过全网的优化进行总体的协调控制,通过控制 500 kV 主变压器分接头保证 220 kV 和 500 kV 网的总体电压水平,通过投切 35 kV 并联电容器和电抗器来保证 220 kV 和 500 kV 无功的分层平衡,通过对二级控制下发功率因数指标保证一级控制的顺利实施。

5.2.2　AVC 的调压手段

控制系统电压使其运行在安全稳定的水平是 AVC 追求的目标。由于电压与无功的强耦合关系,调压实际上就是调整系统的无功分布。能够影响系统无功分布的手段有调节发电机端电压、调节有载调压变压器分接头、调节并联电容器和调节电抗器投切的容量。

5.2.2.1 调节发电机机端电压

发电机既能给系统提供有功功率，又能提供无功功率，是电力系统中唯一的能同时提供两种功率的电源。除了能够提供有功功率，发电机在必要时能够进相运行，以吸收电网中多余的无功功率。发电机具有连续可调、响应速度快的特点，而且不像无功补偿装置那样需要增加额外的投资。所有这些特点使得发电机成为无功/电压控制的主要手段，是保证电压质量和无功平衡、提高电网可靠性和经济性必不可少的措施之一。

发电机机端电压由励磁调节器控制，改变调节器的电压整定值即可改变机端电压。励磁系统一般包括两个主要组成部分：励磁功率单元和励磁调节器。励磁功率单元向同步发电机转子提供直流电流(励磁电流)，在发电机定子和转子间产生气隙磁通，充当发电机进行机电能量转换的媒介；励磁调节器监测发电机的机端电压、电流或其他状态量，然后按照给定的调节准则对励磁功率单元发出控制信号，控制励磁功率单元的输出，进而调节发电机机端电压达到给定值。

发电机的机端电压与发电机的无功功率输出密切相关。当增加发电机的机端电压时，同时也增加了发电机的无功功率输出；反之，降低发电机的机端电压，也就减少发电机的无功功率输出甚至进相运行。因此，发电机的机端电压的调节受发电机无功功率极限的限制。当发电机输出的无功功率达到其上限或者下限时，发电机就不能继续进行调压。发电机的无功输出极限与发电机的有功出力有关，有功出力较小时，无功功率调节的范围会更大一些，调压的能力会更强些。多台机组同时进相运行还会影响系统的稳定性，因此必须做大量稳定计算确定系统安全稳定条件下安排机组进相运行。

5.2.2.2 调节有载调压变压器分接头

在变电站中，为了调压，目前普遍采用有载调压变压器。它通过改变高压绕组(对于三绕组变压器，还有中压绕组)的分接头进行调压。当低压侧母线电压偏高时，调节分接头使得主变压器电压比增大，降低低压侧母线电压；当低压侧母线电压偏低时，调节分接头使得主变压器电压比减小，提高低压侧母线电压。这种调压方式灵活、可靠、投资较小。需要注意的是，变压器本身不产生无功功率，只是通过其分接头的调节来改变系统无功的分布。

5.2.2.3 应用无功补偿装置调节电压

在电网适当的地点接入并联无功补偿装置，能够减小线路和变压器输送的无功功率，因而可减小线路和变压器的电压损失并提高电网的电压水平，同时还能减小电网的功率损耗，提高经济效益。当系统负荷变化时，通过调节无功补偿装置输出的无功功率，就能控制电网的电压。常用的无功补偿装置是并联电容器和并联电抗器，在高峰负荷时投入并联电容器能够提高电网的电压水平，在负荷较低时，可以切除部分电容器，甚至全部切除而投入并联电抗器，防止电压水平过高。20 世纪 80 年代提出的柔性交流输电系统(FACTS)技术，它以电力电子技术成熟发展为前提，基于这种技术的静止无功补偿器(SVC)和静止同步补偿器

(STATCOM)目前已被电力系统大量采用。它们的优点是：与旋转同步调相机相比，结构简单、无转动部件、运行维护方便、效率较高；与利用真空开关切换电容的无功补偿相比，后者只能分级调节，完全没有动态响应的能力。

在交流电网中，输电线路尤其是变压器的电抗远大于电阻($X \gg R$)，所以应当避免无功功率的远距离传输，尤其应避免无功功率的过网传输。因此，无功功率应实行分层控制，做到分层平衡，力求使通过变压器的无功功率尽量少，最终使得送、受端电网和高峰、低谷负荷之间的电压波动小且线损率低。因此，电力系统的电压及无功功率控制通常采用分层分区控制的原则。

5.2.3　AVC主站

AVC主站指安装在各级电力调度中心的计算机系统及软件，用于完成AVC计算分析及下发控制调节指令等功能，同时接收AVC子站的反馈信息。

5.2.3.1　系统总体框架

主站系统框架图如图5-2所示。

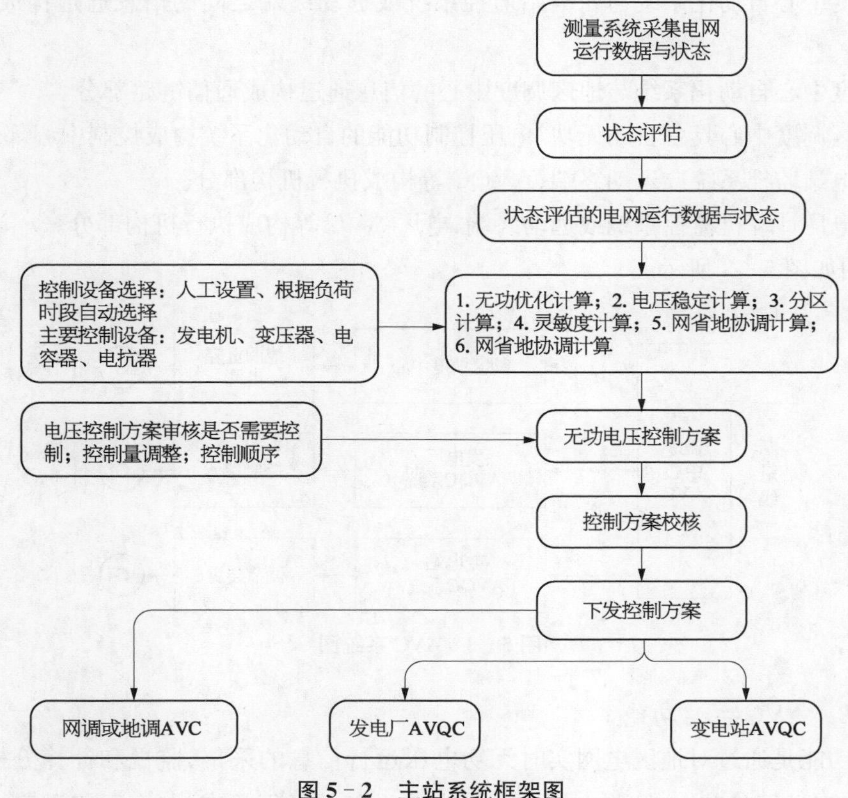

图5-2　主站系统框架图

AVC控制主要环节包括以下几个部分：

① 地调EMS系统从电网获得(或经地调EMS系统间接获得)实时信息。

② 无功优化软件根据电网实时信息进行周期性计算，如果有电压越限，调用校正计算模块，使电压达到合格；若无电压越限，则调用优化计算模块，达到网损降低的目标。另外，在负荷下降时段里采用逆调压控制，AVC 控制点目标电压送回省地调 EMS 系统。

③ 发电厂和 500 kV、220 kV 变电站的 AVC 控制点目标电压由省地调 EMS 系统直接下发到地调电压无功控制器(VQC)装置。

④ 发电厂 AVQC 装置根据 AVC 的目标电压和一定的分配原则自动设定各机组自动励磁调节器的机端目标电压或无功值，由机组自动励磁调节器自动完成电压调整。

⑤ 变电站 AVQC 装置根据 AVC 的目标电压，兼顾变压器各侧电压的合理性，控制有载调压变压器分接头的自动调整和低压电容器、电抗器的自动投切，或是接收上级控制的指令，直接对设备进行控制。

AVC 是一个大型的实时控制系统，主要由以下 7 个部分组成：

① 调度中心具备自动无功/电压控制功能的自动化系统构成控制中心部分。

② 调度中心自动化系统与发电厂计算机监控系统或远动终端之间的信息通道构成通信链路部分。

③ 调度中心自动化系统与变电站监控系统或远动终端之间的信息通道构成通信链路部分。

④ 调度中心自动化系统与地区调度中心的信息通道构成通信链路部分。

⑤ 地区调度中心具备自动无功/电压控制功能的自动化系统构成控制中心部分。

⑥ 变电站监控系统或远动终端、AVQC 等构成执行机构部分。

⑦ 发电厂计算机监控系统或远动终端、电厂 AVC 等构成执行机构部分。

系统图如图 5－3 所示。

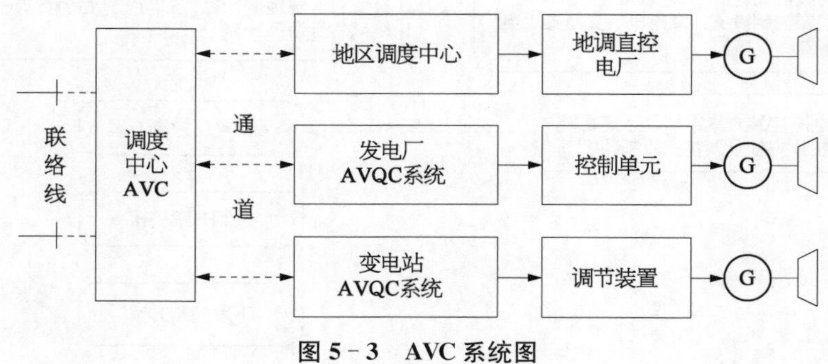

图 5－3　AVC 系统图

5.2.3.2　AVC 主站功能

AVC 功能是通过对地区电网实时无功电压运行信息的采集、监视和计算分析，在满足电网安全稳定运行基础上，控制电网中无功电压设备的运行状态，与上下级调度协调控制，维持电压运行在合格范围内，优化无功分布，降低电网损耗。应依次达到以下要求：

① 保证所辖范围内监控电压运行在合格范围内。

② 降低电网损耗。

5.2.3.3　数据辨识

① AVC数据来源采用两种方式：SCADA数据或经过状态估计计算后数据。

② 采用SCADA数据的，应利用遥测、遥信等信息的冗余性进行量测数据和状态量识别、纠错、闭锁和报警功能，支持单测点量测质量分析和多测点关联分析；对数据突变和高频电压波动进行多次滤波；在电网发生异常造成量测数据超出设定值范围，应自动闭锁控制功能并报警；关键测点采用主备量测方式。

③ 采用状态估计数据的，应对数据进行可用性判别，异常时应具备闭锁或切换至SCADA数据功能，并进行报警。

④ AVC采用的电网模型应完整、准确，覆盖调度管辖范围内的电厂或变电站和相关设备信息。

5.2.3.4　AVC控制模式

AVC控制模式应具备开环、半闭环和闭环三种，并可相互切换。开环是指AVC主站根据电网运行信息进行计算，形成控制策略，但不下发控制命令。半闭环是指AVC主站根据电网运行信息进行计算，形成控制策略，由运行人员决定是否下发控制命令。闭环是指AVC主站根据电网运行信息进行计算，形成控制策略，并自动下发控制命令。

5.2.3.5　AVC主站功能

(1) 控制执行。

AVC指令可分两种方式：遥控和遥调。遥控指的是对并联无功补偿设备的开关进行分/合控制，对有载调压变压器分接头进行升/降控制。遥调指的是对AVC子站下发设定值，再由各子站控制相应无功电压调节设备满足主站设定值，遥调包括以下内容：电厂或变电站高压母线电压设定值；发电厂总无功或单机无功设定值；变电站无功设定值；有载调压变压器分接头设定值。

AVC控制命令应通过电网运行实时监控遥控/遥调下发到厂站端执行，支持不同厂站的并行下发，即对不同厂站同一时刻可下发多个遥控/遥调命令，保证大规模电网控制实时性，并满足以下要求：对于控制失败的情况，应给出报警，并闭锁相应设备；自动闭锁已停运设备；支持对选定的当地设备进行通道测试和控制试验。

(2) 具备动态分区功能，根据电网运行方式的变化，自动将各电厂或变电站划分为不同区域，实现无功分层分区平衡。

(3) 具备电压协调功能，应保证监控调度管辖电厂或变电站电压在合格范围内，部分电厂或变电站无功电压失去调节能力时，相邻电厂、变电站或相邻区域应能提供无功电压调节支持。

(4) 具备无功协调功能，在保证电压合格基础上，考虑各区域间的无功协调和区域内各电厂、变电站的无功协调，并考虑区域的无功储备满足电网安全运行要求，满足无功就地或就近平衡原则。

(5) 具备开关或有载调压变压器分接头设备控制次数限制功能，合理优化控制频次，避免频繁调节，对开关和变压器分头调节频次应不超过设备允许的规定值，并符合现场运行规定。可根据电网典型负荷和潮流变化趋势，合理设置设备的调节时间段。

(6) 具备设备状态辨识功能，对设备的运行状态和保护动作信号进行采集和识别，禁止对停运或异常设备进行控制。

(7) 具备预估算功能，对每次控制效果进行预计算，评估控制前后的电压无功情况，防止过调节和振荡调节。

(8) 具备有载调压变压器分接头闭锁功能，当变压器高压侧电压低于允许最低电压设定值时，应禁止变压器分接头向降低变比方向调节。当变压器高压侧电压高于允许最高电压设定值时，应禁止变压器分接头向升高变比方向调节。

(9) 具备实时网损计算和显示功能，可进行全网计算和分区计算网损，对于控制设备动作前后的网损情况要进行记录和存储。

(10) 具备上下级 AVC 主站协调控制功能，可与上下级调度机构 AVC 主站进行数据交换，实现更大范围内电网无功电压分层协调控制。统计地区电网各分区无功设备可控(包括投切)容量并上传上级 AVC 主站，在失去调节能力情况下向上级 AVC 主站协调控制请求；接收上级 AVC 主站下发的协调电厂或变电站母线电压或关口无功目标值，并据此作为控制目标之一；接收下级 AVC 主站上传的无功电压调节能力相关信息，并据此向下级 AVC 下发协调控制目标。

(11) 具备在线修改有关控制参数功能，并具备权限管理功能。参数生效前应自动对参数的合理性和有效性进行鉴别，对不合理参数进行告警和处理。

(12) 提供运行和维护人员友好的监视画面和维护手段。主要包括：

① 用户管理，可对各类用户权限设置。

② 建模维护，可对 AVC 模型进行维护。

③ 参数配置，可设置 AVC 控制参数。

④ 实时监视，可对 AVC 运行状态进行监视。

⑤ 策略计算，可手工启动和切换 AVC 策略计算。

⑥ 闭/解锁设置，可对被控电厂、变电站或被控设备进行控制闭/解锁设置。

⑦ 历史统计数据报表，输出投运率、合格率、控制效果评估等指标的统计报表。

(13) 具备系统报警及控制闭锁功能，系统运行异常或失去调节功能时具备报警功能。应识别控制异常或控制错误，并进行报警和控制闭锁。AVC 控制闭锁功能应包括系统级闭锁、厂站级闭锁和设备级闭锁三个等级：

① 系统级闭锁是指 AVC 主站整体闭锁，不向所有电厂或变电站发控制命令。

② 厂站级闭锁是指 AVC 主站对某个电厂或变电站停止发控制命令，其他电厂或变电站正常控制。

③ 设备级闭锁是指对某具体设备停止发控制命令。

(14) 具备历史数据保存及查询功能,应完整保存每次控制命令、控制原因和人工操作记录,并可方便查询。

(15) 具备对控制效果进行统计和评估功能,并可生成报表。根据评估结果,完善 AVC 功能,并可对无功资源优化配置提出建议,包括:

① 各电厂或机组 AVC 功能投入率和调节合格率。

② 各电厂或变电站电压合格率或无功的交换电量。

③ 变电站电容器、电抗器的投切次数。

④ 变电站有载调压分接头挡位的调节次数。

⑤ 控制命令的记录与统计,包括控制时间、控制值、控制方式、是否成功、控制成功率等信息。

⑥ 电压合格率统计,根据相关管理考核规定统计电压合格率,包括最大值、最小值等。

⑦ 功率因数统计,对考核点功率因数合格率进行统计,包括最大值、最小值及平均值。

⑧ 控制电网范围内实时网损和网损率统计,包括最大值、最小值等。

⑨ 对上下级间的协调控制策略和控制结果。

⑩ 可保存至少 10 天秒级历史数据,并可提供查询和曲线展示。

(16) 具备与上下级调度 AVC 接口和本级调度其他应用程序接口功能。

5.2.4 AVC 子站

AVC 子站指安装在电厂或变电站接收并执行 AVC 控制调节指令等功能的自动化设备及附属设备。既可执行主站命令也可根据当地无功电压信息就地控制等功能,并向 AVC 主站回馈信息。

5.2.4.1 电厂侧自动调压控制

图 5-4 所示为 AVC 系统基本原理图。

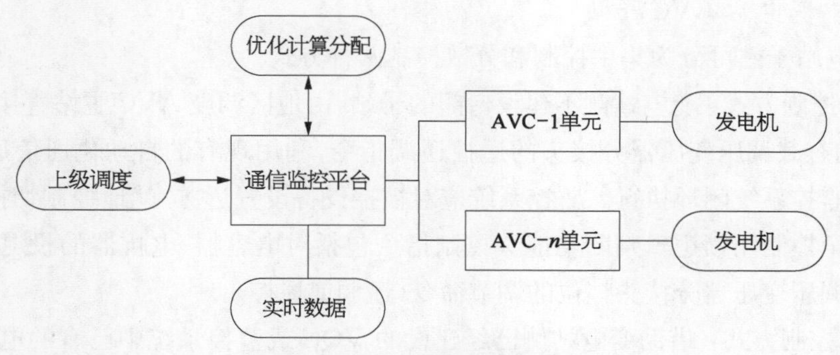

图 5-4　AVC 系统基本原理图

电厂侧自动调压控制系统是电网自动电压控制系统的前置部分,安装于电厂控制室,通过优化控制各机组的无功出力,达到实时调节电厂高压侧母线电压的目的。

根据上级调度下发的高压母线目标电压指令(或按照预先设定的高压母线电压曲线)和机组的运行状态,通过计算得到需注入高压母线的无功总量,然后根据一定的分配策略,在各个机组间合理分配，并计算出机组电压设定值，调整机组无功出力或机端电压，使高压母线电压达到系统给定值。在计算过程中充分考虑机组各种约束和限制条件。

5.2.4.2 AVC 子站功能

(1) AVC 子站控制模式至少包括远方、就地和退出三种模式。远方模式是指接收主站指令，按主站目标指令控制发电机组无功出力；就地模式是指子站按照预先设定的高压母线电压曲线，由子站控制发电机组无功出力跟踪电压曲线；退出模式是指子站退出运行。

(2) 具备设置接收主站指令方式的功能，如母线电压设定值、单机无功设定值或全厂无功设定值。接收母线电压或全厂无功设定值方式时，子站应合理分配单机无功。

(3) 具备对主站的指令进行安全性和有效性识别的功能。在和主站通信中断或主站指令无效时，应闭锁控制或转为就地模式。

(4) 具备参数在线设置和辨识功能。可设置各种控制参数和限值，满足机组安全要求，并和主站参数匹配。具备权限管理功能，参数生效前自动对参数的合理性和有效性进行鉴别，对不合理参数进行告警和处理。

(5) 具备数据采集功能。实时数据宜从电厂自动化系统获取，也可单独采集。

(6) 电厂运行人员可在操作台上进行 AVC 功能的控制模式切换，控制模式状态应实时上传主站。

(7) 具备安全闭锁功能。在运行参数超出规定的约束条件或相关保护动作时，子站控制功能应自动闭锁。子站自检异常时应自动闭锁控制。AVC 运行状态异常时应及时报警。

(8) 具备数据查询和报表功能。子站应可完整保存主站下发的指令以及子站的控制命令，并能方便查询和生成报表。各种异常报警和人工操作记录应完整保存。

(9) 应提供运行维护人员友好的操作界面。

5.2.4.3 变电站 AVC 子站

(1) 变电站子站可分为集中控制和分散控制两种方式。

① 集中控制方式：变电站侧不建设专门的子站，由地区调度 AVC 主站直接给出对电容器、电抗器和有载调压变压器分接头的遥控遥调指令，利用现有的自动化通信通道下发，并通过变电站监控系统闭环执行。监控系统应对被控设备设置远方/就地控制切换压板，并具有必要的安全控制闭锁逻辑判断功能。控制指令包括对电容器、电抗器的投退命令(遥控)或者对有载调压变压器分接头挡位的调节命令(遥调或遥控)。

② 分散控制方式：借助变电站侧已经建设的 VQC 或监控系统中已有的电压无功控制模块，经升级改造为具有完善安全闭锁控制逻辑的 AVC 子站，主站侧不给出电容器、电抗器和有载调压变压器分接头的具体调节指令，而是下发电压调节目标或无功调节目标，子站根据此目标计算对无功电压调节设备的控制指令并最终执行。

(2) 变电站子站至少包括远方、就地和退出三种控制模式。远方控制模式是指接收远方主站指令，按主站目标指令控制站内无功设备或有载调压变压器分接头；就地控制模式是指子站按照设定的高压母线电压曲线，由子站控制站内无功设备或有载调压变压器分接头来跟踪电压曲线；退出控制模式是指子站退出运行。

(3) 对于由区域集控站监控的变电站，主站 AVC 指令应下发到集控站监控系统，再由集控站转发到受控站，集控站应记录每次接收到的 AVC 指令及执行情况。

5.3 AVC 系统性能指标

5.3.1 主站性能指标

(1) AVC 计算结果月可用次数是指全月 AVC 计算结果正确并符合控制要求的次数，AVC 月可用率大于 90%。

$$\text{AVC 月可用率} = \frac{\text{AVC 计算结果月可用次数}}{\text{月计算次数}} \times 100\%$$

(2) AVC 计算周期是指主站 AVC 软件计算间隔时间，AVC 计算周期不大于 120 s。

(3) AVC 控制周期是指 AVC 控制命令下发间隔时间，AVC 控制周期不大于 300 s。

(4) AVC 单次计算时间是指 AVC 软件从数据读取到计算结果显示到计算机画面所需要的时间，AVC 单次计算时间不大于 30 s。

5.3.2 子站性能指标

(1) 平均无故障时间(mean time between failure, MTBF)大于 30 000 h。

(2) 控制精度：

① 高压母线电压控制偏差不大于 0.5 kV。

② 对于单机容量 300 MW 及以下机组，无功控制偏差小于±5 Mvar。

③ 对于单机容量 300 MW 以上机组，无功控制偏差小于±10 Mvar。

(3) 控制延迟时间是指从接收到主站指令时起到子站生成控制命令的时间，控制延迟时间小于 10 s。

(4) 调节速率：

① 电压控制方式下调节速率不低于 0.5 kV/min。

② 无功控制方式下调节速率不低于 10 Mvar/min。

(5) CPU 负载率不大于 30%。

(6) 历史数据指子站保存的供查询的各种运行数据，历史数据保存时间不小于 1 年。

5.3.3 变电站子站性能指标

(1) 平均无故障时间(MTBF)大于 30 000 h。

(2) 执行时间是指从接收到主站指令时起到控制指令完成时间，集中控制模式执行时间小于 10 s,分散控制模式执行时间小于 30 s。

(3) CPU 负载率不大于 30%。

(4) 历史数据指子站保存的供查询的各种运行数据,历史数据保存时间不小于 1 年。

5.4 AVC 系统试验

5.4.1 试验目的

为确保发电厂端 AVC 子站系统投入运行满足电网 AVC 调度主站系统技术要求,应全面测试电厂端 AVC 子站系统接入调度主站的连接与调控功能,须进行 AVC 联调试验,主要测试以下几个项目。

(1) 验证 DCS 关于 AVC 方面的逻辑。

(2) 验证 AVC 系统跟踪主站指令的精度和速度。

(3) 验证 AVC 系统本地控制的精度和速度。

(4) 验证 AVC 系统各项安全约束条件。

5.4.2 试验内容和方法

1) 设备间接口调试

(1) AVC 系统内部主控单元与执行终端接口调试。

(2) AVC 系统与 DCS 接口调试。

(3) AVC 系统与远动系统接口调试。

(4) AVC 系统与调度主站接口调试。

2) AVC 子站系统运行调试

(1) AVC 子站系统与调度主站闭环运行常态试验。

(2) AVC 子站系统调控精度试验。

(3) AVC 子站系统调控速度试验。

(4) AVC 子站系统安全性能试验。

3) AVC 系统动态试验前应具备的条件

(1) 试验机组已完成 AVC 静态调试。

(2) 完成 AVC 子站与上级调度 AVC 主站通信调试。

(3) 完成 AVC 上位机与远动装置通信调试。

(4) 完成装置参数整定。

(5) 完成装置程序组态。

(6) 试验机组并网运行。

4) AVC 子站系统安全性能试验

(1) 母线电压越限试验(表 5-1)。

表 5-1　母线电压越限试验

参数名称	试验方法	试验结果	结论
母线电压高有效值	设置母线电压高有效值在当前电压之下	1. 增磁闭锁，减磁闭锁，AVC 停止调节； 2. 当母线电压定值恢复为正常值时，AVC 正常运行	合格
母线电压低有效值	设置母线电压低有效值在当前电压之上	1. 增磁闭锁，减磁闭锁，AVC 停止调节； 2. 当母线电压定值恢复为正常值时，AVC 正常运行	合格
母线电压高闭锁值	设置母线电压高闭锁值在当前电压之下	1. 增磁闭锁； 2. 发减磁指令，至母线电压低于高闭锁值，AVC 正常运行	合格
母线电压低闭锁值	设置母线电压低闭锁值在当前电压之上	1. 减磁闭锁； 2. 发增磁指令，至母线电压高于低闭锁值，AVC 正常运行	合格

AVC 软件处于运行状态，其他接口设备运行正常。解除机组执行终端增减磁压板，投入机组 AVC，分别设置母线电压高限制值、母线电压低限制值、母线电压高高限制值、母线电压低低限制值，观察并记录 AVC 系统运行；所有动作状态满足试验要求，试验后恢复母线电压限制值设定。

(2) 机组有功越限试验(表 5-2)。

表 5-2　机组有功越限试验

参数名称	试验方法	试验结果	结论
有功出力高有效值	设置机组有功高有效值在当前电压之下	1. 增磁闭锁，减磁闭锁，AVC 停止调节； 2. 机组有功定值恢复为正常值时，AVC 正常运行	合格
有功出力低有效值	设置机组有功低有效值在当前电压之上	1. 增磁闭锁，减磁闭锁，AVC 停止调节； 2. 当机组有功定值恢复为正常值时，AVC 正常运行	合格
有功出力高闭锁值	设置机组有功高闭锁值在当前电压之下	1. 增磁闭锁； 2. 当机组有功定值恢复为正常值时，AVC 正常运行	合格
有功出力低闭锁值	设置机组有功低闭锁值在当前电压之上	1. 减磁闭锁； 2. 当机组有功定值恢复为正常值时，AVC 正常运行	合格

AVC 软件处于运行状态，其他接口设备运行正常。解除机组执行终端增减磁压板，投入机组 AVC，分别设置机组有功高限制值、机组有功低限制值、机组有功高高限制值、机组有功低低限制值，观察并记录 AVC 系统运行；试验完毕后恢复机组有功限制值设定。

(3) 机组无功越限试验(表 5-3)。

表 5-3　机组无功越限试验

参数名称	试验方法	试验结果	结论
无功出力高有效值	设置机组无功高有效值在当前电压之下	1. 增磁闭锁，减磁闭锁，AVC 停止调节； 2. 机组无功定值恢复为正常值时，AVC 正常运行	合格

续 表

参数名称	试 验 方 法	试 验 结 果	结论
无功出力低有效值	设置机组无功低有效值在当前电压之上	1. 增磁闭锁,减磁闭锁,AVC 停止调节; 2. 当机组无功定值恢复为正常值时,AVC 正常运行	合格
无功出力高闭锁值	设置机组无功高闭锁值在当前电压之下	1. 增磁闭锁; 2. 发减磁指令,至机组无功低于高闭锁值,AVC 正常运行	合格
无功出力低闭锁值	设置机组无功低闭锁值在当前电压之上	1. 减磁闭锁; 2. 发增磁指令,至机组无功高于低闭锁值,AVC 正常运行	合格

AVC 软件处于运行状态,其他接口设备运行正常。解除机组执行终端增减磁压板,投入机组 AVC,分别设置机组无功高限制值、机组无功低限制值、机组无功高高限制值、机组无功低低限制值,观察并记录 AVC 系统运行;试验完毕后恢复机组无功限制值设定。

(4) 机组机端电压越限试验(表 5-4)。

表 5-4　机组机端电压越限试验

参数名称	试 验 方 法	试 验 结 果	结论
机端电压高有效值	设置机端电压高有效值在当前电压之下	1. 增磁闭锁,减磁闭锁,AVC 停止调节; 2. 机端电压定值恢复为正常值时,AVC 正常运行	合格
机端电压低有效值	设置机端电压低有效值在当前电压之上	1. 增磁闭锁,减磁闭锁,AVC 停止调节; 2. 当机端电压定值恢复为正常值时,AVC 正常运行	合格
机端电压高闭锁值	设置机端电压高闭锁值在当前电压之下	1. 增磁闭锁; 2. 当机端电压定值恢复为正常值时,AVC 正常运行	合格
机端电压低闭锁值	设置机端电压低闭锁值在当前电压之上	1. 减磁闭锁; 2. 当机端电压定值恢复为正常值时,AVC 正常运行	合格

AVC 软件处于运行状态,其他接口设备运行正常。解除机组执行终端增减磁压板,投入机组 AVC,分别设置机组机端电压高限制值、机组机端电压低限制值、机组机端电压高高限制值、机组机端电压低低限制值,观察并记录 AVC 系统运行;试验完毕后恢复机组机端电压限制值设定。

(5) 机组机端电流越限试验(表 5-5)。

表 5-5　机组机端电流越限试验

参数名称	试 验 方 法	试 验 结 果	结论
机端电流高有效值	设置机端电流高有效值在当前电压之下	1. 增磁闭锁,减磁闭锁,AVC 停止调节; 2. 机端电流定值恢复为正常值时,AVC 正常运行	合格
机端电流低有效值	设置机端电流低有效值在当前电压之上	1. 增磁闭锁,减磁闭锁,AVC 停止调节; 2. 当机端电流定值恢复为正常值时,AVC 正常运行	合格

续　表

参数名称	试 验 方 法	试 验 结 果	结论
机端电流高闭锁值	设置机端电流高闭锁值在当前电压之下	1. 增磁闭锁； 2. 当机端电流定值恢复为正常值时，AVC正常运行	合格
机端电流低闭锁值	设置机端电流低闭锁值在当前电压之上	1. 减磁闭锁； 2. 当机端电流定值恢复为正常值时，AVC正常运行	合格

AVC软件处于运行状态，其他接口设备运行正常。解除机组执行终端增减磁压板，投入机组AVC，分别设置机组机端电流高限制值、机组机端电流低限制值、机组机端电流高高限制值、机组机端电流低低限制值，观察并记录AVC系统运行；试验完毕后恢复机组机端电流限制值设定。

5）AVC增、减磁脉宽整定试验

为了得出近似的脉冲调控斜率，应进行AVC增、减磁脉宽整定试验。AVC软件处于运行状态，其他接口设备运行正常。调试人员操作软件，进入“开入开出试验”；投入执行终端增减磁压板；投入机组AVC；设置机组增磁、减磁脉宽（100 ms、150 ms、200 ms、250 ms），并记录无功变化；试验完毕后切除机组AVC，解开增减磁压板。

6）死区测试试验

为检验AVC在电压进入调节死区时控制是否有效，应进行死区测试试验。AVC软件处于运行状态，其他接口设备运行正常。设置AVC为远方；解除机组执行终端增减磁压板，投入机组AVC；申请调度主站下发母线电压调控指令，电压指令与实际运行电压偏差控制在装置的死区范围内，观察/记录AVC控制单元的动作情况。

5.4.3　工程实例

5.4.3.1　背景介绍

某电厂机组配置使用由安徽立卓生产的AVC自动调控系统。无功电压自动调控装置利用先进的电子、网络通信与自动控制技术，在线接省电力调度中心下发的母线电压指令，自动对发电机无功出力或高压侧母线电压进行实时跟踪调控。该系统可有效地控制区域电网无功的合理流动，增强电力系统运行的稳定性和安全性、保证电压质量、改善电网整体供电水平、减少电网有功网损、充分发挥电网的经济效益，同时降低运行人员的劳动强度。

该AVC系统由调度中心主站和电厂侧子站构成。调度中心AVC主站对网内具备条件的发电机组或电厂下发母线电压指令，发电厂侧通信数据处理平台同时接受主站的母线电压指令和远动终端采集的实时数据，将数据通过现场通信网络发送至AVC无功自动调控装置。AVC装置经过计算，并综合考虑系统及设备故障以及AVR各种限制、闭锁条件后，给出当前运行方式下发电机能力范围内的调节方案，然后向励磁调节器发出控制信号，通过增减励磁调节器给定值来改变发电机励磁电流，进而调节发电机无功出力，使母线电压维持在调度中心下达的母线电压指令附近。

该AVC系统的拓扑结构如图5-5所示。

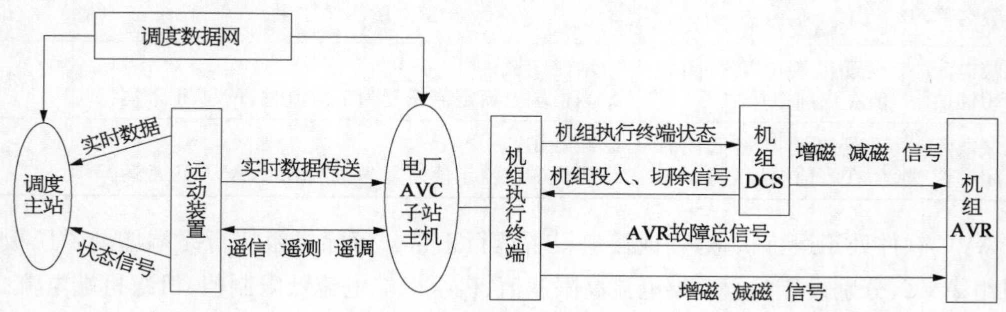

图5-5 AVC系统拓扑图

5.4.3.2 系统参数(表5-6～表5-8)

表5-6 机组参数

参数名称	参数值	
高压侧母线电压等级	220 kV	
主变分接头位置	目前档位：5;电压变比：229.9/20	
机组额定有功功率	350 MW	
机组额定机端电压	20 kV	
机组额定机端电流	11.887 kA	
机组额定功率因数	0.85	
	有功/MW	无功/Mvar
进相运行限额(进相试验结果)	175	−95
	262.5	−69
	350	−45
迟相运行限额(迟相试验结果)	175	70
	262.5	82
	350	96

表5-7 AVC参数

参数名称	设定值
调节周期	20 s
最小脉宽	100 ms
最大脉宽	800 ms
脉宽斜率	100 ms/Mvar

续　表

参　数　名　称	设　定　值
电压调节死区	0.4 kV
无功功率调节死区	6 Mvar
无功分配策略	等无功裕度

表5-8　#1机组PQ值

有功/MW	无功高闭锁值/Mvar	无功低闭锁值/Mvar
175	70	−95
262.5	82	−69
350	96	−45

5.4.3.3　调试内容

1) AVC主站与AVC子站通信调试

① 遥信通道测试(表5-9)。

表5-9　遥信通道测试

信　号　名　称	现场状态(初始/置值)	AVC状态	是否正常复归
AVC上位机自检正常	1/0	1/0	是
#1机AVC装置闭环运行	1/0	1/0	是
#1机装置增磁闭锁	1/0	1/0	是
#1机装置减磁闭锁	1/0	1/0	是

结论：合格。

② 遥调通道测试(表5-10)。

表5-10　遥调通道测试

名　　称	主站下发值类型(增/减/非法)	主站下发值/kV	现场接受值/kV	主站返回值状态/kV
母线电压指令	增磁	240	240	240
	减磁	130	130	130

结论：合格。

2) 厂内动态试验

(1) AVC子站安全性能试验。

① 母线电压越限试验。

AVC软件处于运行状态，其他接口设备运行正常。解除机组执行终端增减磁压板，投入机组AVC。参考当前母线电压值，设置母线电压高有效限值、低有效限值、高闭锁限值和低闭锁限值，观察并记录AVC系统运行情况，如表5-11所示。

表5-11 母线电压越限测试

参数名称	当前值/kV	设定值/kV	动作情况
母线电压高有效限值	234.05	233	增磁闭锁，减磁闭锁
	234.05	242	不动作
母线电压低有效限值	233.9	235	增磁闭锁，减磁闭锁
	233.9	209	不动作
母线电压高闭锁限值	233.9	233	增磁闭锁
	233.9	238	不动作
母线电压低闭锁限值	233.9	234	减磁闭锁
	233.9	210	不动作

结论：合格。

② 机组有功越限试验。

AVC软件处于运行状态，其他接口设备运行正常。解除机组执行终端增减磁压板，投入机组AVC。参考当前机组有功值，设置机组有功高有效限值、低有效限值、高闭锁限值和低闭锁限值，观察并记录AVC系统运行情况，如表5-12所示。

表5-12 机组有功越限测试

参数名称	当前值/MW	设定值/MW	动作情况
有功出力高有效限值	176.0	172	增磁闭锁，减磁闭锁
	176.55	370	不动作
有功出力低有效限值	175.56	180	增磁闭锁，减磁闭锁
	176.31	100	不动作
有功出力高闭锁限值	176.68	170	增磁闭锁
	176.68	355	不动作
有功出力低闭锁限值	176.64	180	减磁闭锁
	176.64	135	不动作

结论：合格。

③ 机组无功越限试验

AVC软件处于运行状态，其他接口设备运行正常。解除机组执行终端增减磁压板，投入机组AVC。参考当前母线电压值，设置机组无功高有效限值、低有效限值、高闭锁限值和低闭锁限值，观察并记录 AVC 系统运行情况，如表 5-13 所示。

表 5-13　机组无功越限测试

参 数 名 称	当前值/Mvar	设定值/Mvar	动 作 情 况
无功出力高有效限值	−3.69	−5	增磁闭锁，减磁闭锁
	−1.3	130	不动作
无功出力低有效限值	−0.75	5	增磁闭锁，减磁闭锁
	0.85	−130	不动作
无功出力高闭锁限值	0	−15	增磁闭锁，发减磁信号
	−2.23	70.27	不动作
无功出力低闭锁限值	−2.4	15	减磁闭锁，发增磁信号
	−2.56	−94.69	不动作

结论：合格。

④ 机组机端电压越限试验

AVC 软件处于运行状态，其他接口设备运行正常。解除机组执行终端增减磁压板，投入机组 AVC。参考当前机端电压值，设置机端电压高有效限值、低有效限值、高闭锁限值和低闭锁限值，观察并记录 AVC 系统运行情况，如表 5-14 所示。

表 5-14　机组机端电压越限测试

参 数 名 称	当前值/kV	设定值/kV	动 作 情 况
机端电压高有效限值	20.18	20.01	增磁闭锁，减磁闭锁
	20.18	21	不动作
机端电压低有效限值	20.17	20.2	增磁闭锁，减磁闭锁
	20.17	18.4	不动作
机端电压高闭锁限值	20.17	20.1	增磁闭锁
	20.17	20.88	不动作
机端电压低闭锁限值	20.18	20.3	减磁闭锁
	20.18	19.0	不动作

结论：合格。

⑤ 机组机端电流越限试验。

AVC 软件处于运行状态，其他接口设备运行正常。解除机组执行终端增减磁压板，投入机组 AVC。参考当前机端电流值，设置机端电流高有效限值、低有效限值、高闭锁限值和低闭锁限值，观察并记录 AVC 系统运行情况，如表 5-15 所示。

表 5－15 机组机端电流越限测试

参 数 名 称	当前值/kA	设定值/kA	动 作 情 况
机端电流高有效限值	5.08	5.02	增磁闭锁,减磁闭锁
	5.08	10.05	不动作
机端电流低有效限值	5.11	5.14	增磁闭锁,减磁闭锁
	5.07	4.10	不动作
机端电流高闭锁限值	5.07	5.01	增磁闭锁
	5.05	10.01	不动作
机端电流低闭锁限值	5.06	5.20	减磁闭锁
	5.04	5.0	不动作

结论：合格。

(2) 死区测试试验。

AVC 软件处于运行状态,解除机组执行终端增减磁压板,修改电压指令目标值,使目标值与系统当前电压的差值分别大于和小于死区定值,观察并记录 AVC 中控单元和执行终端的动作情况,如表 5－16 所示。

表 5－16 死 区 测 试

系统电压/kV	目标值/kV	差值/kV	定值/kV	动作情况
234.1	233.1	0.83	0.4	减 磁
234.1	235.0	0.94	0.4	增 磁
234.1	234.1	0.31	0.4	不动作

结论：合格。

(3) 增、减磁脉宽整定试验。

AVC 软件处于运行状态,投入执行终端增减磁压板。进行开入开出试验;设置机组增减磁脉宽,并记录无功变化;试验完毕后切除机组 AVC,解开增减磁压板。

试验连续发 3 个宽度为 130 ms 减磁脉冲,无功从－2.8 Mvar 调至－8.3 Mvar,无功变化量为 5.5 Mvar。AVC 子站调压脉冲经燃机 TCS 系统到励磁调节器,每个脉冲无功调节量大约是 2 Mvar。

3) 连续稳定试运行

2019 年 8 月 23 日 10 时 12 分——2019 年 8 月 23 日 21 时 36 分,进行了该厂＃11 机组 AVC 系统连续稳定试运行试验。

AVC 系统投入本地运行,按照本地曲线对母线电压进行跟踪调节。

通过试验得知,由于并网点电压较高,AVC 系统在连续运行期间处于减磁闭锁状态。

AVC系统可以根据本地曲线，自动对高压侧母线电压进行实时跟踪调控。

5.4.3.4 结论及建议

试验结果证明，AVC系统能够准确接收增减磁指令，AVC系统数据精度和调节速率满足稳定运行要求，各项安全约束条件符合某省/区域电网无功电压自动控制系统调度管理规定。

从电压本地跟踪曲线可看出，由于AVC系统一直处于闭锁状态，AVC系统的调节精度有待进一步观察。

第 6 章　发电机组励磁系统

励磁调节系统作为发电机的重要辅助设备，对于电网的安全稳定运行具有重大的影响。电网内主力机组励磁系统性能（响应速度、强励倍数、调压精度等）对系统的暂态稳定和静态稳定直接相关。长期以来，发电厂往往不重视励磁系统的这些性能，为了设备的维护、检修方便，常常忽视国标、行标等的相关要求，降低励磁系统调压精度性能，降低强励倍数，大大降低了电网安全稳定运行的裕度。

指导电力系统安全稳定运行的系统稳定分析的四大参数之一——励磁系统数学模型，是进行电力系统各项安全稳定分析的基础，其准确性直接影响着稳定计算分析的精度和结论，并将对电力系统的规划、设计、运行、管理、研究等各个方面的决策产生深远的影响。在电力系统稳定计算中采用不同的励磁系统模型和参数，其计算结果会有很大的差异，因此，需要建立能正确反映实际设备运行状态的数学模型和参数，使得计算结果真实可靠。

通过对上网的发电机励磁系统模型和参数进行实测，监督、规范了电厂按照国标、行标的要求对励磁系统进行相应调试、改造、优化，为电网稳定运行提供了应有的保障；同时，为系统稳定分析及电网日常生产调度提供了准确的计算数据，是保证电网安全稳定运行和提高劳动生产率的有效措施，具有重要的社会意义和经济效益。励磁系统建模工作在国内始于 20 世纪 80 年代，经过几十年的发展，取得了较大成绩，国家电网公司系统内各大区域电网都广泛地开展了该项工作。在这个过程中，测试单位也由最初的中国电力科学研究院等研究单位逐步扩大到各网或省的电科院现场测试，中国电力科学研究院仿真审核；测试机组由开始的少数典型机组推广到每台并网发电的大型机组。

6.1　励磁系统概述及电力系统稳定器

6.1.1　励磁系统分类及原理

根据我国国家标准 GB/T 7409.1～7409.3 关于同步电机励磁系统的定义，同步电机励磁系统是“提供电机磁场电流的装置，包括所有调节与控制元件，还有磁场放电或灭磁装置以及保护装置”。励磁控制系统是包括控制对象的反馈控制系统。励磁控制系统对电力系统的安全、稳定、经济运行都有重要的影响，我国国家标准和行业标准都对励磁控制系统提出了具体的要求。

同步电机励磁系统的分类方法有多种，主要的有两种：一是按同步电机励磁电源的提供方式分类，二是按同步电机励磁电压响应速度分类。

按同步电机励磁电源的提供方式不同，同步电机励磁系统可以分为直流励磁机励磁系统、交流励磁机励磁系统和静止励磁机励磁系统。

按同步电机励磁电压响应速度的不同，同步电机励磁系统可以分为常规励磁系统、快速励磁系统和高起始励磁系统。

6.1.1.1　交流励磁机励磁系统

由交流发电机(交流励磁机)提供励磁电源的励磁系统称为交流励磁机励磁系统。交流励磁机为 50～200 Hz 的三相交流发电机，交流励磁机的三相交流电压经三相全波桥式整流装置整流后变为直流电压向同步发电机提供励磁。

交流励磁机的拖动方式为由原动机拖动与主发电机同轴的拖动方式。交流励磁机的励磁方式绝大部分为他励方式，只有极少数采用复励(有串激绕组)方式。

根据整流装置采用的整流元件的不同，交流励磁机励磁系统可分为交流励磁机不可控整流器励磁系统和交流励磁机可控整流器励磁系统。

1) 交流励磁机不可控整流器励磁系统

交流励磁机不可控整流器励磁系统一般由交流励磁机、不可控整流装置、励磁调节器和交流副励磁机等组成，如图 6-1 所示。

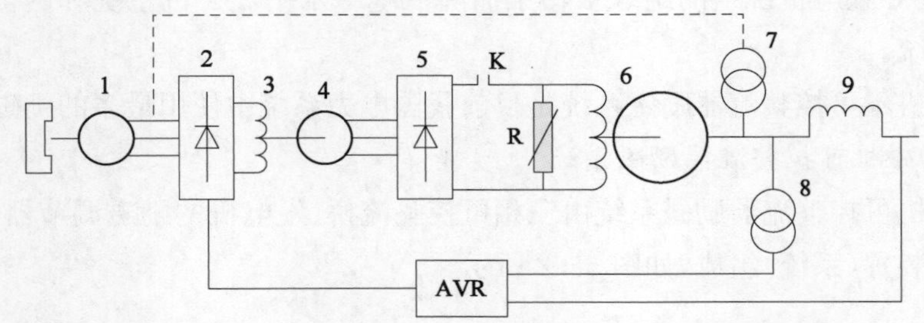

图 6-1　交流励磁机不可控整流器励磁系统原理图

1—副励磁机；2—调节器功率单元；3—主励磁机励磁绕组；4—主励磁机；5—静止整流器；6—发电机；7-8—电压互感器；9—电流互感器；K—灭磁开关；R—灭磁电阻

同步发电机的励磁电源是交流励磁机的输出。不可控整流装置将交流励磁机输出的三相交流电压转换成直流电压，励磁调节器根据发电机运行工况调节交流励磁机的励磁电流和输出电压，从而调节发电机的励磁，满足电力系统安全、稳定、经济运行的要求。励磁调节器从同轴副励磁机取得电源。副励磁机一般为 350～500 Hz 的中频永磁交流发电机。

有些交流励磁机不可控整流器励磁系统的励磁调节器不是从同轴副励磁机取得电源，而是通过励磁变压器从发电机机端取得电源，此时的励磁变压器也是主要组成部分，如图 6-1 虚线所示。

励磁调节器的电源由同轴副励磁机供给时，称为主机系统；励磁调节器的电源通过励磁变压器由发电机供给时，称为两机系统。两机系统中励磁调节器的最大输出电压与发电机的机端电压的大小成正比。

当不可控整流装置为静止整流装置时，称为交流励磁机不可控静止整流器励磁系统，简称为交流励磁机静止整流器励磁系统。此时，交流励磁机的励磁绕组在转子上，与发电机转子及副励磁机转子同轴同速旋转。交流励磁机的电枢、不可控整流装置和励磁调节器都是静止的。

交流励磁机静止整流器励磁系统中的交流励磁机和发电机都需要配滑环、碳刷，所以这种励磁系统又称为有刷励磁系统。交流机本身没有换向问题，因此其容量不受限制。但是，由于旋转部件较多，励磁系统发生故障的可能性也较多。同时，由于轴系长，轴承座较多，容易引起机组振动超标，所以轴系稳定问题应引起注意。

当不可控整流装置采用旋转整流器时，称为交流励磁机不可控旋转整流器励磁系统，简称交流励磁机旋转整流器励磁系统。此时，交流励磁机的励磁绕组在定子上，电枢绕组在转子上，交流励磁机的励磁绕组是静止的。交流励磁机的电枢绕组、副励磁机转子、不可控整流装置与发电机转子同轴同速旋转。交流励磁机和发电机都不需要配滑环、碳刷，所以这种励磁系统又称为无刷励磁系统。

无刷励磁系统的主要特点：交流励磁机和发电机都没有滑环、碳刷，励磁容量可以不受限制；运行维护方便；不会产生火花，可以使用于有易燃、易爆气体的场合；不会产生炭粉和铜末，因而不会导致电机绕组的绝缘被污染而降低绝缘水平。三机系统和两机系统都可以是无刷励磁系统。

交流励磁机不可控整流器励磁系统是目前我国电力系统中使用最多的励磁系统。

2）交流励磁机可控整流器励磁系统

交流励磁机可控整流器励磁系统由三相可控整流桥、发电机的励磁调节器、交流励磁机及其自励恒压装置（系统）组成，如图 6－2 所示。

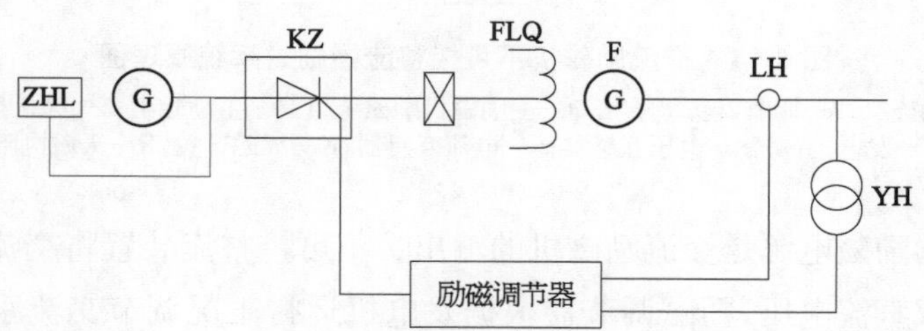

图 6－2　交流励磁机可控整流器励磁系统原理图

ZLH—交流主励磁机自励恒压系统；KZ—可控整流桥；FLQ—发电机转子；F—发电机定子；YH—电压互感器；LH—电流互感器

同步电机的励磁电源是交流励磁机的输出。可控整流装置将交流励磁机输出的三相交流电压转换成直流电压，励磁调节器根据发电机运行工况，调节可控整流器的导通角，调节可控整流装置的输出电压，从而调节发电机的励磁，满足电力系统安全、稳定、经济运行的要求。

这种励磁系统也称为他励可控硅励磁系统。在我国使用的交流励磁机可控整流器励磁系统，绝大部分是随发电机一起从俄罗斯和捷克等国家进口的。发电机容量从200～1 000 MW不等。国内基本上没有正式生产这种励磁系统。

6.1.1.2 静止励磁机励磁系统

静止励磁机是指从一个或多个静止电源取得功率，使用静止整流器向发电机提供直流励磁电源的励磁机。由静止励磁机向同步发电机提供励磁的励磁系统称为静止励磁机励磁系统。静止励磁机励磁系统分为电势源静止励磁机励磁系统和复合源静止励磁机励磁系统。

电势源静止励磁机励磁系统也简称为机端变励磁系统或静止励磁系统。同步电机的励磁电源取自同步电机本身的机端。自并励静止励磁系统主要由励磁变压器、自动励磁调节器、可控整流装置和起励装置组成，如图6-3所示。励磁变压器从机端取得功率并将电压降低到所要求的数值上；可控整流装置将励磁变压器二次交流电压转变成直流电压；自动励磁调节器根据发电机运行工况调节可控整流器的导通角，调节可控整流装置的输出电压，从而调节发电机的励磁，满足电力系统安全、稳定、经济运行的要求：起励装置给同步电机一定数量(通常为同步电机空载额定励磁电流10%～30%)的初始励磁，以建立整个系统正常工作所需的最低机端电压，初始励磁一旦建立起来，起励装置就将自动退出工作。

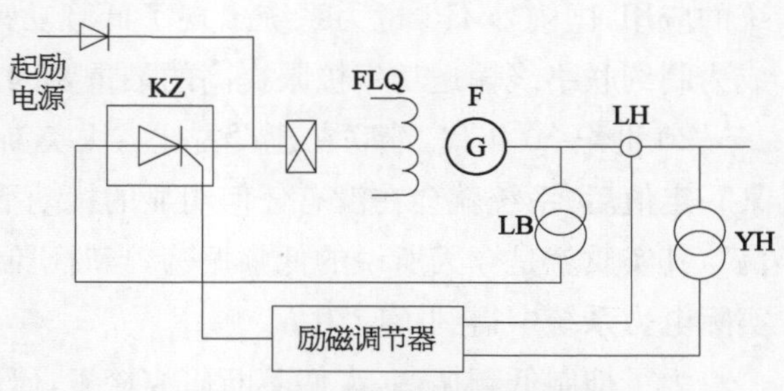

图6-3 自并励静止励磁系统

KZ—可控整流桥；FLQ—发电机转子；F—发电机定子；YH—电压互感器；LH—电流互感器；LB—励磁变压器

从厂用电系统取得励磁电源的可控整流器励磁系统，当其电压基本稳定，与发电机端电压水平基本无关时，可以看作他励可控硅励磁系统；当厂用电系统电压与发电机端电压水平密切相关时，可以看作自并励静止励磁系统。

自并励静止励磁系统的主要优点：无旋转部件，结构简单，轴系短，稳定性好；励磁变压器的二次电压和容量可以根据电力系统稳定的要求而单独设计；响应速度快，调节性能好，有利于提高电力系统的静态稳定性和暂态稳定性。

自并励静止励磁系统的主要缺点：它的电压调节通道容易产生负阻尼作用，导致电力系统低频振荡的发生，降低电力系统的动态稳定性。但是，通过引入附加励磁控制(即采用电力系统稳定器)可以克服这一缺点。电力系统稳定器的正阻尼作用完全可以超过电压调节通道的负阻尼作用，从而提高电力系统的动态稳定性，并得到了国内外电力系统的实践证明。

按同步电机励磁电压响应速度的不同，同步电机励磁系统可以分为常规励磁系统、快速励磁系统和高起始励磁系统。

常规励磁系统是指励磁机时间常数在 0.5 s 左右及大于 0.5 s 的励磁系统。直流励磁机励磁系统、无特殊措施的交流励磁机不可控整流器励磁系统都属于常规励磁系统。

快速励磁系统是指励磁机时间常数小于 0.05 s 的励磁系统。交流励磁机可控整流器励磁系统、静止励磁机励磁系统都属于快速励磁系统。

高起始励磁系统是指发电机机端电压从 100％下降到 80％时，励磁系统达到顶值电压与额定负载时同步电机磁场电压之差的 95％所需时间等于或小于 0.1 s 的励磁系统。这种励磁系统是指采用了特殊措施的交流励磁机不可控整流器励磁系统，所采用的措施主要为加大副励磁机容量和增加发电机磁场电压(或交流励磁机励磁电流)硬负反馈。直流励磁机励磁系统在采取相应措施后，也可达到或接近高起始励磁系统。

6.1.2　电力系统稳定器

6.1.2.1　电力系统稳定器的由来及原理

由于电力系统的发展、互联电力系统的出现和扩大、快速自动励磁调节器和快速励磁系统的应用，国内外不少电力系统出现了低频功率振荡，严重影响电力系统的安全稳定运行，成为制约联络线输送功率极限提高的最重要因素之一。

20 世纪 50 年代，苏联在建设古比雪夫莫斯科输电系统时就发现，当线路输电功率达到某一定值后，系统就会在没有任何明显的扰动下也出现增幅振荡。这种现象被称为“自发振荡”，其实质就是今天所说的低频振荡，当时研制的“强力式励磁调节器”解决了这个问题，在实际电力系统中得到了应用。

为了抑制低频振荡，人们不断研究探索，研制了以发电机功率、发电机组的轴速度、发电机机端电压频率为信号的附加励磁控制装置，称为电力系统稳定器(power system stabilizer, PSS)。由于 PSS 具有物理概念明确、参数易于选择、电路简单、调试方便等优点，已为各国电力系统普遍接受和采用。

PSS 是一个附加励磁控制装置，其作用是提高电力系统对机电振荡模式的阻尼，以抑制自发低频振荡的发生，减小系统中由负荷波动引起的联络线功率波动，加速功率振荡的衰减，因而有效地提高电力系统的稳定性。

在一定的电力系统运行条件下(例如远距离、重负荷等)，自动电压调节器产生的阻尼力矩分量与转速变化反方向，因而是负阻尼力矩分量；当自动电压调节器的负阻尼分量超过发电机的固有正阻尼分量时，就会发生低频振荡，电压调节器的负阻尼作用是产生低频振荡的根本原因。

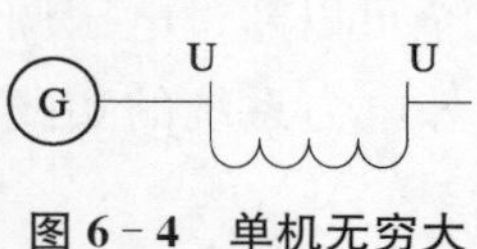

图 6-4　单机无穷大母线系统

PSS 是通过电压调节器的调节作用而实现对低频振荡控制作用的。PSS 的输入信号可以取自同步电机的电功率、电机的功角、轴速或它们的组合。下面通过飞利普斯-海佛容(Phillips-Heffrom)模型为例，结合图 6-4、图 6-5，说明 PSS 的原理和参数选择。

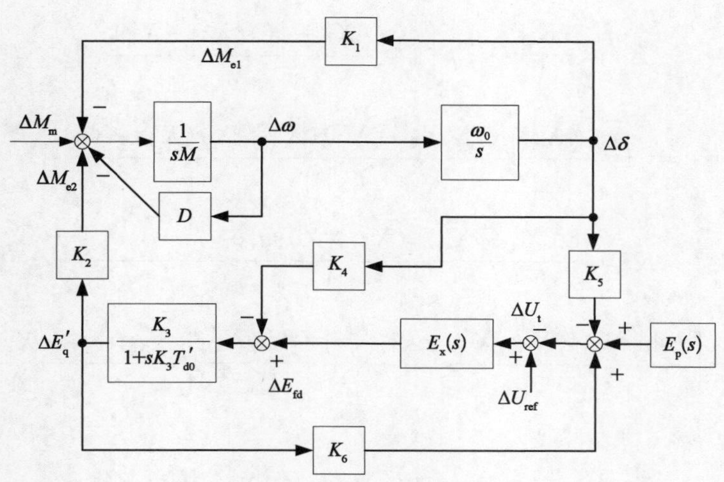

图 6-5　单机无穷大母线系统模型

图 6-5 中，$E_x(s)$代表同步发电机的电压控制系统，$E_p(s)$代表电力系统稳定器，其输入为 $\Delta\omega$，"—"表示以电功率负增量进行控制；

K_1——假定 d 轴磁通为常数，由于转子角度的变化，而引起的电气转矩的变化；

K_2——假定转子角度为常数，由于 d 轴磁通的变化，而引起的电气转矩的变化；

K_3——阻抗因数；

K_4——由于转子角度变化的去磁效应；

K_5——假定 d 轴磁链的电压为常数，由于转子角度的变化，引起的发电机端子电压的变化；

K_6——假定转子角度为常数，由于 d 轴磁链的变化，而引起的发电机端子电压的变化；

D——发电机阻尼系数。

$$\Delta M_{eu} = K_1 \Delta\delta + K_2 \Delta E'_q \qquad 6-1$$

$$\Delta E'_q = \frac{-K_3 K_4}{1 + sK_3\ T'_{d0}} \Delta\delta + \frac{K_3}{1 + sK_3 T'_{d0}} \Delta E_{fd} \qquad 6-2$$

$$\Delta U_t = K_5 \Delta\delta + K_6 \Delta E'_q \qquad 6-3$$

$$\Delta\delta = \frac{\omega_0}{s} \cdot \Delta\omega \qquad 6-4$$

$$\Delta\omega = \frac{1}{sM + D} (\Delta M_m - \Delta M_e) \qquad 6-5$$

$$K_1 = \frac{E_{q0} U}{A} [r \sin\delta_0 + (X + X'_d) \cos\delta_0] + \frac{i_{q0} U}{A} (X_q - X'_d)$$
$$[(X_q + X) \sin\delta_0 - r \cos\delta_0] \qquad 6-6$$

$$K_2 = \frac{rE_{q0}}{A} + i_{q0}\left[1 + \frac{(X_q + X)(X_q - X'_d)}{A}\right] \quad 6-7$$

$$K_3 = \left[1 + \frac{(X_q + X)(X_d - X'_d)(X_q + X)(X_d - X'_d)}{A}\right]^{-1} \quad 6-8$$

$$K_4 = \frac{U(X_d - X'_d)[(X_q + X)\sin\delta_0 - r\cos\delta_0]}{A} \quad 6-9$$

$$K_5 = \frac{UU_{td0}X_q}{U_{t0}}\left[\frac{r\sin\delta_0 + (X + X'_d)\cos\delta_0}{A}\right] + \frac{UU_{tq0}X'_d}{U_{t0}}\left[\frac{r\cos\delta_0 - (X_q + X)\sin\delta_0}{A}\right] \quad 6-10$$

$$K_6 = \frac{U_{tq0}}{U_{t0}}\left[1 - \frac{X'_d(X_q + X)}{A}\right] + \frac{X_q U_{td0} r}{U_{t0}A} \quad 6-11$$

$$A = r^2 + (X_q + X)(X - X'_d) \quad 6-12$$

$$i_{q0} = \frac{P_0 U_{t0}}{\sqrt{(P_0 X_d)^2 + U_{t0} + (Q_0 X_q)^2}} \quad 6-13$$

$$A = r^2 + (X_q + X)(X - X'_d) \quad 6-14$$

$$U_{tq0} = \sqrt{U_{tq0}^2 - U_{td0}^2} \quad 6-15$$

式中：X_d、X_q、X'_d分别为发电机纵轴电抗、横轴电抗、纵轴暂态电抗，r、X 分别为线路电阻和电抗，P_0、Q_0分别为发电机的有功功率、无功功率，U_{t0}、U 分别为发电机端电压和无限大母线电压。

发电机工况（设 $\Delta\delta$）一旦变化，产生的电压变化为 $K_5\Delta\delta$，经发电机电压调节器产生的力矩 ΔM_{eu}为

$$\Delta M_{eu} = K_2 \Delta E'_{qu} \quad 6-16$$

$$\Delta E'_{q\omega} = \frac{K_3}{1 + sK_3 T'_{d0}} \Delta E_{fd} \quad 6-17$$

$$\Delta E_{fd} = -E_x(s)K_5\Delta\delta - E_x(s)K_6\Delta E'_{qu} \quad 6-18$$

式中：“—”表示电压调节器按电压负增量调节，产生的电磁力矩为

$$\Delta M_{eu} = \frac{-K_2K_3K_5E_x(s)}{1 + K_3K_6E_x(s) + sK_3T'_{d0}} \Delta\delta \quad 6-19$$

在研究低频振荡问题时，发电机之间仍保持同步运行，发电机内各机电量 $\Delta\omega$、$\Delta\delta$、ΔU_t、ΔM_{e2}、ΔE_q、ΔE_{fd}等可以认为按某一低频频率（一般为 0.2～2.5 Hz）正弦振荡。这样，

这些量都可以用正弦向量来表示，它们都可以在 $\Delta\delta - \Delta\omega$ 坐标平面上以向量表示，如图 6-6 所示。

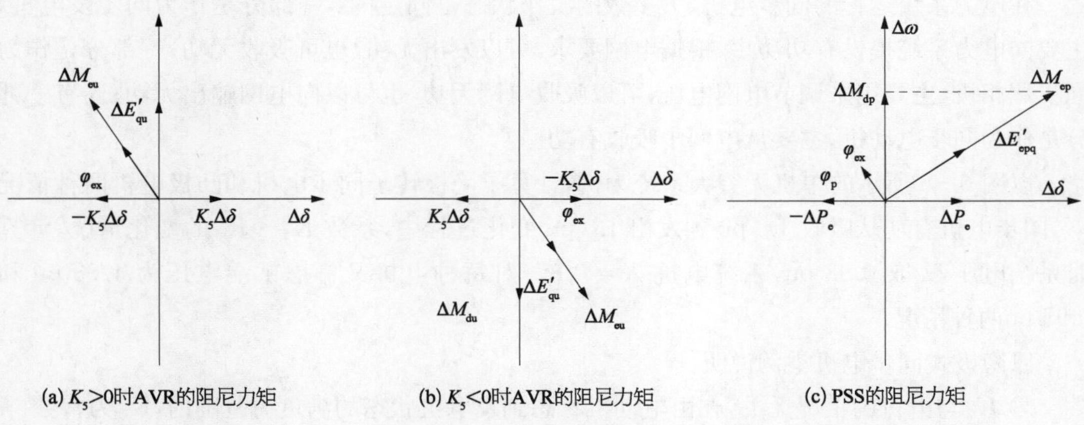

图 6-6　AVR 和 PSS 的阻尼力矩

在 $\Delta\delta - \Delta\omega$ 坐标平面上，与 $\Delta\delta$ 正方向同向的力矩是正的同步力矩，与 $\Delta\delta$ 正方向反相的力矩是负的同步力矩；与 $\Delta\omega$ 正方向同相的力矩是正的阻尼力矩，与 $\Delta\omega$ 正方向反相的力矩是负的阻尼力矩。一般来说，通过励磁回路产生的电磁力矩 ΔM_{eu}不会正好在 $\Delta\delta$ 轴或 $\Delta\omega$ 轴上。这时可以将它投影到 $\Delta\delta$ 轴和 $\Delta\omega$ 轴上，ΔM_{eu}在 $\Delta\delta$ 轴上的分量称为同步力矩分量，在 $\Delta\omega$ 轴的分量称为阻尼力矩分量，如图 6-6 所示。

以低频振荡频率 ω_d代入式 6-19，即令 $s=j\omega_d$ 后就可以求得与 $\Delta\delta$ 相应的电磁力矩 ΔM_{eu}以及其同步力矩分量和阻尼力矩分量。

$$\begin{cases}\Delta M_{eu}=-K_2K_5K_{ex}\cos\varphi_{ex}\Delta\delta-K_2K_5K_{ex}\dfrac{\omega_0}{\omega_d}\sin\varphi_{ex}\cdot\Delta\omega\\ \Delta M_{eu}=K_{su}\Delta\delta+K_{du}\Delta\omega\\ K_{su}=-K_2K_5K_{ex}\cos\varphi_{ex}\\ K_{du}=-K_2K_5K_{ex}\dfrac{\omega_0}{\omega_d}\sin\varphi_{ex}\end{cases} \tag{6-20}$$

式中：K_{su}、K_{du}分别称为电压调节器产生的同步力矩系数和阻尼力矩系数，$\omega_0=314$，ω_d为振荡角频率，K_{ex}、φ_{ex}分别为

$$\left.\frac{K_3K_x(s)}{1+K_3K_6E_x(s)+sK_3T'_{d0}}\right|_{s=j\omega_d}$$

的模和角。

$K_{du}\leqslant 0$ 时，电压调节器产生的阻尼作用为负阻尼作用；$K_{du}\geqslant 0$，则为正阻尼作用。

K_{ex}和 φ_{ex}系统参数(增益和时间常数)及系数 K_3、K_6 的函数，因此阻尼力矩系数 K 也

既是励磁控制系数的函数，又是同步电机运行工况（K_2、K_5、K_6）的函数。

6.1.2.2　不同工况下同步电机模型系数的变化

在电力系统运行的同步电机，大多数的工作状态是固定的：一部分是作为同步发电机，主要向电力系统提供有功功率，根据电网要求，可以发出无功，也可吸收无功；一部分是作为同步调相机，主要用来调节电网电压，可以吸收电网无功，也可以向电网输出无功；还有一部分是作为同步电动机，主要从电网中吸收有功。

以图 6 - 6 所示的单机无穷大系统为例，计算了隐极转子同步电机和凸极电机两种情况下，同步电机有功从吸收 1.0 pu 到发出 1.0 pu 变化过程中，系数 $K_1 \sim K_6$ 的变化情况，计算时系统电压 U 取 0.98 pu，系统电抗 $X=0.8$。对每种电机又考虑了端电压为 1.03 pu 和 0.95 pu两种情况。

以隐极式同步电机举例说明：

① K_3 与电机的工况无关，在由电动机状态到发电机状态的满负荷范围内，K_3 为常数。

② K_3 仅决定于电机参数和系统电抗。

③ K_6 与同步电机的负荷有关，但在负荷大范围变化时，其变化也不大，同步电机有功绝对值增大时 K_6 变小，且具有轴对称特性。

④ K_1 有较大变化。有功为零时，K_1 不为零，有功开始增大时 K_1 随着有功的增大而增大，在某一有功下达到最大值，此后，有功进一步增大时，K_1 将随有功的增大而减少。在所计算的有功范围内 K_1 大于零。K_1 与有功的关系也具有轴对称特性。

⑤ K_2、K_4 在电机有功为零时均为零，同步电机工作于发电机状态时，K_2、K_4 均为正，有功增大 K_2、K_4 也增大；当电机工作于电动机状态时，K_2、K_4 都为负值，吸收的有功越大，K_2、K_4 的绝对值也越大，具有原点对称性质。显然有乘积 $K_2 \times K_4 > 0$。

⑥ K_5 在同步电机空载时也为零。在发电状态下，在输出有功增加时最初一段范围内（$P=0 \sim 0.25$），K_5 也随之增大，符号为正，与有功相同。此后功率进一步增加时，K_5 减少，在到达某一临界值 P_e 时（$U_{i0}=1.03$ 时，$P_0=0.48$；$U_{i0}=0.95$ 时，$P_0=0.54$），K_5 变为零，功率进一步增加，K_5 变负，与有功符号相反，且越来越负。在电动机状态下工作时，情况相似，只是 K_5 的符号正好相反。K_5 也具有原点对称性质，在吸收有功的最初一段范围内，K_5 为负并有最小值，与有功同号，以后 K_5 逐渐变为零，吸收功率进一步增加时 K_5 变正，与有功反号，且越来越大。

6.1.2.3　励磁控制系统参数对同步电机阻尼的影响

由式 6 - 20 可知，励磁控制系统参数对阻尼力矩系数 K_{du} 的影响，表现在乘积 $K_{ex}\sin\varphi_{ex}$ 的大小和符号上。系数 K_3 与同步电机的运行工况无关，K_6 则变化不大，因此 K_{ex}，φ_{ex} 主要取决于励磁控制系统参数（电压调节器及电机磁场回路参数），即开环增益和时间常数。

如果以一个快速励磁系统为例（时间常数为 0.05 s），则 K_{ex}、φ_{ex}、$\sin\varphi_{ex}$ 和乘积 $K_{ex}\sin\varphi_{ex}$ 与励磁控制系统开环增益 K_a 的关系曲线：

① K_{ex} 随着 K_a 的增大而增大。

② φ_{ex} 随着 K_a 的增大而减少，$K_a=1$ 时，φ_{ex} 为$-99°$；K_a 增大时，φ_{ex} 逐渐减少；K_a 达到

200时，φ_{ex}只有$-10°$左右；$K_a \to \infty$时，$\varphi_{ex} \to 0$。

③ $\sin\varphi_{ex}$为负值，当开环增益K_a趋于无限大时，$\sin\varphi_{ex}$趋于零。对于现代大型同步电机，均配有快速电压调节器，因此在低频振荡的频率范围内，其滞后角φ_{ex}一般为$0 \sim 180°$，$\sin\varphi_{ex}$基本上负值。

④ 乘积$K_{ex}\sin\varphi_{ex}$在K_a从零开始增大的一段范围内（$0 \sim 40$），K_a增大，乘积$K_{ex}\sin\varphi_{ex}$的绝对值也增大，阻尼力矩系数的绝对值$|K_{du}|$也增大；K_a超过这个范围后增大时，$K_{ex}\sin\varphi_{ex}$的绝对值反而减少，阻尼力矩系数的绝对值$|K_{du}|$也减少；$K_a \to \infty$时，$K_{ex}\sin\varphi_{ex} \to 0$，$K_{du} \to 0$。

由此可见，在K_a变化时，自动电压调节器产生的阻尼作用，先是随着K_a的增大而增大，在某一临界值后，将随着K_a的增大而减少，K_a趋于无限大时，阻尼作用也趋于零。

6.1.2.4 同步电机运行工况对阻尼力矩系数K_{du}的影响

从式6-20可知，运行工况对阻尼力矩系数的影响主要通过对系数K_2、K_5的影响表现出来。

当电机工作于发电机状态时，$K_2>0$，在小负荷情况下（$P<P_e$时），$K_5>0$，因此有$K_2K_5>0$，又因为$K_{ex}\sin\varphi_{ex}<0$，因此阻尼力矩系数$K_{du}>0$；在重负荷情况下，$K_5<0$，则有$K_{du}<0$，而且K_2和K_5的绝对值随着负荷的增大而增大，因此发电机负荷越重，K_{du}越负。当电压调节器的负阻尼作用大于发电机的正阻尼因数时，合成阻尼为负，就会出现自发的低频功率振荡，这也就是低频振荡发生在重负荷弱联系情况下的原因。由于在发电机工作状态下，K_2总是大于零，因此，电压调节器的阻尼作用可以通过系数K_5的正负极大小来加以判断。$K_5>0$时为正阻尼作用，$K_5<0$时为负阻尼作用，K_5的绝对值增大，其阻尼作用加大。同理，当电机工作于电动机状态时，也是在重负荷下容易发生低频功率振荡。

6.2 发电机励磁系统状态监测

自动励磁调节器（automatic voltage regulator，AVR）起着调节电压、保持发电机机端电压恒定的作用，并可控制并联运行发电机的无功功率分配，对发电机的动态行为以及电力系统稳定极限有很大的影响。励磁系统附加控制可以增强系统的电气阻尼控制，有效补偿高放大倍数励磁系统造成的负阻尼作用，提高系统的动态稳定性。AVR和PSS具有投资小、效益高、物理概念清晰、现场调试方便、易为现场工作人员接受等优点，受到了广泛的重视，已经成为提高电力系统安全稳定性最重要的手段之一。

然而在实际运行中，一方面，负责维护一次设备的电厂运行人员通过分散控制系统监视励磁系统的工作状态，但对励磁系统参数整定及其对电网动态稳定的影响均不太了解；另一方面，电网调度中心通过EMS进行电网运行调度和管理，但对发电机励磁系统的运行状态及安全裕度缺乏了解、对励磁系统缺乏必要的监视技术和管理措施依据。

在厂网分开的背景下从电网角度考虑如何更好地监视励磁控制系统在稳态和故障情况下的动作行为，评价其对电网安全稳定性的影响具有重要意义。

某省电网内的发电厂子站同步相量测量单元除测量发电机组相关状态量外，还测量包括发电机磁场电压、磁场电流、手/自动状态以及 PSS 投/退状态等反映励磁系统调节动态过程的信号，这为构建全网发电机励磁性能在线分析功能提供了基础技术条件。

为了进一步做好厂网协调，优化电网整体动态性能。下面将通过 EMS 和 WAMS 系统，介绍发电机励磁系统在线监测系统，记录励磁系统的稳态和动态行为；收集和分析励磁系统在各种运行方式下的稳态行为和故障状态下的动态行为，评估励磁行为对电力系统安全稳定性的影响。

6.2.1 发电机励磁系统稳态监测

发电机励磁系统稳态监测的主要目的是对发电厂的励磁控制系统进行监控和统计，并为调度人员提供全网的励磁系统稳态运行状态及安全运行范围。主要的监测内容包括 AVR 状态监视和统计、PSS 状态监视和统计、发电机元功安全裕度在线计算和展示。

1）AVR 状态监视和统计

图 6－7 为发电机励磁控制系统示意图。当励磁系统在“自动方式”下运行时，实际上是维持发电机机端电压恒定，即 U_T 恒定，则发电机的有功功率输出公式为：

$$P_e = U_T U_0 / (X_T + X_L) \times \sin\delta$$

式中　δ——发电机功角，即 U_T 与 U_0 的夹角。

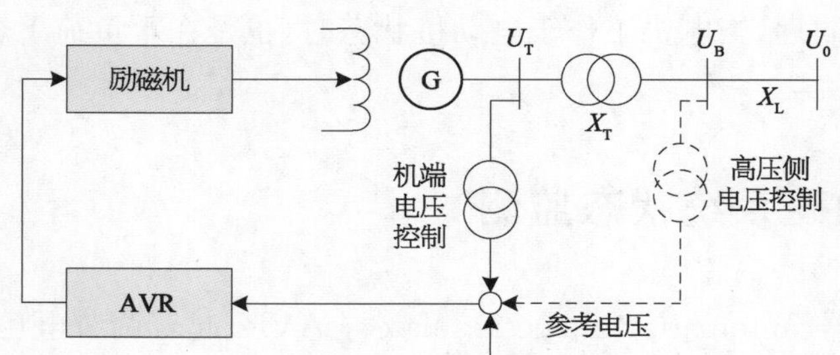

图 6－7　发电机励磁控制系统示意图

当发电机励磁系统在自动方式下运行时，随着功率的增加和功角的加大，引起机端电压下降，经过“自动方式”的调节作用，使励磁电流增大，与之成正比的电动势 E_q 就会不断增大，并保持发电机端电压恒定。由此可见，励磁系统在自动方式下运行，对提高小扰动稳定性有显著效果，同时对于防止电压不稳定也能起良好的作用，它相当于等效减少了线路电抗，加强了系统的联系。为提高全网的稳定性，有必要要求上网机组尽可能投入自动运行方式。

因此，励磁系统 AVR 状态的监测指标为“自动方式”运行的年投入率，其计算公式如下：

$$\text{AVR 年投入率}(\%)=\frac{\text{励磁调节器自动方式运行小时数}}{\text{励磁调节器理论运行小时数}}$$

在实际工程中，为了统计结果的合理，“自动方式”投入理论运行小时数需剔除以下因素：

① 剔除发电机处于停机状态的时间；

② 剔除发电机组未并网前的空载运行时间；

③ 剔除 PMU 子站与 WAMS 系统中心通信故障时间。

根据 DL/T843《大型汽轮发电机交流励磁机励磁系统技术条件》的要求，自动电压调节器应保证投入率不低 99%。根据国调励磁调度管理规定，机组运行时其 AVR 必须投入，即自动方式运行率为 100%。

2) PSS 状态监视和统计

在正常运行条件下，以发电机机端电压为负反馈量的发电机闭环励磁调节系统是稳定的。当转子角发生振荡时，励磁系统提供的励磁电流的相位滞后于转子角。在某一频率下，当滞后角度达到 180°时，原来的负反馈变为正反馈，励磁电流的变化进一步导致转子角的振荡，即产生了所谓的“负阻尼”。PSS 在自动电压调节的基础上以转速偏差功率偏差频率偏差中的一种或者两种信号作为附加控制，其作用是增强对电力系统机电振荡的阻尼，以增强电力系统动态稳定性。在电网发生低频振荡情况下，发电机输出有功功率发生等幅或增幅的振荡；在 PSS 投入后，可有效抑制发电机有功功率的波动。为提高全网的稳定性，有必要要求上网机组尽可能投入 PSS 功能。

因此，PSS 状态的监测指标为 PSS 的年投入率，其计算公式如下：

$$\text{PSS 年投入率}(\%)=\frac{\text{励磁调节器 PSS 投入运行小时数}}{\text{励磁调节器 PSS 投入理论运行小时数}}$$

与 AVR 的投入统计率类似为了统计结果的合理，PSS 投入理论运行小时数需剔除以下因素：

① 剔除发电机处于停机状态的时间；

② 剔除发电机组未并网前的空载运行时间；

③ 剔除 PMU 子站与 WAMS 系统中心通信故障时间；

④ 剔除发电机运行中有功功率小于额定值 30%的时段。

根据《汽轮发电机交流励磁机励磁系统技术条件》的要求，PSS 投入率不低于 90%。根据国调励磁调度管理规定，要求投入 PSS 功能的其投入率必须 100%。

6.2.2 发电机励磁系统动态监测

大电网运行中总是存在各种扰动和事故，各种故障和扰动信息记录对分析电网稳定性以及励磁系统性能优劣、是否满足国标有着不可替代的作用。

WAMS可在统一时标下记录事故过程中各种电气量和模拟量的动态行为，为励磁行为的评估和分析提供极为有利的条件。然而WAMS主站存储的实时系统数据杂乱无章且数目巨大，海量的数据若仅靠人工分析几乎不可能提供有意义的分析数据。因此，可以在故障情况下利用WAMS数据来捕捉励磁系统的动态行为，并在线计算励磁系统的调节特性指标，以此评估励磁系统的动态特性。

6.2.2.1 捕捉扰动启动判据

励磁电压作为励磁系统中一个重要的控制信号——励磁电压的变化，可以准确反映励磁系统输出信号的变化，采用励磁电压突变作为启动条件能够保证扰动记录的灵敏性。一方面由于发电机组励磁系统的动态增益通常能够达到200倍以上，对于发电机机端电压小的波动，励磁电压也会产生快速的变化以保证机端电压的恒定。但另一方面，励磁电压测量常常容易受到干扰，此时励磁电压会发生瞬间突变。启动判据要综合考虑灵敏性和可靠性，既要准确迅速地记录励磁及相关参数波动，又要避免由于干扰或者其他因素引起的瞬间突变，记录无效数据。

因此，扰动捕捉启动程序采用实时采集数据中发电机机端电压和发电机励磁电压两者的变化作为判断指标（机端电压变化作为辅助条件可保证可靠性），启动条件为：

① 发电机励磁电压30 ms内的变化量超过30%负载额定励磁电压。

② 发电机机端电压500 ms内的变化量超过额定值的0.5%。

6.2.2.2 评价指标体系

电力系统对励磁系统及其控制器在动态过程中的要求可总结为以下几点：

① 提供快速、精准而稳定的电压控制。

② PSS附加控制可有效增加阻尼，抑制低频振荡。

③ 有适当的强励倍数，可在故障下充分发挥发电机的短时过载能力。

不同情景下所关注的励磁控制系统励磁行为不同，下面将从大扰动和小扰动两个方面对电机励磁控制系统动态行为进行评价，把励磁的动态性能指标分为小干扰动态性能指标和大干扰动态性能指标。

1）小干扰动态性能指标

小干扰是电力系统正常运行中常常遇到的干扰，分析小干扰稳定性能指标对分析电力系统稳定性有重要意义。励磁控制系统的小干扰性能指标是指干扰信号较小，励磁调节在线性区工作的性能指标，因而不考虑其限幅，所关注的焦点主要是小扰动下励磁系统对电力系统稳定性的影响。

发电机励磁系统小干扰指标包括静态指标和动态指标，相关的国家标准和行业标准对多项指标提出了要求，本书只选择对系统扰动影响较明显的指标。静态指标为电压调节精度，动态指标包括振荡频率、阻尼比和调节时间，通过计算扰动下发电机和励磁系统的相关电气量可判断发电机并网后励磁调节器的动态行为是否满足要求。

（1）调节精度。

调节精度指的是系统扰动结束后，被控量与给定值之间的相符程度，考查的是控制系统的控制精度。由于计算的是扰动前后的稳态值的差异，因此属于静态指标。在此考查的是 AVC 的控制精度，一般 AVC 采用机端电压为控制对象，故调节精度公式如下：

$$\varepsilon(\%)=\frac{U^{\mathrm{ref}}-U_{\mathrm{t}}}{U^{\mathrm{ref}}}\times 100\% \tag{6-21}$$

式中　U_{t}——扰动平息后的机端电压稳态值，可由 WAMS 测量得到；

U^{ref}——AVC 控制器的设定值，可由电厂提供。

动态指标主要用于评估控制系统的快速性和平稳性，动态过程中需要评估的动态指标包括振荡频率、阻尼比、稳定时间。

（2）振荡频率。

振荡频率反映了系统受扰后发生电气量（包括发电机功角、联络线功率和母线电压等）的持续振荡的变化过程，是低频振荡分析的重要依据。需要指出的是，此处计算的是机组振荡的平均频率。

系统的低频振荡频率一般在 0.1～2.5 Hz，又称机电振荡。若低频振荡频率为 0.7～2.5 Hz，一般认为是局部振荡模式，通过安装 PSS 易于得到控制；若低频振荡频率为 0.1～0.7 Hz，一般认为是区间振荡模式，参与机组多，影响范围广，多发生在联系薄弱的互联电网中，对电网的安全稳定威胁很大，难以通过 PSS 进行有效控制。在本章中仅对发电机侧的机电振荡过程进行记录和分析，因此测量的电气量为发电机的电磁功率 P。

（3）阻尼比。

阻尼比反映了系统受扰后快速平息振荡的能力，计算机组有功功率受扰曲线阻尼比，可用于分析评估 PSS 投入时的阻尼效果。

一般来说，衰减振荡的曲线可用下式近似表示：

$$f(t)=A+B\mathrm{e}^{-\zeta t}\sin(2\pi f t+\varphi) \tag{6-22}$$

振荡频率即为上式中的 f(Hz)，阻尼比即为上式中的 ζ。

（4）调节时间。

调节时间即从阶跃信号发生起，到被控量达到与最终稳态值之差的绝对值不超过 5%稳态改变量的时间，对分析评估 PSS 投入时的效果有积极意义。

调节时间的计算公式为：

$$t_{\mathrm{s}}=t_{\mathrm{c}}-t_{0}$$

式中　t_{c}——稳定结束时间，有功功率与稳态值之差的绝对值第一次在±5%之内的时间；

t_{0}——扰动发生时间，将符合启动判据的第一个时间点作为扰动发生时间点。

相关国标和行标对以上指标的规定如下表所示，在本章中选择行标对所提出的指标进行评估，见表6-1。

表6-1　各标准对励磁控制系统小干扰性能指标的规定

小干扰性能指标	国　　标	行　　标
调节精度	—	汽轮机≤1% 水轮机≤0.5%
阻尼比 ζ	≥0.1	≥0.1
调节时间 T_s/s	≤10	常规励磁≤10 快速励磁≤5

2）大干扰动态性能指标

大干扰动态性能指标是指扰动信号大到使调节达到限定幅值时的性能指标，这里主要考查的是励磁系统的强励指标。

强励即强行励磁，当系统发生严重故障时发电机机端电压下降较为严重，强励动作，抬升机端电压；当故障被切除后，强励迅速退出，即利用发电机的短时过载能力提高系统在故障期间维持稳定的能力。强励作用过程如图6-8所示，I_{fd}为发电机励磁电流，故障发生后励磁电流迅速上升至$2I_{fd}$，A为首次达到$2I_{fd}$的点，由于励磁限制器作用，励磁电流维持在$2I_{fd}$，随后过励限制器动作，励磁电流开始降低至1.1倍额定励磁电流I_{fN}处，B为I_{fd}由$2I_{fd}$返回的起始点；C为I_{fd}首次返回到$1.1I_{fd}$的点。励磁电流在强励时的变化特性，是判定励磁系统强励能力的重要参考数据。

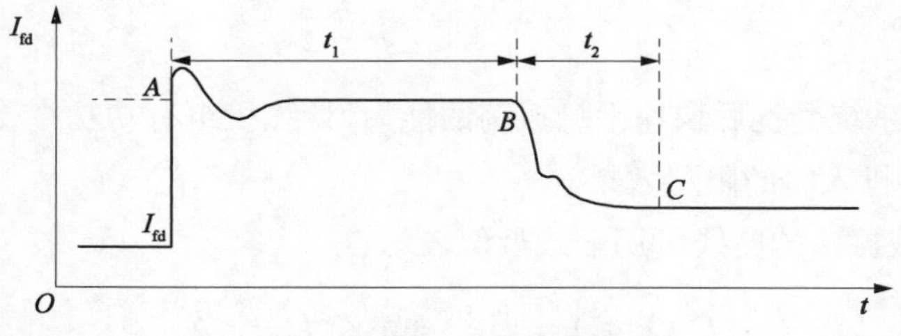

图6-8　强励过程中励磁电流的变化示意图

发电机励磁调节器过励限制环节是在保证设备安全的前提下，尽可能利用励磁绕组及发电机短时过载能力，防止系统发生电压崩溃。出于保护设备的考虑，该环节的设置通常趋向于保守，留有较大的裕度。

励磁系统的强励能力对励磁系统功率部件设计、励磁装置的成本和运行可靠性，以及电力系统的暂态稳定和电压稳定都有较大的影响。过去每种型号励磁装置的强励倍数和响应速度均是通过生产厂家试验或现场型式试验及计算确定的。但目前往往只鉴定AVR，放松了对励磁系统整体性能的监督，因而有必要分析机组的强励能力和相关指标。本书评估的强励指标包括强励电压倍数（顶值电压）、电流倍数（顶值电流）、励磁电压上升速度（励磁标称响应)、强励时间和返回时间。

(1) 强励电压倍数 K_V。

$$K_V = \frac{U_{fdmax}}{U_{fde}}$$

式中　U_{fdmax}——强励过程中最大的励磁电压；

U_{fde}——额定励磁电压。

(2) 强励电流倍数 K_I。

$$K_I = \frac{I_{fdmax}}{I_{fde}}$$

式中　I_{fdmax}——强励过程中最大的励磁电流；

I_{fde}——额定励磁电流，一般发生强励时都有 $K_I = 2$。

(3) 励磁电压响应速度 v。励磁电压响应速度(单位为倍/s)反映了强励的速度：

$$v = \frac{K_v}{\Delta t}$$

式中　Δt——励磁电压从稳态值到顶值电压的上升时间。

(4) 强励时间和返回时间。强励时间是衡量励磁系统过载能力的重要指标，评估的是励磁系统在严重故障下对系统稳定性的贡献能力；返回时间衡量的是强励状态的退出速度，主要是从保护设备的角度出发。这两个指标分别表现了对系统和对机组安全性的考虑，同时保障厂网的安全是网源协调的初衷。

强励时间为图 6-8 中的 t_1，返回时间为 t_2，计算公式如式下：

$$t_1 = t(B) - t(A)$$

$$t_2 = t(C) - t(B)$$

国家标准 GB/T7409.1、GB/T7409.2、GB/T7409.3 和电力行业标准 DL/T843、DL/T583 对励磁系统大干扰动态性能指标的规定见表 6-2，在本章中选择行标对所提出的指标进行评估。

表 6-2　国标及行标对励磁系统大干扰动态性能指标的规定

大干扰动态性能指标		国　标	行　标
强励电压倍数/倍		≥2.25	≥2
强励电流倍数/倍		1.8	2
励磁电压响应速度	常规励磁(标称响应)/(倍/s)	≥2	≥2
	高起始励磁(变化 100%的时间)/s	≤0.1	≤0.1
返回时间/s		≤2	≤2

6.2.3 评价指标的计算方法

1）扰动区分方法

从 6.2.2 节可以看出，调节是否达到限定幅值是区分小干扰和大干扰的主要依据，而强励过程中最重要的判断指标是励磁电流，因此采用励磁电流作为区分指标。若发生扰动后励磁电流在 500 ms 内 $I_{fd} \geqslant 1.8I_{fn}$，则认为发生的扰动为大扰动；反之则认为发生的扰动为小扰动。

由于测量误差以及负荷随机波动和噪声的存在，为避免误判断，并提高指标计算的精度，会对采集到的数据先进行预处理。预处理采用的是常规的时间时序平滑方法，用周围 5 个采样点的均值代替该点的测量值。

故励磁指标动态监测的流程如图 6-9 所示。

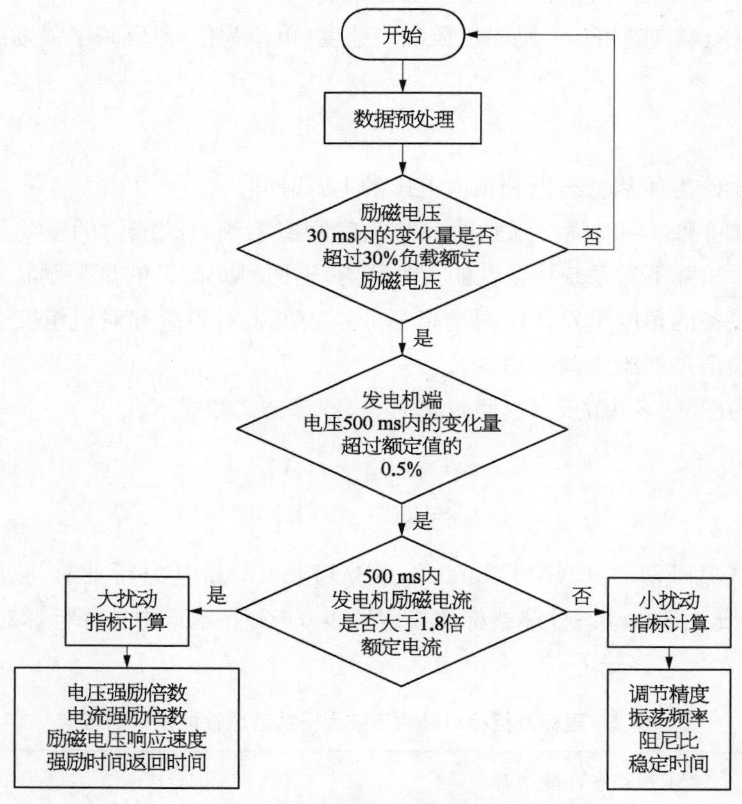

图 6-9 励磁动态指标计算流程

2）干扰指标计算方法

上一节中提出的 4 个小干扰指标的计算方法如下。

(1) 调节精度：从启动判据时间点后 10 s 开始计算，若在一段时间内(如 1 s)电压的最大和最小值之差小于死区(如 0.01 标幺值)，则认为电压振荡过程结束，进入稳态。取稳定区的平均值作为稳态电压值，按照式6－21即可计算调节精度。

(2) 稳定时间：采用和调节精度类似的方法，可找到有功功率的稳定值 P_{stable}，继而得到其±5%的范围。然后寻找 $P-105\%P_{\mathrm{stable}}<\varepsilon$ 或 $P-95\%P_{\mathrm{stable}}<\varepsilon$ 的时间点，若该时间点后的 P 均在±5%范围内，则该点为稳定结束时间 t_c。采用式6－23可计算得到稳定时间。

(3) 振荡频率和阻尼比：假设机组有功功率的衰减振荡曲线用式6－22来表示，根据得到的WAMS有功功率波动数据，对式6－22进行参数拟合，记拟合误差为：

$$\varepsilon_i=y_i-f(t_i)=y_i-A+B\mathrm{e}^{-\zeta t_i}\sin(2\pi ft_i+\varphi)$$

为使得拟合误差最小，即：

$$Q=\sum_{i=1}^{n}\varepsilon_i^2=\sum_{i=1}^{n}\{y_i-[A+B\mathrm{e}^{-\zeta t_i}\sin(2\pi ft_i+\varphi)]\} \tag{6-23}$$

式6－23为无约束非线性优化问题，即非线性最小二乘拟合。目前已有通用的方法解决这类问题，且计算速度可满足在线评估的要求。

需要注意的是，在系统故障过程中有功功率尚未开始振荡，不属于机电振荡的过程。由于目前的继电保护动作一般可保证在0.1 s内清除故障，因此为保证拟合的精度，把故障期间的数据段截掉，仅根据满足判据开始后的0.1 s到系统稳定这段时间的数据进行拟合。

考虑到非线性优化问题对初值的选择较为敏感，为此将所拟合的参数进行预估，以得到一个较为接近的初值，各个参数的预估方法如下。

(1) 直流分量 A：计算满足启动判据后10 s的有功功率在1 s内的平均值，以此作为直流分量的初值。

(2) 振荡幅值 B：取振荡过程中的最大值与直流分量的差值作为振荡幅值的初值。

(3) 振荡频率 f：在满足振荡条件，振荡过程中最大值和最小值的时间差作为1/2个周期，进而计算得到振荡频率的初值。

(4) 相位 φ：相位参数的拟合对初值的敏感度不高，且与截掉的时间相关，无法给出较为准确的初值，因此一般初值直接设为0即可。

以湖北某电厂的故障仿真为例通过最小二乘法分析其小干扰稳定特性。采用非线性最小二乘拟合出的结果与实际数值是相近的，拟合出的函数可以近似看为实际波形，计算精度可满足在线评估的要求。通过拟合算法分析 $y=A+B\mathrm{e}^{-\zeta t_i}\sin(2\pi ft_i+\varphi)$ 的参数结果为：

直流分量 $A=5.856$；

振荡幅值 $B=2.669$；

阻尼比 $\zeta=0.233\,4$；

振荡频率 $f=0.816\,2$；

即 $y = 5.856 + 2.669e^{-0.2334t_i}\sin(2\pi 0.8162t_i)$

不难得出，该电厂的振荡属于局部振荡，阻尼比大0.1，调节时间小于10 s，相关参数满足行业标准DL/T843《大型汽轮发电机励磁系统技术条件》的要求。

3) 大干扰指标计算方法

大干扰指标的计算方法较为简单，只需根据指标的定义，找到满足条件的测量值和对应的时间点，即可求得相应的指标。如电压强励倍数的计算，只需找到振荡过程中励磁电压的最大值即可计算。

6.3 励磁系统性能指标要求

6.3.1 励磁系统性能指标要求

(1) 励磁系统应保证发电机磁场电流不超过其额定值的1.1倍时能够连续稳定运行。

(2) 励磁设备的短时过负荷能力应大于发电机转子短时过负荷能力。

(3) 交流励磁机励磁系统顶值电压倍数不低于2.0倍，自并励静止励磁系统顶值电压倍数在发电机额定电压时不低于2.25倍。需要时可由供、需双方商定。

(4) 当励磁系统顶值电压倍数不超过2倍时，励磁系统顶值电流倍数与励磁系统顶值电压倍数相同。

当励磁系统顶值电压倍数大于2倍时，励磁系统顶值电流倍数为2倍。

(5) 励磁系统允许顶值电流持续时间不低于10 s。

(6) 交流励磁机励磁系统的标称响应不小于2倍/s。高起始响应励磁系统和自并励静止励磁系统的励磁系统电压响应时间不大于0.1 s。

(7) 励磁自动调节应保证发电机端电压静差率小于1%，此时励磁系统的稳态增益一般应不小于200倍。在发电机空负荷运行情况下，频率每变化1%，发电机端电压的变化应不大于额定值的±0.25%。

(8) 励磁系统的动态增益应不小于30倍。

(9) 发电机电压的调差采用无功调差，无功电流补偿率的整定范围应不小于±15%，整定可以是连续的，也可以在全程内均匀分档，分档不大1%。

(10) 发电机空负荷阶跃响应特性：

① 按照阶跃扰动不使励磁系统进入非线性区域来确定阶跃量，一般为5%。

② 自并励静止励磁系统的电压上升时间不大于0.5 s，振荡次数不超过3次，调节时间不超过5 s，超调量不大于跃阶量的30%。

③ 交流励磁机励磁系统的电压上升时间不大于0.6 s，振荡次数不超过3次，调节时间不超过10 s，超调量不大于跃阶量的40%。

(11) 发电机带负荷阶跃响应特性：发电机额定工况运行，阶跃量为发电机额定电压的1%～4%，阻尼比大于0.1，有功功率波动次数不大于5次，调节时间不大于10 s。

(12) 发电机零起升压时,发电机端电压应稳定上升,其超调量应不大于额定值的10%。

(13) 发电机甩额定无功功率时,机端电压应不大于甩前机端电压的1.15倍,振荡不超过3次。

(14) 励磁调节器的调压范围:

① 自动励磁调节时,发电机空负荷电压能在额定电压的70%~110%范围内稳定平滑调节。

② 手动励磁调节时,上限不低于发电机额定磁场电流的110%,下限不高于发电机空负荷磁场电流的20%。

(15) 在发电机空负荷运行时,自动励磁调节的调压速度,应不大于发电机额定电压1%/s,不小于发电机额定电压0.3%/s。

6.3.2 PSS系统性能指标要求与实测方法

1) PSS及其他有相似功能的附加控制应具备以下性能

(1) PSS信号测量环节的时间常数小于20 ms。

(2) 有1~2个隔直环节,对输入信号为有功功率的PSS隔直环节时间常数可调范围不小于0.5~10 s,对输入信号为转速(频率)PSS隔直环节时间常数可调范围不小于5~20 s。

(3) 有2个及以上超前滞后环节。

(4) PSS增益可连续、方便调整,对输入信号为有功功率的PSS增益可调范围不小于0.1(标幺值)~10(标幺值),对输入信号为转速(频率)的PSS增益可调范围不小于5(标幺值)~40(标幺值)。

(5) 有输出限幅环节。输出限幅在发电机电压标幺值的±0.05~±0.10范围可调。

(6) 具有手动退PSS功能以及按发电机有功功率自动投退PSS功能,并显示PSS投退状态。

(7) PSS输出噪声小于±0.005(标幺值)。

(8) PSS调节无死区。

(9) 能进行励磁控制系统有、无补偿相频特性测量。

(10) 能接受外部试验信号,并在PSS输入端设置信号选择开关,在AVR内PSS输出嵌入点设置信号选择开关。

(11) 能定义内部变量输出,供外部监测和录波。

(12) 数字式PSS应能在线显示、调整和保存参数,时间常数以s表示,增益和限幅值以标幺化表示,参数以十进制表示。

2) 实测励磁控制系统无补偿相频特性的方法和主要步骤

(1) 用频谱分析仪测量。

① 选择试验信号源种类(随机噪声信号或周期性调频信号),选择频率范围。

② 将试验信号输出接到 AVR 的 PSS 嵌入点。

③ 增大试验信号输出直至发电机电压有微小摆动，一般小于 2%额定电压。

④ 测量频率响应特性($\Delta U_t/\Delta U_s$)。

⑤ 观察、记录测盘结果：曲线形状应符合规律、基本光滑、凝聚函数在关注频段内仅个别数值可小于 0.8，否则应调整试验信号幅值或采用其他类型信号源。

(2) 用低频正弦信号发生器和波形记录分析仪测量。

① 在 0.1～3.0 Hz 范围内取 10 个以上频率点，在所有选定的频率点上测量调节器 PSS 嵌入点到发电机电压的相频特性。

② 选定低频正弦试验信号的频率。

③ 将试验信号输出接到 AVR 的 PSS 嵌入点。

④ 逐步增大试验信号输出直至发电机电压有微小摆动(一般小于 2%额定电压)，波形稳定后用波形分析记录仪记录波形，测量结束后减少试验信号输出至零，并切除该信号。

⑤ 选定新的试验信号频率，主重复本条步骤③、④直至所有频率点测盘完毕。

⑥ 计算各个频率点下发电机电压相对于输入信号的相位，计算相频特性。

3) *对励磁控制系统有补偿相频特性的要求*

通过调整 PS 相位补偿，使本机振荡频率的力矩向盘滞后 $\Delta\omega$ 轴 0°～30°；在 0.3～2.0 Hz 频率的力矩向量滞后 $\Delta\omega$ 轴在超前 20°至滞后 45°之间；当有低于 0.2 Hz 频率要求时，最大的超前角不应大于 40°，同时 PSS 不应引起同步力矩显著削弱而导致振荡频率进一步降低、阻尼进一步减弱。

4) *试验结果应能满足如下要求*

(1) 比较有无 PSS 负载阶跃有功功率的振荡频率检验 PSS 相位补偿和增益是否合理，有 PSS 的振荡频率应是无 PSS 的振荡频率的 80%～120%。

(2) 有 PSS 应比无 PSS 的负载阶跃响应的阻尼比应有明显提高，其中有 PSS 的负载阶跃响应的阻尼比应大于 0.10。

6.4 励磁系统参数测试与建模及 PSS 试验

6.4.1 试验目的

发电机励磁控制系统对电力系统的静态稳定、动态稳定和暂态稳定性都有显著的影响。在电力系统稳定计算中采用不同的励磁系统模型和参数，其计算结果会产生较大的差异。然而，可靠的发电机及励磁系统参数实测和建模试验，能够为系统稳定分析及电网日常生产调度提供准确的计算数据，因此需要能正确反映实际运行设备运行状态的数学模型和参数，使得计算结果真实可靠。通过对电网典型主力机组的发电机、励磁模型和参数进行调查和测试，为系统稳定分析、电网日常生产调度提供准确的计算数据，是保证电网安全运行的有效措施。

由于发电机及励磁系统参数实测和建模试验是为系统稳定分析及电网日常生产调度提供准确的计算数据，所以必须使用电力系统稳定计算用的专用软件进行仿真校核，精度满足有关导则和规定的要求，可直接用于调度部门的运行方式计算。

6.4.2　试验内容和方法

1）参数测试工作内容

（1）现场测试：通过现场试验尽可能多地获得该机组励磁系统的实测参数和特性。

（2）利用实测数据和设备厂家提供的原始数据计算出电力系统稳定计算（精确模型）中励磁系统模型和参数。

（3）依据实测的励磁系统特性，通过仿真计算，对励磁调节器内部参数进行修正，最终获得与实际相符的电力系统稳定计算参数（表6-3）。

表6-3　发电机和励磁系统设备参数

公司名称：	机组编号：	
序　号	参　　数	单　　位
一	发电机参数	
	型号	
1	额定容量	MV·A
2	额定电压	kV
3	额定功率因数	
…	…	…
二	励磁变参数	
	型号	
1	额定容量	kV·A
…	…	…

2）励磁系统数学模型测试及调查

发电机励磁系统的模型和参数测试，现场试验分为静态试验和动态试验。静态试验包括励磁调节器模型参数辨识，动态试验包括发电机空载特性试验、发电机空载阶跃响应试验、励磁系统整组特性测试及PSS试验等。

（1）静态试验结果调查

① AVR模型。

某电厂发电机励磁调节器Saver-2000的控制规律为PID＋PSS，其模型框图见图6-10、图6-11。

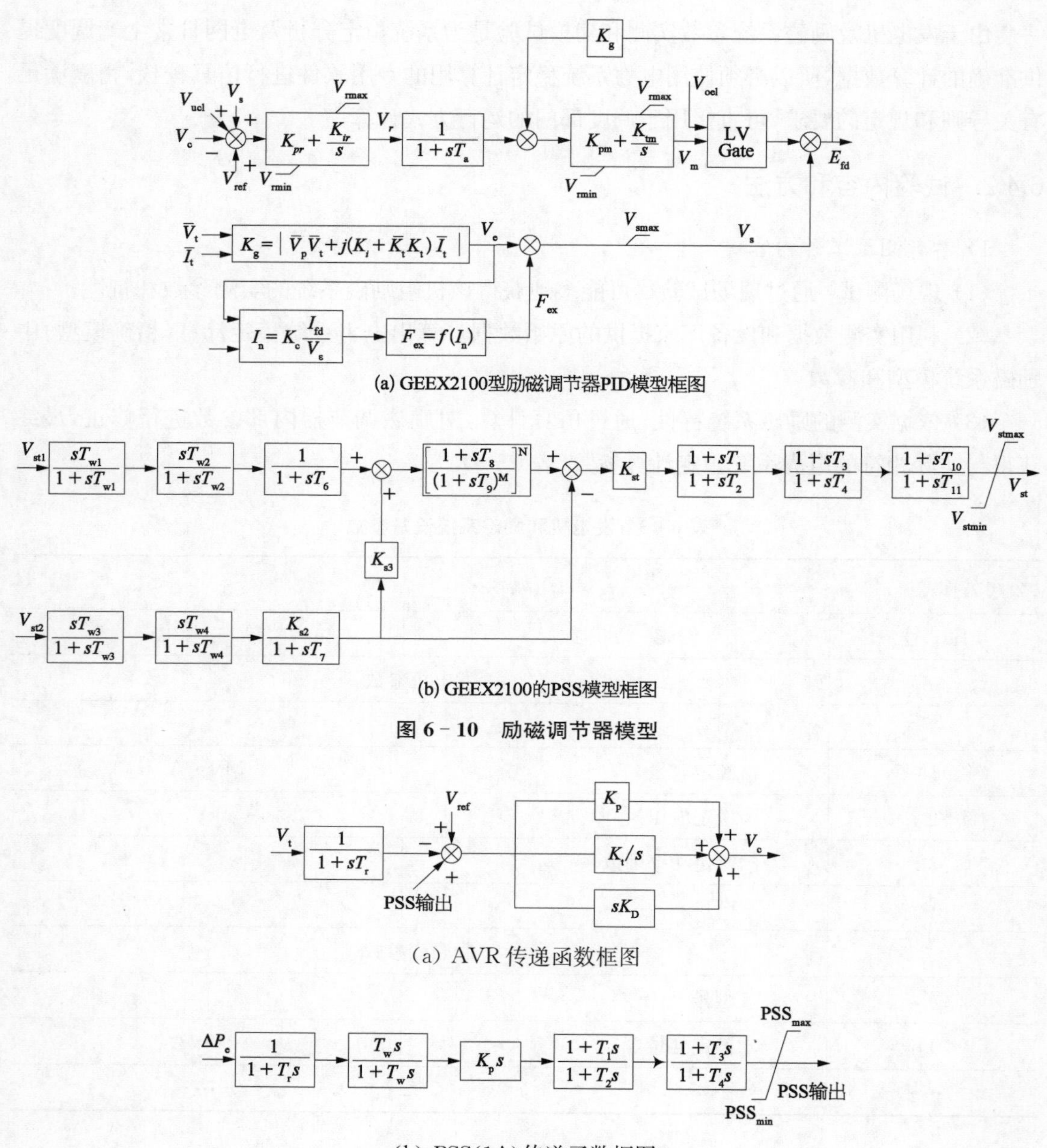

(a) GEEX2100型励磁调节器PID模型框图

(b) GEEX2100的PSS模型框图

图 6-10　励磁调节器模型

(a) AVR 传递函数框图

(b) PSS(1A)传递函数框图

图 6-11　传递函数框图

② 励磁调节器特性和参数由其各个单元组成。

励磁调节器的主要单元有：测量单元(包括发电机电压及各种反馈信号)、无功调差单元、放大单元、PID 单元、反馈单元、时间常数补偿单元、移相触发单元等。

分别测定或调查励磁调节器各个单元特性和参数。先确定各部分的模型，再确定各个单元特性，然后根据试验数据拟合出参数。可直接引用原调试结果或利用在厂家完成的同型号励磁系统模型。

③ 限制和保护单元的测试调查。

限制和保护单元包括：低励限制、强励限制、过励限制、过磁通（V/Hz）限制等。

通过静态模拟试验得到低励限制、强励限制和过励限制等限制，保护单元的模型和参数，必要时可进行动态试验验证模型和参数的正确性。可直接引用原调试结果或利用在厂家完成的同型号励磁系统模型。

④ PSS 测定。

应分别测定 PSS 各个环节（测量环节、隔直环节和超前滞后环节）的时间常数和增益。还应测定 PSS 的投入和切除的定值、限幅和保护电路的定值等。可直接引用原调试结果或利用在厂家完成的同型号励磁系统模型。

（2）机组额定转速后试验。

① 励磁机空载特性试验。

试验目的：测量交流励磁机空载情况下励磁电流和励磁机输出电压的关系。

试验条件：发电机维持额定转速，发电机灭磁开关断开，整流柜输出的 1 G 刀闸前接的电阻，使用于动励磁装置。

试验方法：逐渐改变励磁机励磁电流，测量励磁机电枢电压上升和下降特性曲线。励磁机定子电压最高升到 1.3 倍额定电压时，测量并记录励磁机励磁电压、电流、励磁机交流输出电压。

② 励磁机空载时间常数试验（阶跃法）。

试验目的：测量励磁机空载时间常数。

试验条件：发电机维持额定转速，发电机灭磁开关断开，整流柜输出的 1 G 刀闸前接电阻，使用于动励磁装置。

试验方法：用于动励磁方式将发电机电压升至额定电压，突然切除于动励磁输出开关，测量发电机电压下降的时间常数。用 WFLC 电量记录分析仪测量并记录发电机输出电压下降的曲线，或用调节器的定角度阶跃功能。

③ 励磁机负载特性试验（在发电机空载及负载试验时完成）。

试验目的：测量交流励磁机负载情况下励磁电流和励磁机输出电压、电流的关系。

试验条件：发电机维持额定转速，发电机空载升压及负载带负荷。

试验方法：逐渐改变发电机励磁电流，测量励磁机转子电流及电枢电压变化特性曲线。

④ 发电机空载试验。

试验目的：测量交流励磁机负载情况下励磁电流、发电机定子电压的关系。

试验条件：发电机维持额定转速，空载，定子电压为 0%～130%额定电压或容许的最高电压。

试验方法：用于动励磁方式升发电机电压，在发电机空载电压 0%～130%额定电压或容许的最高电压范围内，测量励磁机励磁电压、电流、励磁机直流输出电压和发电机定子电压、励磁电压、励磁电流。

⑤ 发电机空载试验时间常数试验(阶跃法)。

试验目的：测量发电机空载时间常数。

试验条件：发电机维持额定转速，空载，定子电压为 0%～130%额定电压(视现场具体条件而定)。

试验方法：用于动励磁方式将发电机电压升至额定电压，突然切除手动励磁输出开关，测量发电机电压下降的时间常数。用 WFLC 电量记录分析仪测量并记录发电机输出电压下降的曲线，或用调节器的定角度阶跃功能。

⑥ 阶跃响应试验。

试验目的：测量励磁调节器调节品质。

试验条件：发电机维持额定转速，使用自动励磁装置。

试验方法：用自动励磁调节器调整发电机电压为 90%额定电压，进行 5%和 10%阶跃(上、下)试验。用 WFLC 电量记录分析仪测量并记录发电机电压、转子电压和电流、调节器输出电压和电流。

⑦ 励磁系统放大倍数测试。

发电机空载，励磁调节器使用自动运行方式，退出积分，改变放大倍数，调整发电机电压由 80%额定电压逐步升至额定电压，记录励磁调节器反馈电压、给定电压、导通角等参数及永磁机电压，励磁机励磁电压、电流，发电机励磁电压、电流、端电压。

⑧ 离线无补偿励磁系统频率响应特性测试。

发电机空载，励磁调节器使用自动运行方式。励磁调节器为自动单柜运行方式，用频谱仪进行励磁系统无补偿频率响应特性测试。

⑨ 强励试验(有条件时完成)。

做此试验时，修改发电机过电压保护定值。待此试验结束后，恢复原定值。

发电机并网运行应尽量接近额定工况，使用自动励磁装置，瞬间将励磁调节器的给定电压提高 15%～20%，时间取 0.1～0.8 s，同时用 WFLC－2 电量记录分析仪测量并记录发电机端电压、发电机励磁电压和励磁电流的响应曲线。测量励磁系统最大励磁电压、电压响应时间和响应比。

(3) 电力系统稳定器 PSS 试验。

① 在线无补偿励磁系统频率响应特性测试。

发电机并网运行，有功功率接近额定功率，PSS 不投入运行。励磁调节器为自动单柜运行方式，用频谱仪进行励磁系统无补偿频率响应特性测试。

② 在线有补偿励磁系统频率响应特性测试(有条件时完成)。

发电机并网运行，有功功率接近额定功率，励磁调节器为自动单柜运行方式，用频谱仪进行励磁系统有补偿频率响应特性测试。修正超前/滞后环节时间常数。

③ PSS 临界增益测定试验。

发电机并网运行，有功功率接近额定功率，励磁调节器为自动单柜运行方式，将 PSS 投入运行，逐渐增大PSS增益，同时观察WFLC电量分析仪中有功功率录波的波形，测定PSS临界增益值。

④ PSS增益值设定。

操作励磁调节器监控机，将PSS增益设定为临界增益值的约三分之一，将PSS投入运行，同时观察发电机各运行参数，应稳定运行。

⑤ PSS负载阶跃干扰试验。

发电机并网运行，有功功率接近额定功率，励磁调节器为自动单柜运行方式，进行不大于4%阶跃试验，同时启动WFLC录波，记录PSS投入或退出运行时有功功率的摆动幅值和次数。

⑥ PSS反调试验。

PSS投入运行，按正常运行增减负荷速度改变有功功率，观察发电机无功功率和调节器输出电压和电流，不应出现随有功功率变化而大幅度摆动的现象。

(4) 调差系数校核。

发电机并网运行，在有功功率较小情况下，保持给定电压不变，逐步改变AVR调差系数，记录无功功率、发电机电压等值。

6.4.3　励磁系统建模工程实例

6.4.3.1　某发电厂励磁系统介绍

某发电厂#0机组为某电机厂生产的350 MW发电机组，励磁方式采用自并励励磁系统。该电站采用励磁调节器为国电南瑞生产的NES6100型数字式励磁调节器。根据励磁调节器厂家提供的控制原理和逻辑：该励磁调节器为双通道励磁调节器，励磁调节器控制方式为并联型PID+PSS控制，采用余弦移相原理。PSS采用PSS-2A模型，具有加速功率输入信号。调节器主通道(电压调节)是PID调节，附加励磁控制为双输入信号加速功率型PSS控制。

6.4.3.2　发电机和励磁系统设备参数。

(1) 发电机基本参数(表6-4)。

表6-4　发电机基本参数

参　数	数　值
型号	QFSN-350-2-20
额定视在功率	412 MV·A
额定有功功率	350 MW
额定定子电压	20 kV
额定定子电流	11.887 kA

续 表

参　　数	数　　值
额定功率因数	0.85
额定励磁电流	2 389 A
额定励磁电压	424.4 V
额定转速	3 000 r/min
发电机轴系转动惯量 GD2	7 386.4 kg・m^2
直轴同步电抗 X_d(非饱和值/饱和值)	2.174 9/1.791
直轴瞬变电抗 X_d'(非饱和值/饱和值)	0.277 3/0.244
直轴超瞬变电抗 X_d''(非饱和值/饱和值)	0.190 3/0.175 1
横轴同步电抗 X_q(非饱和值/饱和值)	2.174 9/1.791
横轴超瞬变电抗 X_q'(非饱和值/饱和值)	0.386 3/0.339 9
横轴超瞬变电抗 X_q''(非饱和值/饱和值)	0.190 3/0.175 1
直轴开路瞬变时间常数 T_{d0}'	11.317 s
横轴开路瞬变时间常数 T_{q0}'	1.257 4 s
直轴开路超瞬变时间常数 T_{d0}''	0.048 s
横轴开路超瞬变时间常数 T_{q0}''	0.067 9 s

(2) 励磁变参数(表 6-5)。

表 6-5　励磁变参数

参　　数	数　　值
型号	ZLSCB-3500/20
额定容量	3 500 kV・A
电压变比	20 000 V/1 850 V
短路阻抗	7.26%
接线组别	Y/d-ll

(3) 变比(表 6-6)。

表 6-6　变　比

参　　数	数　　值
发电机定子 CT 变比	20 000 A/ 5A
发电机定子 PT 变比	20 000 V/100 V
转子分流器变比	2 000 A/175 mV

6.4.3.3　励磁系统参数测试现场试验结果

(1) 发电机空载特性试验(表 6-7)。

表 6-7　发电机空载试验数据

I_{FD}(A)	U_{FD}(V)	U_{AB}(kV)
36.683	5.418 8	1.164
165.34	31.564	4.509 7
279.17	42.889	8.007 1
421.87	63.115	12.007
576.06	85.239	16.016
620.33	91.684	17.01
668.18	98.373	18.018
724.32	106.68	19.011
793.9	116.62	20.014
884.06	130.43	21.006
787.95	116.14	20.009
716.63	105.98	19.02
658.92	97.633	18.016
610.61	90.676	17.002
566.5	84.409	15.998
412.92	62.057	12.008
271.53	41.503	8.012 6
133.68	21.382	4.007 2
34.257	6.070 3	1.133

发电机空载，维持其额定转速不变，使用手动励磁方式，用自动励磁调节器进行升压和降压试验。表 6-7 给出了试验结果，其中 U_{AB}为发电机定子电压二次值，I_{FD}、U_{FD}分别为发电机励磁电流、励磁电压。进而得到发电机空载特性曲线如图 6-12 所示。

(2) 发电机空载 5%阶跃响应试验。

用自动励磁调节器单柜调整发电机电压为 95%额定电压后进行 5%阶跃试验，用同控 TK 系列电量记录分析仪记录发电机电压、转子电压和电流、调节器输出电压和电流。通过调整励磁调节器 PID 参数使发电机机端电压阶跃响应的超调量、振荡次数和调节时间等性能指标满足要求。

通过试验 5%阶跃响应的发电机电压超调量是 $M_p=0\%$，到达峰值的时间是 $T_p=1.39$ s，上升时间 $T_r=0.327$ s，调节时间 $T_s=1.46$ s，振荡次数 $N=0$ 次。空载阶跃响应性能指标满足国标和行标要求。

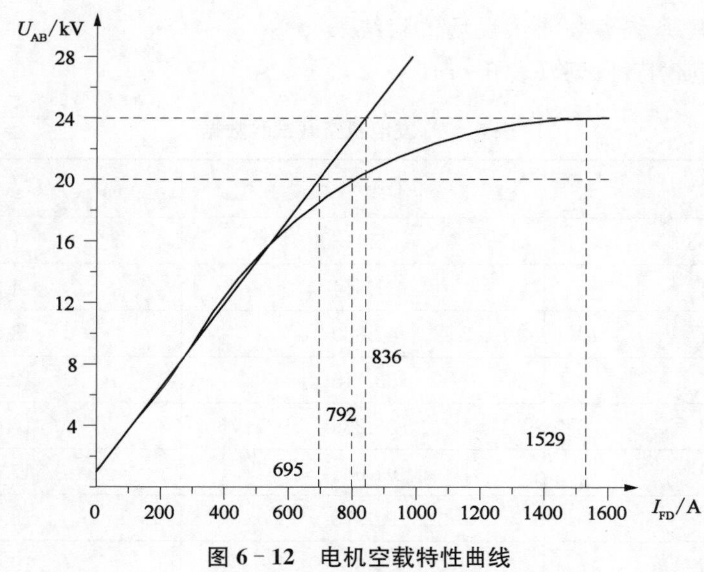

图 6-12　电机空载特性曲线

国标 GB/T7409.3 中 5.12 项要求：在空载额定电压情况下，当发电机给定阶跃为±10%时，发电机电压超调量应不大于阶跃量的 50%，摆动次数不超过 3 次，调节时间不超过 10 s。

电力行标 DL/T843 中 5.10.2 项要求：自并励静止励磁系统的电压上升时间不大于 0.5 s，振荡次数不超过 3 次，调节时间不超过 5 s，超调量不大于 30%。

(3) 发电机空载大阶跃响应试验。

用自动励磁调节器调整发电机电压为 90%后进行 20%阶跃试验(调节器内部设置最大阶跃量为 20%，此阶跃未达到励磁电压的最大值)，记录发电机的定子电压 U_{AB}、励磁电压 U_{FD}和励磁电流 I_{FD}的响应曲线。

(4) 发电机定子开路、励磁绕组时间常数试验。

70%额定电压下切断交流励磁电源，用同控 TK 系列量记录分析仪测录发电机注电压 U_{AB}、励磁电压 U_{FD}和电流 I_{FD}。

发电机定子绕组开路、励磁绕组短路时间常数实测值是 10.66 s，与厂家给出的 11.3 s 的值接近，在仿真计算时应用 11.3 s。

(5) 调差极性校验试验。

发电机并网运行，通过改变调差系数−3、−2、−1、0、1、2、3、2、1、0，观察发电机电压及无功功率变化。随着调差系数增大，无功与端电压呈现下降趋势；随着调差系数减小，无功与端电压呈现上升趋势，调节器的调差极性与国标定义是相同的。本机运行状态调差系数为−3%。

6.4.3.4　励磁系统参数计算

1) 发电机饱和系数和励磁系统基值计算

由发电机空载特性可确定发电机励磁回路的计算基准值及模型参数。

(1) 发电机励磁电流的基准值 I_{FDB}。

选取发电机空载特性曲线气隙线上与发电机额定电压相对应的发电机励磁流为发电机励磁电流的基准值：$I_{FDB}=695$ A。

(2) 发电机励磁绕组电阻的基准值 R_{FDB}。

选取发电机铭牌额定励磁电压与额定励磁电流之比为发电机励磁绕组电阻基准值，即：

$$R_{FDB}=U_{FDN}/I_{FDN}=424.4/2\,389=0.178\ \Omega$$

(3) 发电机励磁电压的基准值 U_{FDB}。

$$U_{FDB}=R_{FDB}\times I_{FDB}=123.71\ \text{V}$$

(4) 发电机饱和系数计算。

根据发电机空载特性计算模型需要的饱和系数 S_G。

由发电机空载试验得：额定定子电压时，空载气隙线对应励磁电流为 695 A，特性曲线对应励磁电流为 792 A；1.2 倍额定定子电压时，空载气隙线对应励磁电流为 836 A，特性曲线对应励磁电流为 1 529 A。

发电机饱和系数分别为：$S_{G1.0}=(I_{FD0}-I_{FDB})/I_{FDB}=0.14$；$S_{G1.2}=(I_{FD01.2}-I_{FDB1.2})/I_{FDB1.2}=0.829$。

PSASP 中，发电机饱和系数：$a=1b=0.14n=10.755\,2$。

2) 整流器换相压降系数 K_c 的计算

计算中用的 U、U_k、S_n 分别为励磁变的二次电压、短路阻抗和额定容量，U_{FDB}、I_{FDB} 为发电机励磁电压、励磁电流基值。

换相电抗的整流器负载因子 K_c(标幺值)为：

$$K_c=\frac{3\times U_k U^2\times I_{FDB}}{\pi\times U_{FDB}\times S_n}=\frac{3\times 0.072\,6\times 850^2\times 695}{\pi\times 123.71\times 3\,500\,000}=0.08$$

3) 励磁系统的最大/最小输出电压

计算公式：$U_{FD}=1.35\times U_t'\times\cos\alpha-I_{FD}\times K_c\times R_{FDB}$($U_t'$ 为可控硅阳极电压)，试验中的励磁电压 U_{FD} 曲线出现平顶的线段中取数点校验最大最小控制角度。

通过试验在上阶跃时各参数值见表 6－8，取 $\alpha_{min}=69.8°$。

表 6－8　通过试验在上阶跃时情况

机端电压/V	励磁电压/V	励磁电流/A	控制角度/°	平均值/°
15 586	305.81	742.29	69.280 4	69.8
16 376	304.47	788.86	70.366 2	
备注				

通过试验在下阶跃时各参数值见表 6－9，取 $\alpha_{max}=103.48°$。

表 6－9　通过试验在下阶跃时情况

机端电压/V	励磁电压/V	励磁电流/A	控制角度/°	平均值/°
16 616	－218.91	349.63	102.968	103.48
15 500	－218.91	281.79	103.984	
备注				

可控硅最小控制角、最大控制角分别为 69.8°和 103.48°。

对自并励励磁系统，电压调节器最大输出电压 V_{Rmax} 和最小输出电压 V_{Rmin} 也就是励磁系统的最大、最小输出电压，是发电机端电压等于额定值时的最大最小输出电压。励磁变低压侧额定电压为 850 V。

最大输出电压为：$V_{Rmax}=1.35U_B\cos\alpha_{min}=1.35\times850\times\cos69.8°=395.79$ V。

标幺值为：$V_{Rmax}/U_{FDB}=395.79/123.71=3.2$ pu。

最小输出电压为：$V_{Rmin}=1.35U_B\cos\alpha_{max}=1.35\times850\times\cos103.48°=-267.4$ V。

标幺值为：$V_{Rmin}/U_{FDB}=-267.4/123.71=-2.16$ pu。

4）励磁调节器内部最大/最小输出电压

V_{Amax} 和 V_{Amin} 指 AVR 的 PID 放大器总输出的内部限幅值（标幺值），取 $V_{Amax}=10$，$V_{Amin}=-10$。

5）PID 参数

厂家提供的参数 $K_p=60$、$K_{1A}=20$、$K_{DA}=0$。

转换为仿真用参数 $K=20$、$K_v=0$，$T_1=3$、$T_2=1$、$T_3=0$、$T_4=0$。

6.4.3.5　稳定计算用励磁系统数学模型及参数

某发电厂＃0 机组为自并励励磁系统，在中国版 BPA 暂态稳定程序中，励磁模型选用 FV 型（综稳程序中为 12 型）作为计算用励磁系统模型。电压环节的测量时间常数为秒。考虑到模型中的参数 Ta 不能设置为 0，因此将 Ta 设为 0.01 s。参数见表 6－10 所示。

表 6－10　FV 型（12 型）励磁系统模型参数表

参　数　名　称	计算参数	实用参数
调差系数 X_c（标幺值）	－0.03	－0.03
调节器输入滤波器时间常数 T_r/s	0.01	0.01
调节器最大内部电压 V_{Amax}（标幺值）	10	10
调节器最小内部电压 V_{Amin}（标幺值）	－10	－10
电压调节器超前时间常数 T_1/s	3	3
电压调节器滞后时间常数 T_2/s	1	1

续　表

参　数　名　称	计算参数	实用参数
电压调节器超前时间常数 T_3/s	0	0.1
电压调节器滞后时间常数 T_4/s	0	0.1
调节器 PID 增益 K(标幺值)	20	20
积分选择因子 K_v(标幺值)	0	0
电压调节器放大器增益 K_a(标幺值)	1	1
电压调节器放大器时间常数 T_a/s	0.01	0.01
软负反馈放大倍数 K_f(标幺值)	0	0
软负反馈时间常数 T_f/s	1	1
电压调节器最大输出电压 V_{Rmax}(标幺值)	3.2	3.2
电压调节器最小输出电压 V_{Rmin}(标幺值)	−2.16	−2.16
换相电抗的整流器负载因子 K_c(标幺值)	0.08	0.08

6.4.3.6　发电机空载阶跃响应仿真结果

在中国版 BPA 暂态稳定程序中，选用 FV 型励磁系统卡，采用表 6-10 中的“计算参数”，进行发电机空载 5% 阶跃仿真，仿真曲线如图 6-13 所示，实测结果与仿真结果比较见表 6-11 所示。

表 6-11 所示仿真结果与实测结果接近，偏差在允许范围内，表 6-10 中的“计算参数”可以作为“实用参数”用于电力系统稳定计算。

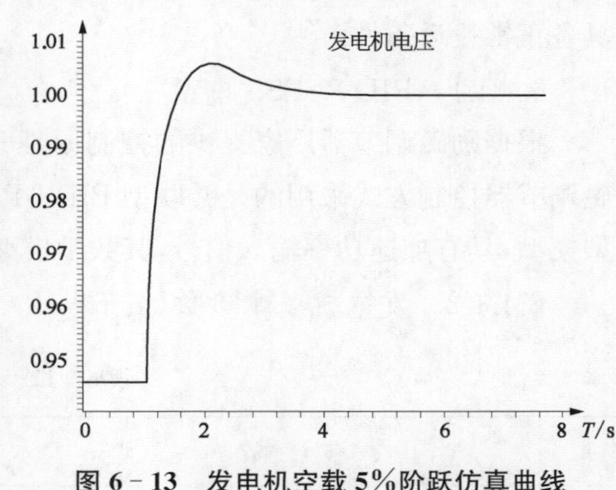

图 6-13　发电机空载 5%阶跃仿真曲线

表 6-11　发电机空载 5%阶跃 UI 响应试验实测结果及仿真结果比较

参　　数	实测结果	仿真结果	偏差(实测−偏差)	允许偏差
超调量 M_p/%	0	2	−2	±5
上升时间 T_r/s	0.327	0.358	−0.087	±0.1
峰值时间 T_p/s	1.39	1.2	0.19	±0.2
调整时间 T_s/s	1.46	3.27	−1.81	±2
振荡次数 N/次	0	0.5	0.5	≤1

6.4.3.7　结论

(1) 在某发电厂♯0 机组励磁系统模型参数测试工作中，完成了励磁调节器模型参数辨识、发电机全载特性测量、发电机全载阶跃响应等试验。

(2) 在测试结果基础上，归并计算出发电机转子电压、转子电流、转子电阻标幺值，计算出发电机饱和系数 S_G、归并电抗的整流器负载因子 K_c、励磁系统最大输出电压 V_{Rmax} 和最小输出电压 V_{Rmin} 等参数。

(3) 通过将仿真结果与实际空载阶跃响应结果比对，验证了励磁控制系统模型参数的准确性。

(4) 本报告最终给出了某发电厂＃0 机组电力系统稳定计算用励磁系统的模型和参数，为系统稳定分析及电网日常生产调度提供准确的计算依据。可供电力系统稳定分析计算使用。

6.4.4 工程实例

某发电厂＃1 机为某电机厂生产的 315 MW 燃气轮机组，励磁方式采用自并励励磁系统。励磁调节器是某厂生产的 EX－2100e 型双微机励磁调节器，采用 PID＋PSS 控制方式，采用加速功率作为 PSS 信号。由于联网运行时对系统动态稳定影响较大，将励磁系统中 PSS 投入运行，以抑制可能出现的电力系统低频振荡，提高电力系统稳定性。

试验目的：通过现场试验，配置＃1 发电机 PSS 参数，检验 PSS 的性能，使发电机 PSS 具备正常投运条件。

6.4.4.1 PID 和 PSS 模型

根据励磁调节器厂家提供的控制原理和逻辑：该励磁调节器为双通道励磁调节器，励磁调节器控制方式采用的是并联型 PID＋PSS 控制，采用余弦移相原理。PSS 采用 PSS－2 型模型，具有加速功率输入信号，其数学模型框图参照图 6－10 励磁调节器模型。

6.4.4.2 发电机基本参数(表 6－12)

表 6－12 发电机基本参数

参　数	数　值
型号	QFN－315－2
额定容量	371 MV·A
额定有功功率	315 MW
额定功率因数	0.85
额定定子电压	18 kV
额定定子电流	11 887 A
额定励磁电流	1 716 A
额定励磁电压	633 V
额定转速	3 000 r/min
发电机转动惯量	7 710 kg·m^2
燃气轮机转动惯量	33 239 kg·m^2

6.4.4.3　PSS 试验

1）机组励磁系统无补偿相频特性测量

(1) 试验工况：#1 机 $P=294$ MW，$Q=27$ Mvar；

试验机组 PSS、AGC 退出，调差系数 −3%；

试验时间：2018 年 12 月。

(2) 试验方法。

发电机并网运行，有功功率接近于额定值(60%以上)。励磁调节器自动运行，PSS 退出，用 HP35670A 产生一个伪随机信号(初始电平为 0 mV)，接入调节器 PSS 信号输出点，并将此信号接入 HP35670A 的分析通道 1。将发电机机端 PT 二次侧三相电压接入 FLC 变换器中，调整变换器的调零旋钮，使变换后的直流信号输出接近于 0，然后将变换后的直流信号接入 HP35670A 的分析通道 2，缓慢地增加伪随机信号的电平，使发电机的机端电压波动不大于 1%，用频谱仪测量输出的伪随机信号与发电机电压信号之间的相频特性即为励磁系统无补偿相频特性。测试结果参见表 6－13。

表 6－13　#1 机励磁系统无补偿相频特性

f/Hz	ϕ_e/°	f/Hz	ϕ_e/°	f/Hz	ϕ_e/°
0.1	−17	0.8	−80	1.5	−93
0.2	−46	0.9	−82	1.6	−95
0.3	−64	1	−84	1.7	−92
0.4	−70	1	−84	1.8	−93
0.5	−73	1.2	−90	1.8	−93
0.6	−76	1.3	−94	2	−95
0.7	−78	1.4	−98		

2）#1 机励磁系统有补偿相频特性仿真

PSS 参数整定要使 PSS 的作用兼顾联网后出现的系统低频振荡和本机振荡的频率，因此应该使励磁系统引入 PSS 后产生的合成附加力矩(基本与 ΔV_t 同相)在 0.1～0.3 Hz(不含 0.3 Hz)频段超前 $\Delta\omega$ 轴不应大于 30°，在 0.3～2.0 Hz 频率的附加力矩应在超前 $\Delta\omega$ 轴 20°至滞后 $\Delta\omega$ 轴 45°之间，即 0.3～2.0 Hz 的范围内滞后 ΔP_e(加速转矩)约 70°～135°。若用 ϕ_e 表示励磁系统的滞后相位，用 ϕ_{pss} 表示 PSS 的超前相位，则应该使 $\phi_c=(\phi_e+\phi_{pss})$ 为 −70°～−135°。

根据上述原则用逐步逼近的方法确定 #1 机组 PSS 的参数如下：

$$T_{W1}=T_{W2}=T_{W3}=T_7=6\ \text{s},\ K_{S1}=4,\ K_{S2}=0.551\,098,\ K_{S3}=1,\ T_1=0.13\ \text{s},$$
$$T_2=0.02\ \text{s},\ T_3=0.4\ \text{s},\ T_4=0.05\ \text{s},\ T_5=0.1\ \text{s},\ T_6=0.1\ \text{s},$$
$$M=5,\ N=1,\ T_8=0.6\ \text{s},\ T_9=0.12\ \text{s}.$$

表 6-14 为♯1 机 PSS 模型相频特性和有补偿特性(计算值)。

表 6-14　♯1 机 PSS 模型相频特性和有补偿特性(计算值)

f/Hz	ϕ_e/°	ϕ_{pss}/°	$\phi_e+\phi_{pss}$/°	PSS 增益
0.1	−17	−44.033 4	−6	1.033 4
0.2	−46	−43.964 6	−89.964 6	0.325 093
0.3	−64	−36.657 3	−100.657	0.248 105
0.4	−70	−29.211 1	−99.211 1	0.215 149
0.5	−73	−22.749 4	−95.749 4	0.199 46
0.6	−76	−17.369 1	−93.369 1	0.192 056
0.7	−78	−12.948	−90.948	0.189 175
0.8	−80	−9.335 28	−89.335 3	0.188 993
0.9	−82	−6.396 89	−88.396 9	0.190 521
1.0	−84	−4.022 08	−88.022 1	0.193 176
1.1	−87	−2.120 81	−89.120 8	0.196 585
1.2	−90	−0.619 58	−90.619 6	0.200 495
1.3	−94	0.542 135	−93.457 9	0.204 729
1.4	−98	1.414 699	−96.585 3	0.209 157
1.5	−93	2.040 345	−90.959 7	0.213 681
1.6	−95	2.454 753	−92.545 2	0.218 225
1.7	−92	2.688 228	−89.311 8	0.222 733
1.8	−93	2.766 627	−90.233 4	0.227 16
1.9	−94	2.712 085	−91.287 9	0.231 471
2	−95	2.543 609	−92.456 4	0.235 641

由表 6-14 可以看出：在 0.1～2.0 Hz 的其他频率范围内，有补偿相频特性在 −61.03°～−100.66°，由 PSS 产生的电磁力矩的阻尼分量为正。PSS 相位补偿满足要求。

3) PSS 增益调整

理论上讲，在正确的相位补偿下，PSS 的增益越大，所提供的正阻尼越强。实际上，电力系统是一个高阶的复杂系统，增加 PSS 的增益虽然可以增加某些机电振荡的阻尼，但如果 PSS 增益过大，也可能引起 PSS 调节环振荡，使系统出现不稳定现象。因此，PSS 实际存在一个最大增益，即临界增益。

PSS 临界增益是由很多因素决定的，如发电机的负荷水平、PSS 的在电厂和系统中的配置和投退情况、机组的功率和电力系统的运行方式等，所以一般用现场试验的方法来确定。

在选定的相位补偿下，缓慢增大 PSS 的增益，同时观察励磁系统的变化，直到出现不稳定现象为止(主要标志是调节器输出电压、发电机转子电压出现频率较高，如 1～4 Hz 的剧烈振荡)，这时的 PSS 增益可以认为是临界增益。

PSS 的运行使用的增益一般取临界增益的⅓～⅕，以留有足够的增益裕度。

在＃1 机 PSS 增益为 $K_{S1}=4$ 时的试验中，U_{FD} 为调节器输出电压，U_{AB} 为发电机机端电压，可以看出这些都是比较稳定的；测试中将 PSS 增益调整为 $K_{S1}=20$ 时，其中无功、励磁电压波动已经较大。据此，再综合考虑交流增益，将 PSS 增益 $K_{S1}=4$ 设定为运行参数是较合理的。

发电机并网运行，将发电机 PT 及 CT 二次侧三相电压和两相电流接入 WFLC 电量分析仪中准备录波。先将 PSS 切除，进行小于 4%的电压阶跃试验，同时启动 WFLC 录波，记录有功功率的摆动幅值和次数。将 PSS 投入，同样工况下重复以上试验，录波观察，PSS 有阻尼作用时，有功功率的摆动幅值和次数应减少。

在＃1 机 PSS 退出和投入两种情况下的负载阶跃试验中，包含 B 套无 PSS 时 2%阶跃试验，B 套有 PSS 在 $K_{S1}=4$ 时 2%阶跃试验、$K_{S1}=6$ 时 2%阶跃试验，A 套此处不再体现。

通过观察有功的波动幅值和观察励磁电压的波形可以得出，在投入 PSS 后当 $K_{S1}=4$ 时，较投入前有功功率的峰谷差减小，有功功率波动的次数减少，说明 PSS 对本机振荡模式能提供有效的正阻尼；当 $K_{S1}=6$ 时，阻尼进一步加强。

6.4.4.4　反调试验

PSS 的原理是通过励磁系统的作用抑制有功功率的低频振荡，可以说 PSS 是通过无功功率的波动来抑制有功功率的波动。

由于发电机的有功功率都会有一点波动，因而投入 PSS 后较不投 PSS 时励磁系统的波动要大一些，只要无功功率的波动在合适的范围内就可认为正常。采用单一发电机电功率为输入信号的 PSS，在原动机功率以较快速度增加(或减少)时，发电机的无功会发生较大的、有时甚至是不能容许的减少(或增加)，这就是所谓的“反调”现象。PSS-2 型电力系统稳定器采用电功率信号和转速作为输入信号，在原动机功率发生变化时，发电机的无功不会发生较大的变动。

在 PSS 投入的情况下，按照运行时可能出现的最快调节速度进行原动机功率调节 30 MW，观察 PSS 是否有反调的影响。

通过对＃1 机反调试验：

① PSS 投入后未见异常。

② 以 26 MW/min 增减有功功率 30 MW 时无功反调现象不明显。

6.4.4.5　PSS 运行参数设置

现场试验结果，根据上述原则用逐步逼近的方法确定＃1 机组 PSS 的参数如下：

$$T_{W1}=T_{W2}=T_{W3}=T_7=6\ \mathrm{s},\ K_{S1}=4,\ K_{S2}=0.551\,098,\ K_{S3}=1,\ T_1=0.13\ \mathrm{s},$$

$$T_2=0.02\ \text{s},\ T_3=0.4\ \text{s},\ T_4=0.05\ \text{s},\ T_5=0.1\ \text{s},\ T_6=0.1\ \text{s},$$
$$M=5,\ N=1,\ T_8=0.6\ \text{s},\ T_9=0.12\ \text{s}。$$

PSS 自动投入值：30%额定有功功率。

自动退出值：20%额定有功功率。

PSS 输出限幅值：±10%。

6.4.4.6　稳定计算用 PSS 模型参数

在中国版 BPA 暂态稳定程序中，#1 机可以确定采用 SI 型 PSS 模型，模型如图 6－10b 所示，参数设置见表 6－15。使用电力系统稳定综合分析程序的用户可先用 4 种模型。

表 6－15　SI 型 PSS 模型参数设置

T_r	T_5	T_6	T_7	T_9	T_{10}	T_{12}	T_{13}	T_{14}	K_p
0.02 s	6 s	6 s	6 s	0.6 s	0.12 s	0.12 s	0.1 s	0.1 s	4

T_{w1}	T_{w2}	T_w	K_r	T_{rp}	K_s	T_1	T_2	T_3	T_4	V_{smax}	V_{smin}
6 s	6 s	0.551 098 s	1	0.02	1	0.13 s	0.02 s	0.4 s	0.05 s	0.1	−0.1

#1 机励磁系统 PSS 投运试验中，完成了频率响应特性测试试验及仿真计算、临界增益试验、阶跃干扰试验和反调试验。通过在线无补偿频率特性、PSS 环节的仿真计算和，证明对于 0.1～2 Hz 的低频振荡，PSS 有抑制作用；通过电压阶跃试验，证明对本机振荡有抑制作用。此次试验得到如下结论：

(1) 根据 PSS 环节相频特性计算结果和无补偿相频特性结果得到有补偿相频特性。在 0.1～2.0 Hz 内的其他频率范围内，有补偿相频特性在－61.03°～－100.66°(由 PSS 产生的电磁力矩的阻尼分量为正，PSS 相位补偿满足要求)。

(2) 电压阶跃试验表明，PSS 对本机振荡的阻尼作用比较明显。

(3) 机组正常运行时增减负荷，无功反调现象不明显。

(4) PSS 具备投运条件，接到调度令后，可投入运行。

第 7 章　电力系统无功调节

7.1　电力系统无功调节的必要性

7.1.1　电力系统电压控制的必要性

电压控制就是通过控制电力系统中的各种因素，使电力系统电压满足用户、设备和系统运行的要求，电压即是控制目标。电力系统中，实际电压与额定电压的差异叫作电压偏移。在电力系统的正常运行中，当电压偏移超过允许范围时，对用户设备和电力系统本身都会带来经济、安全等方面的不利影响。

7.1.1.1　电压偏移对用户设备的影响

额定电压是用电设备最理想的工作电压，在运行中允许有一定的电压偏移，但超过允许范围时用电设备的运行条件将会恶化，进而影响用户设备的安全，降低用电设备的效率和性能，影响用户正常的生产和生活。用户允许的电压偏移是根据用电设备对电压偏移的敏感性及承受能力所决定的。

异步电动机（电力系统负荷中占较大比重，如起重机、磨煤机、碎石机等）的最大转矩与它端电压的平方成正比，电压过低，定子电流显著增大，电动机温度升高，会加速绝缘老化，甚至烧坏电机；电压过高，铁心又可能过热，破坏绝缘，也会影响电动机的运行和使用寿命。

电炉的有功功率与电压的平方成正比，电压降低，会大大降低电炉等电热设备的发热量。

电气照明中的白炽灯对电压变化十分敏感。如图 7－1 所示，当电压比额定电压降低 5%时，其光通量减少 18%，发光效率下降约 10%；当电压降低 10%时，其光通量减少约 35%，发光效率下降约 20%，如果电压比额定电压高 5%时，白炽灯的寿命将减少一半；电压升高 10%时，白炽灯的寿命将减少 2/3。

家用电器（如电视机）对电压的质量要求较高。当电压低于额定电压时，屏幕上的图像不稳定；当电压高于额定电压时，会影响显像管的使用寿命。

电子设备、精密仪器等对电压都极其敏感，要求也更高。如电子元件加工业，电压大幅波动会产生大量不合格产品。

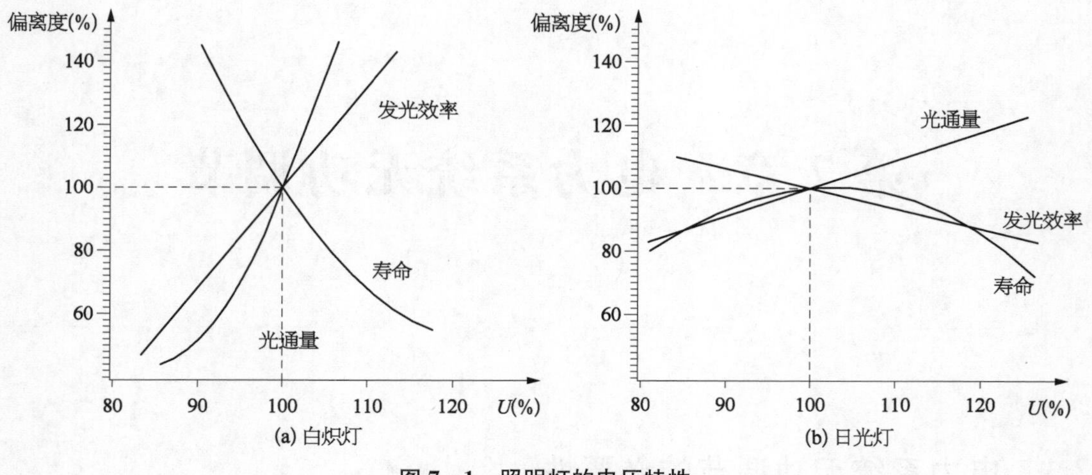

图 7-1 照明灯的电压特性

7.1.1.2 电压偏移对电力系统的影响

电压偏移对电力系统本身也会造成不良的影响。电压降低，会使网络中功率损耗和电能损耗加大，可能危及电力系统的稳定性；电压过高，电气设备的绝缘容易受损。

系统正常运行时，电源的无功功率输出与负荷的无功功率消耗及网络无功损耗相平衡。若电源或无功功率补偿容量发生严重短缺时，负荷端电压被迫降低，当电压降低到某个临界值后，电压值持续不断地下降而不能恢复，这种由电压恶性下降所造成的电力系统严重事故，即"电压崩溃"，其后果是相当严重的，可能导致发电厂之间失去同步，造成整个系统瓦解的重大停电事故。

综上所述，电力系统电压控制是非常必要的。采取各种措施，保证各类用户的电压偏移在允许范围内，这就是电力系统电压控制的目标。目前，我国规定在正常运行情况下各类用户允许电压偏移的标准如下：

① 10 kV 及以下电压供电的负荷：±7%；

② 35 kV 及以上电压供电的负荷：±5%；

③ 低压照明负荷：+5%～10%；

④ 农村电网(正常)：+7.5%～10%；

⑤ 农村电网(事故)：+10%～15%。

7.1.2 电力系统无功功率控制的必要性

无功功率控制就是通过控制无功功率的分布来实现某种控制目标。影响电力系统电压的主要因素就是无功功率。在额定电压附近，无功功率对电压具有较大的变化率，必须使电力系统的无功功率在额定电压允许电压偏移范围内保持平衡，即要采取措施使电源的无功与负荷的无功和系统的无功损耗保持平衡。

7.1.2.1 维持系统电压正常水平

维持电力系统电压在允许范围之内变化是靠控制电力系统无功电源的出力实现的。电力系统无功功率平衡关系可由下来表示：

$$\sum_{i=1}^{n} Q_{Gi} = \sum_{j=1}^{m} Q_{Lj} + \sum_{k=1}^{l} \Delta Q_{\sum k}$$

式中　Q_{Gi} ——无功电源 i 向系统供给的无功功率；

Q_{Lj} ——负荷 j 所消耗的无功功率；

$\Delta Q_{\sum k}$ ——电力系统中变压器、线路中所损耗的无功功率；

n ——无功电源的个数；

m ——无功负荷的个数；

l ——电力系统中损耗元件的个数。

图7-2是电力系统无功负荷的静态曲线，其中 e 点和 A 点都是电力系统无功功率的平衡点，即系统可以在电压 U_e 或电压 U_A 处稳定运行。分析表明：要控制电力系统在额定电压下运行，就要控制电力系统中无功电源发出的无功功率等于电力系统负荷在额定电压时消耗的无功功率。

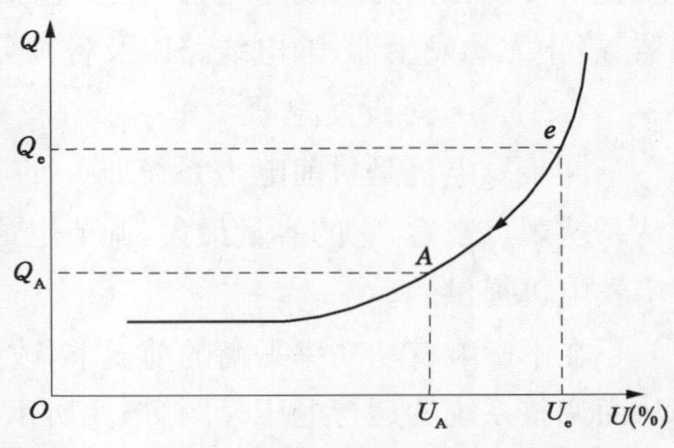

图7-2　电力系统无功负荷的电压静态曲线

7.1.2.2　提高系统运行的经济性

电力系统中通常所采用的无功电源主要有同步发电机、同步调相机、静电电容器、静止无功补偿器以及无功发生器等。对于无功电源的选择，配置方法以及如何控制无功电源的出力等问题都是十分重要的，如果处理得好，不但可以提高电力系统的电压质量，而且可以提高系统运行的经济性。当调整无功功率时，应尽可能将无功功率就地供应，避免地区之间通过很长线路交换无功功率所造成的电压损耗和有功功率损耗。因此，在通常情况下，无功功率一般都尽可能就地、就近平衡。

7.1.2.3　维持电力系统稳定

发电机的励磁调节系统主要用来控制发电机无功功率的输出。合理地选用励磁调节器能使发电机出口某一电抗后面的电压保持不变，从而提高了电力系统的静态稳定性；采用高励磁值、快响应的励磁系统，能使发电机在加速过程中迅速地增大励磁电流，进而有效地改善电力系统的暂态稳定性。

7.2　电力系统无功电源及无功负荷

7.2.1　无功电源

在电网中，由电源供给负载的电功率有两种：一种是有功功率，另一种是无功功率，无功功率不是无用功率，它的用处很大。电动机需要建立和维持旋转磁场使转子转动，从而带动机械运动,电动机的转子磁场就是靠从电源取得无功功率建立的。变压器也同样需要无功功率,才能使变压器的一次线圈产生磁场,在二次线圈感应出电压。因此,如果没有无功功率,电动机就不会转动,变压器也不能变压,交流接触器更不会吸合。

在正常情况下,用电设备不但要从电源取得有功功率,同时还需要从电源取得无功功率,如果电网中的无功功率不足,那么这些用电设备就不能维持在额定情况下工作,用电设备的端电压就要下降,从而影响用电设备的正常运行,因此拥有较充足的无功功率是保证电力系统有较好的运行电压水平的必要条件。电力系统中,凡是可以发出无功功率的设备或装置都可以称为无功功率电源,主要包括同步发电机、同步调相机、并联电容器、静止补偿器、静止无功发生器、输电线路以及各种分布式电源(风光发电电源)等。

7.2.1.1　同步发电机

同步发电机是目前电力系统唯一的有功功率电源,同时又是最基本的无功功率电源。从系统观点来看,它的容量最大,调节也最方便。电力系统中大部分无功功率需求都是由同步发电机提供的。

在不影响有功功率平衡的前提下,改变发电机的功率因数可以调节其无功功率的输出,从而调整系统的运行电压。图 7-3 所示为发电机的等值电路和由相量图演变而得到的发电机 $P-Q$ 功率极限图。

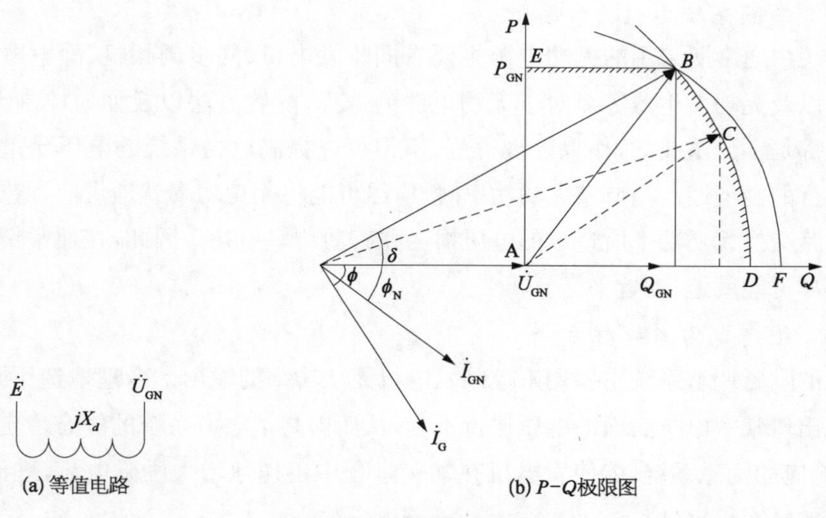

图 7-3　发电机功率极限图

图 7-3 中 OA 表示发电机的额定电压$\dot{U}_{GN}$,$\dot{I}_{GN}$为发电机的额定电流,ϕ_N为发电机的额定功率因数。AB 为定子电流在定子电抗上产生的电压降 $\phi_{GN}X_d$,其长度正比于发电机的视在功率 S_{GN},它在纵轴上的投影为额定有功功率 P_{GN},在横轴上的投影为额定无功功率 Q_{GN},所以图中的 B 点称为发电机的额定运行点。OB 表示发电机的空载电势 $\dot{E}$ 其长度正比于发电机的转子励磁电流。由图 7-3 可知,发电机在额定参数下运行时,发出的无功功率为:

$$Q_{GN}=S_{GN}\sin\phi_N=P_{GN}\tan\phi_N$$

发电机在正常运行时，它的定子电流和转子电流是不允许超过其额定值的。当发电机在额定功率因数下运行时，如仅从定子电流也即视在功率不超过额定值的要求出发，其运行点就不应超过以 A 为圆心，以 AB 为半径所作的圆弧 BF。同时励磁电流也即空载电势也不能超过额定值，则运行点又不应超过以 O 为圆心，以 OB 为半径所作的圆弧 BD，如图 7-3 中的 C 点。显然，按励磁电流不超过额定值的条件确定的发电机的视在功率总小于按定子电流不超过额定值的条件确定的发电机的视在功率。在低于额定功率因数条件下运行时，发电机的视在功率 S_G 小于额定视在功率 S_{GN}。发电机在高于额定功率因数条件下运行时，定子电流和转子电流都不是限制条件，发电机额定有功功率成了限制条件，因此发电机的运行点将不能超出图中的直线 BE。由图可见，在直线 BE 上运行时，发电机的定子电流（视在功率）和转子电流（空载电势）都将低于额定值。由此可知，发电机只有在额定功率因数下运行时，视在功率才能达到额定值，容量才能充分得到利用。

综上可知，图 7-3 中 EBD 曲线是发电机的运行极限，也就是发电机的视在功率允许达到的最大限度，此图称为发电机 $P-Q$ 的极限图。根据以上讨论可知，要想发电机多发无功功率，就要少发有功功率。降低功率因数，在 BD 弧上运行，即使在有功功率为零的极端情况下，最大无功出力也只能为 AD。在系统有功备用比较充足的条件下，可利用靠近负荷中心的发电机，在降低有功功率的条件下，多发无功功率，以提高电网电压水平。

7.2.1.2　同步调相机

同步调相机是特殊运行状态下的同步电动机，轴上不带机械负载，相当于空载运行的同步电动机，它是专门用来生产无功功率的一种同步电机。它能在过励磁运行时向系统供给感性无功功率，起无功电源作用；在欠励磁运行时从系统吸收感性无功功率，起无功负荷作用。

同步调相机的主要优点是可以无限调节无功功率的数值，容量可以做得很大，且调节方便灵活，是一种很好的无功电源。通常，它可以直接装设在用户附近就近供应无功功率，从而减少输送过程中的损耗。但由于它是一种旋转机械，运行维护比较复杂，一次性投资较大，有功功率损耗较大，在满负荷时约为额定容量的 1.5%～5%（容量越小，百分值越大）。小容量的调相机每千伏安容量的投资费用也较大。故同步调相机宜大容量集中使用，安装于枢纽变电站中，一般不安装容量小于 5 Mvar 的调相机。此外，同步调相机的响应速度较慢，难以适应动态无功功率控制的要求，因此只有在十分必要的场合才安装调相机。

7.2.1.3　并联电容器

并联电容器只能作为无功电源向系统输送无功功率，一般采用三角形或星形接法组成电容器组，所提供的无功功率与其端电用的平方成正比。静电电容器在运行时的功率损耗较小，约为额定容量的 0.3%～0.5%，电容器每单位容量的投资费用较小且与总容量的大小无关，既可集中使用，又可以分散安装。此外，由于它没有旋转部件，维护方便，因而在实际中仍被广泛使用;缺点是电压下降时急剧下降,不利于电压稳定。

7.2.1.4 静止无功补偿器

静止无功补偿器(static var compensator, SVC),简称静止补偿器,它是20世纪60年代起发展起来的一种新型可控的静止无功补偿装置,由电力电容器和电抗器并联所构成,电容器能发出无功功率,可控电抗器则能吸收无功功率,可按照负荷变动情况进行调节,从而使母线电压保持不变。

静止补偿器能够快速、平滑地调节无功功率的大小及方向,以满足无功功率的要求,这样就克服了静电电容器作为无功补偿装置只能作为无功电源而不能作为无功负荷、调节不连续的缺点。与同步调相机相比较,静止补偿器运行维护简单、功率损耗较小,响应时间较短,能做到分相补偿以适应不平衡的负荷变化,对于冲击性负荷也有较强的适应性。静止补偿器能够作为系统的一种动态无功电源,对稳定电压、提高系统的暂态稳定性以及减弱动态电压闪变等均能起到一定的作用。静止补偿器兼有电容器投资小和调相机可连续调节无功功率的优点。其缺点是无功功率补偿量正比于端电压的平方,在系统电压很低时,无功功率补偿量将大大降低。

7.2.1.5 静止无功发生器

静止无功发生器(static var generator, SVG),又称高压动态无补偿发生装置,是采用全控型电力电子器件组成的桥式变流器来进行动态无功补偿的装置。SVG的基本原理是将桥式变流电路通过电抗器并联(或直接并联)在电网上,适当调节桥式变流电路交流侧输出电压的相位和幅值,或者直接控制其交流侧电流,使该电路吸收或者发出满足要求的无功电流,从而实现动态无功补偿的目的。

静止无功发生器是近几年来新出现的一种基于大功率逆变器的无功补偿装置,是电力行业世界前沿科技柔性交流输电系统中的重要组成部分。SVG是目前无功功率控制领域内的最佳方案。它将电力电子技术、计算机技术和现代控制技术应用于电力系统,通过对装置输出电压相位的控制,对电力系统的网络参数和网络结构实施灵活、快速的控制,从感性到容性的整个范围进行连续的无功调节,达到快速补偿系统对无功功率的需求,从而抑制电压波动并增强系统稳定性。SVG能动态地补偿无功电流和谐波电流,从而对减少线路损耗、增大有功输送能力、抑制谐波、提高电能质量都起到很好的作用。

7.2.1.6 输电线路

输电线路的充电功率也是重要的无功电源,导线间和导线对地间的电容效应产生的无功功率,称为线路的充电功率,它和电压的高低、线路的长短以及线路的结构等因素有关。

输电线路有一定的特殊性。由于输电线路存在分布电容,故能产生无功功率作为无功电源;又由于其自身串联阻抗的作用,所以能消耗无功功率作为无功功率负荷。如果当输电线路的传输功率较小时,电力线路中电纳产生的无功功率,除了抵消电抗中的无功功率损耗以外还有剩余,则输电线路作为无功电源,发出无功功率。

7.2.1.7　分布式电源

分布式电源(distributed generating source, DGS)是指小规模(功率在几千瓦至几兆瓦)、分散布置在负荷附近,可独立输出电能的系统,主要包括小型柴油发电机、微型燃气轮机、光伏发电、风能发电等。分布式发电具有投资小、清洁环保、供电可靠和发电灵活等优点,可以对未来大电网提供有力补充和有效支撑,是未来电力系统的重要发展趋势之一。

7.2.2　无功负荷

电力系统中的无功负荷仅完成电磁能量的相互转换,并不做功,因而称为"无功",只在感性负载中才消耗无功功率,即定子线圈为产生磁场所需要消耗的无功功率,所以在发电机输出有功功率的同时,还需要提供无功功率。无功功率不能满足电网时,系统的电压将会下降。因此,电力系统正常运行时的电压变化主要是由负荷无功功率的变化所引起的。无功功率负荷是以滞后功率因数运行的用电设备(主要是异步电动机)所吸收的无功部分。

7.2.2.1　异步电动机

异步电动机是电力系统主要的无功负荷。据有关统计,在工矿企业所消耗的全部无功功率中,异步电动机的无功功率消耗占 60%～70%,异步电动机空载时所消耗的无功功率占电动机总无功功率消耗的 60%～70%。图 7-4a 所示为异步电动机消耗的无功功率和所受端电压的关系,图 7-4b 所示为系统综合负荷(P、Q)和所受端电压的关系。

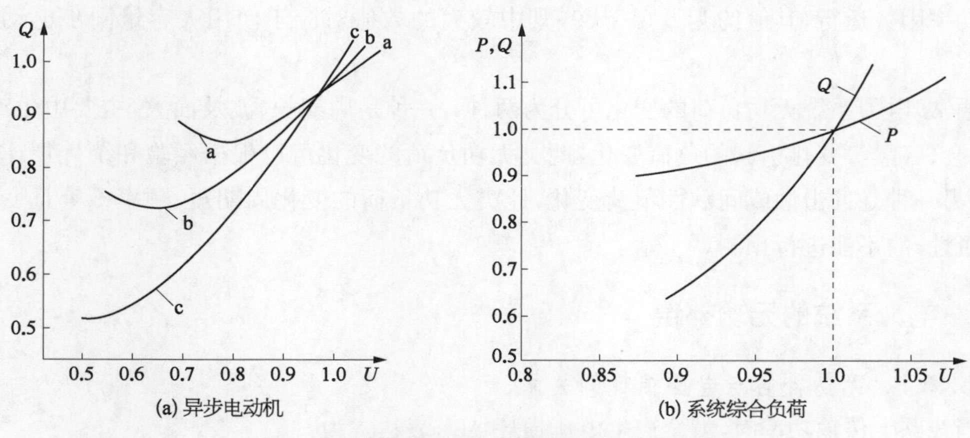

图 7-4　负荷无功功率与其端电压关系曲线

a—满载,即 $\beta=1$ 时;b—$\beta=0.75$ 时;c—$\beta=0.5$ 时

图 7-4a 中 β 是电动机的受载系数,即实际拖带的机械负荷与其额定负荷之比。由图 7-4 可见,在额定电压附近,异步电动机所消耗的无功功率随端电压上升而增加,随端电压下降而减少;但当端电压下降到额定电压 70%～80%后,异步电动机所消耗的无功功率反而增加。这一特点对电力系统的电压稳定性有较大的负面影响。

7.2.2.2　变压器

变压器是电力系统的又一无功功率消耗大户。变压器的无功功率损耗包括励磁损耗和漏抗损耗两部分：励磁损耗基本上等于空载损耗电流的百分值，约为1%～2%；绕组漏抗损耗在变压器满载时基本上等于短路电压的百分值，约为10%。因此，从电源到用户需要经过好几级变压的情形，其无功功率消耗的数值是相当可观的。

7.2.2.3　输电线路

电力线路的无功损耗由两部分组成，分别是并联导纳中的无功损耗（容性）和串联阻抗中的无功损耗（感性）。电网中对于一定电压等级的电力线路，电力线路越长，电力线路参数越大，无功功率损耗也越大，电力线路上电压降也越大。

一般来说，对于电压等级为35 kV及以下的电力线路，其充电功率小，电力线路主要是消耗无功功率；电压等级为330 kV及以上的线路，无功损耗为负，为无功电源；但对于电压等级为110 V及220 kV的电力线路，其情况较为复杂，一般需通过具体计算确定。

当电力线路的传输功率较大时，电力线路中电抗消耗的无功功率将大于电纳中产生的无功功率，则电力线路为无功负荷，消耗无功功率；当电力线路的传输功率较小时，电力线路中电纳产生的无功功率，除了抵消电抗中的无功功率损耗以外还有剩余，电力线路为无功电源，发出无功功率。

7.2.2.4　用电设备

各种用电设备中，除相对很小的白炽灯照明负载只消耗有功功率和为数不多的同步电动机可发出一部分无功功率外，大多数都要消耗无功功率。因此，无论工业或农业用户都以滞后功率因数运行，其值约为0.6～0.9，其中较大的数值对应于使用大容量同步电动机的场合。

通常，电力系统无功负荷的变化可分为两种：一种是周期长、波及面大，主要由生产、生活、社会、气象等变化引起的负荷变化，此类无功负荷的变化可以根据经验和统计规律进行预测；另一种是冲击性或间歇性负荷变化，此类无功负荷的变化周期短、频率不等且变化具有随机性，故不能进行预测。

7.2.3　电力系统的无功补偿

7.2.3.1　无功补偿与电压损耗的关系

当线路上传输功率时，就会产生电压损耗ΔU，表达式为：

$$\Delta U=\frac{PR+QX}{U_1}=\frac{PR}{U_1}+\frac{QX}{U_1}$$

式中　P——线路通过的有功功率；

Q——线路通过的无功功率；

R——线路的电阻；

X——线路的电抗；

U_1——线路始端电压值。

多数情况 Q 比 P 在数值上略小一些，当 $\cos\phi=0.8$ 时，$Q=0.75P$。但高压电网中往往 X 比 R 大许多，因此，线路上传输的无功功率越大，线路电压损失 ΔU 的第二部分 QX/U_1 越大，则线路末端的电压就越低。而线路首端电压 U_1 又不可能太高，不足以弥补线路压降损失。线路输送的有功功率 P 是无法减少的，因为这正是输电目的。

如果负荷所需的无功功率由本地产生，线路上不传送无功功率或传送数量甚少，则线路压降就可以大为减少。这种方法可以用无功补偿来实现，即在各负荷点装设电容器组、调相机、静止补偿器等无功电源，尽量使无功功率就地平衡，尽量避免无功电力占用变压器和输电线路容量。此种方法投资较多。

设补偿前线路的电压损耗 ΔU_1 为：

$$\Delta U_1=\frac{P_L R+Q_L X}{U_N}$$

式中　P_L——线路有功负荷；

Q_L——线路无功负荷；

U_N——线路额定电压。

就地并联补偿 Q_C 后，线路的电压损耗减小为 ΔU_2：

$$\Delta U_2=\frac{P_L R+(Q_L-Q_C)X}{U_N}$$

由于电容器就地发出了无功功率 Q_C，线路末端电压可提高下列数值：

$$\Delta U_1-\Delta U_2=\frac{Q_C X}{U_N}\text{（此值正比于补充容量 }Q_C\text{）}$$

7.2.3.2　无功补偿与电能损耗的关系

并联无功补偿还能降低有功网损。当功率 $P+jQ$ 通过阻抗 $R+jX$ 时，流过的电流 I 及其所产生的有功损耗 ΔP 为：

$$I=\frac{\sqrt{P^2+Q^2}}{\sqrt{3}U_N}$$

$$\Delta P=\frac{P^2+Q^2}{U^2}R$$

可见，若线路输送的无功 Q 减少了，线路有功损耗 ΔP 会减少，线路电流 I 也相应减少，同样粗的导线就能传送更多的有功功率，设备利用率和电网输送能力就提高了。

7.2.3.3　无功补偿与功率因素的关系

功率因数是表征负荷的主要指标之一。我国对电力用户的功率因数有如下规定：对于 220 kV 变电站，其二次侧功率因数不低于 0.95；对于 35～110 kV 变电站，其二次侧功率因数不低于 0.9；10 kV 级负荷功率因数也应在 0.9 以上。

根据功率因数 $\cos\phi$ 的定义，可得：

$$\cos\phi=\frac{P}{S}=\frac{P}{\sqrt{P^2+Q^2}}$$

式中 S——线路负荷的视在功率。

当负荷所需的有功 P 一定时，如果功率因数越低，则负荷需要的无功 Q 就越多，使线路上实际电流远大于单纯供给有功 P 时的值。

对用户而言，只有有功 P 才真正有用，线路电流中因 Q 产生的部分只是一种浪费。因为用户不仅要为更粗的输电线缆付钱，而且还要为线缆中多余的有功损耗付钱。

电力企业同样不希望从远处的电源向负荷输送无功，一方面发电机和配电网络得不到充分有效的利用，另一方面电网的电压控制也会变得更为困难。

综上所述，应在需要无功功率的负荷处就地装设无功电源，对负荷进行无功补偿，而不应由发电厂千里迢迢输送无功。

如果补偿了无功功率 Q_C，则负荷的功率因数将提高为：

$$\cos\phi=\frac{P}{S}=\frac{P}{\sqrt{P^2+(Q-Q_C)^2}}$$

供电企业除了在许多变电站中装设无功补偿设备外，还对电网用户实行电费激励制度以促进用户提高其功率因数。若用户实际功率因数高于规定值(10 kV 级 0.9 以上，100 kW 以上用户 0.85 以上，趸售及一般农户 0.8 以上)，可减收电费 0.1%～1.3%；若低于规定值，则应多交电费 0.5%～15%。

用户装设电容器补偿后，电网传输的无功减少了，传输线路上的有功损耗就相应地减少了。每少传输 1 kvar 无功所减少的有功损耗千瓦数，称为无功经济当量 k(单位为 kW/kvar)，是用来衡量无功补偿合理性的重要指标。表 7-1 给出了不同类型负荷下，计及经济性能的经济功率因数。

表 7-1　不同类型负荷下的经济功率因数

无功经济当量/(kW/ kvar)	第一类负荷					第二类负荷	第三类负荷
	供电距离						
	3 km	4 km	5 km	6 km	7 km		
0.005	0.60	0.70	0.77	0.80	0.82	0.83	0.92
0.010	0.67	0.76	0.82	0.85	0.86	0.87	0.94
0.015	0.72	0.81	0.86	0.88	0.89	0.90	0.95
0.020	0.77	0.84	0.88	0.90	0.91	0.92	0.96
0.025	0.80	0.87	0.91	0.92	0.93	0.04	0.97

续　表

无功经济当量/(kW/ kvar)	第一类负荷					第二类负荷	第三类负荷
	供电距离						
	3 km	4 km	5 km	6 km	7 km		
0.030	0.83	0.90	0.92	0.93	0.94	0.95	0.98
0.040	0.86	0.93	0.93	0.94	0.95	0.96	0.98

注：第一类负荷指由发电机升压后(10 kV)直接供电的负荷；第二类负荷指由发电机升压后经过一次降压供电的负荷；第三类负荷指由发电机升压后经过二次或三次降压供电的负荷。

7.2.4　电力系统无功功率平衡与电压的关系

电力系统无功功率平衡的基本要求是：系统中的无功电源所发出的无功功率应大于或等于负荷所需的无功功率和网络中的无功损耗。无功功率平衡的公式为：

$$\sum Q_G = \sum Q_D + \sum Q_L$$

式中　$\sum Q_G$——无功功率电源；

$\sum Q_D$——无功功率负荷；

$\sum Q_L$——无功功率损耗。

在电力系统中，上述关系式在任何时候都是成立的，关键是成立时的电压水平如何。无功功率电源的容量中还含有一定的备用，一般备用容量取最大无功负荷的 7%～8%。

电力系统中无功功率的损耗相当大，一般约占系统负荷的 50%。总无功功率损耗包括变压器的无功损耗、线路电抗的无功损耗和线路电纳的无功损耗，即：

$$\sum Q_L = \sum Q_T + \sum Q_X - \sum Q_B$$

式中　ΔQ_T——变压器的无功功率损耗—感性；

ΔQ_X——线路电抗的无功功率损耗—感性；

ΔQ_B——线路电纳的无功功率损耗—容性。

要保持节点的电压水平就必须维持无功平衡，因而保持充足的无功电源是维持电压质量的关键。

负荷的电压静态特性是指在频率恒定时，电压与负荷(包括有功和无功)的关系即 $U = f(P, Q)$ 的关系。图 7－5 为电力系统的无功—电压静态特性曲线，设系统初始运行于 A 点，曲线 1 和曲线 2 的交点确定了节点的电压值 U_A，电力系统在

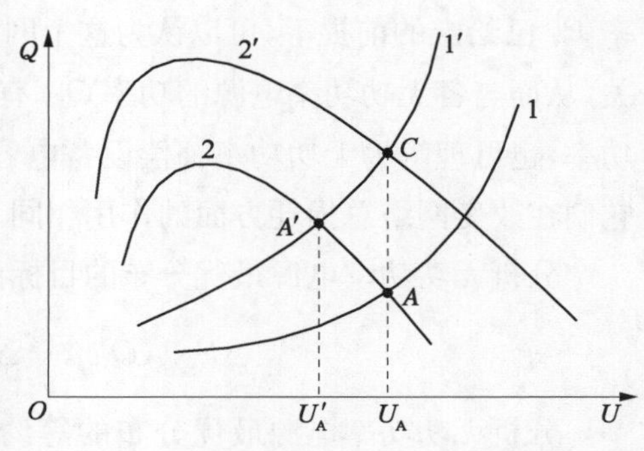

图 7－5　电力系统无功—电压静态曲线

此电压水平下达到无功功率平衡。若无功负荷功率增加，无功电源不变，使曲线 1 移至 1′，则系统重新运行于点 A'，即曲线交点变为 A'，此时电压降低（这是因为在 A 点时电源不能向负荷提供所需的无功功率，系统被迫降压运行，以取得较低电压下的无功平衡）。若提高系统的无功，使曲线 2 移至 2′，达到新的平衡点 C，由图 7-5 可知，新交点 C 对应的新平衡点电压接近于原电压，但是发电机无功出力增加，机端电压升高。

通过上述分析可知：当系统无功电源输出充足时，系统有较高的运行电压水平；当系统无功电源输出不足时，系统只能维持较低的运行电压水平。因此，电力系统的无功功率必须保持平衡。

7.3 电力系统的无功功率控制

对电力系统无功功率控制研究的主要目的是使电力系统中无功功率平衡，降低线路损失，增加电网的传输能力，提高设备利用率，减少设备容量，改善电压质量，减少用户电费支出，提高电力系统运行的经济性和保证电能质量。

电力系统无功功率控制通常指的是控制手段，即通过控制无功功率的分布实现某种控制目标。电力系统无功功率控制的首要任务是控制电力系统中无功电源发出的无功功率总和等于电力系统负荷在额定电压时所消耗的无功功率总和，以维持电力系统电压的总体水平在额定值附近；其次是在保证上述“等于”关系成立的前提下，优化电力系统中无功功率的分布，即电力系统无功功率的优化控制。无功功率优化控制主要包括两个方面：负荷所需的无功功率让哪些无功电源提供最好，即无功电源的最优分布；负荷所需的无功功率是让已投入运行的无功电源供给好，还是装设新的无功电源更好，即无功功率负荷的优化补偿。

7.3.1 电力系统无功功率电源的最优分布

无功功率电源的最优控制目的在于控制各无功电源之间的分配，使有功功率网络损耗达到最小，其目标函数就是网络总损耗 $\Delta P_{\sum}$。在除平衡节点外其他各节点的注入有功功率 P_i 已给定的前提下，可以认为这个网络总损耗 $\Delta P_{\sum}$ 仅与各节点的注入无功功率 Q_i 有关，从而与各无功功率电源的功率 Q_{Gi} 有关。这里的 Q_{Gi} 既可理解为发电机发出的感性无功功率，也可理解为无功功率补偿设备电容器、调相机或静止补偿器供应的感性无功功率，因它们在改变网络总损耗方面的作用相同。

分析无功功率电源最优分布的目标函数可写作：

$$\Delta P_{\sum}(Q_{Gi})=\Delta P_{\sum}(Q_{G1},\ Q_{G2},\ \cdots,\ Q_{Gn})$$

分析无功功率电源最优分布的等约束条件，显然就是无功功率必须保持平衡的条件。就整个系统而言，这个条件为：

$$\sum_{i=1}^{n} Q_{Gi} - \sum_{j=1}^{m} Q_{Lj} - \Delta Q_{\sum} = 0$$

式中　$\Delta P_{\sum}$ ——网络无功功率总损耗。

由于分析无功功率电源最优分布时除平衡节点外其他各节点的注入有功功率已给定，所以这里的不等式约束条件较分析有功功率负荷最优分配时少一组，即没有有功功率，故无功电源最优分布的不等式约束条件为：

$$\left.\begin{aligned} Q_{Gi\min} \leqslant Q_{Gi} \leqslant Q_{Gi\max} \\ U_{i\min} \leqslant U_i \leqslant U_{i\max} \end{aligned}\right\}$$

式中　$Q_{Gi\min}$ 和 $Q_{Gi\max}$ ——无功电源 i 可以发出的无功功率最小值和最大值；

$U_{i\min}$ 和 $U_{i\max}$ ——节点 i 的电压的最小值和最大值。

已知目标函数和约束条件后，就可以运用拉格朗日乘数法求最优分布的条件。为此，先根据已列出的目标函数和等约束条件建立新的、不受约束的目标函数，即拉格朗日函数：

$$C^* = \Delta P_{\sum}(Q_{Gi}) - \lambda\left(\sum_{i=1}^{n} Q_{Gi} - \sum_{j=1}^{m} Q_{Lj} - \Delta Q_{\sum}\right)$$

式中　λ ——拉格朗日乘数。

求出 C^* 为最小值的条件即无功功率电源最优分布。

由于拉格朗日函数中有$(n+1)$个变量，故求取其最小值时应有$(n+1)$个条件，即 n 个 Q_{Gi} 和一个拉格朗日乘数λ，将 C^* 分别对 Q_{Gi} 和λ 取偏导数并令其等于零，得出：

$$\left.\begin{aligned} \frac{\partial C^*}{\partial Q_{Gi}} = \frac{\partial \Delta P_{\sum}}{\partial Q_{Gi}} - \lambda\left(1 - \frac{\partial \Delta Q_{\sum}}{\partial Q_{Gi}}\right) = 0(i=1,\ 2,\ \cdots,\ n) \\ \frac{\partial C^*}{\partial \lambda} = \sum_{i=1}^{n} Q_{Gi} - \sum_{j=1}^{m} Q_{Lj} - Q_{\sum} = 0 \end{aligned}\right\} \quad 7-1$$

式 7 - 1 可改写为：

$$\left.\begin{aligned} \frac{\partial \Delta P_{\sum}}{\partial Q_{G1}} \cdot \frac{1}{\left(1 - \dfrac{\partial \Delta Q_{\sum}}{\partial Q_{G1}}\right)} = \frac{\partial \Delta P_{\sum}}{\partial Q_{G2}} \cdot \frac{1}{\left(1 - \dfrac{\partial \Delta Q_{\sum}}{\partial Q_{G2}}\right)} = \cdots = \frac{\partial \Delta P_{\sum}}{\partial Q_{Gn}} \cdot \frac{1}{\left(1 - \dfrac{\partial \Delta Q_{\sum}}{\partial Q_{Gn}}\right)} = \lambda \\ \sum_{i=1}^{n} Q_{Gi} - \sum_{j=1}^{m} Q_{Lj} - \Delta Q_{\sum} = 0 \end{aligned}\right\} \quad 7-2$$

式中　$\partial \Delta P_{\sum} / \partial Q_{Gi}$ ——网络中有功功率损耗对于第 i 个无功功率电源的微增率；

$\partial \Delta Q_{\sum} / \partial Q_{Gi}$ ——无功功率网损对于第 i 个无功功率电源的微增率。

式 7 - 2 的意义为，使有功功率网损最小的条件是各节点无功功率网损微增率相等。式

7－2中的第一式为无功功率最优分布的准则，即等网损微增率准则，第二式则是无功功率平衡关系式。

根据已确立的最优分布的等网损微增率准则，再由条件列出方程组，解出各解就可得到电源的最优分布。应该指出的是，在上述推导中没有引入不等约束条件。而在实际计算时，当某点求出的无功容量超过了不等式的约束条件时，则应取这点的无功为它的极限值，然后再由其他点继续计算求出无功功率。例如 Q_{Gi} 超越它的上限或下限时，可取 $Q_{Gi}=Q_{Gi\max}$ 或 $Q_{Gi}=Q_{Gi\min}$。

已经证明，按照网损微增率相等来布置无功电源，电网的有功损耗最小，因此式7－2即为电力系统无功电源最优分布的数学表达式。

7.3.2 电力系统无功功率负荷的最优补偿

电力系统无功负荷补偿的最优准则是在该节点进行无功补偿后带来的效益最大，其主要包括最优补偿容量的确定、最优补偿设备的分布和补偿顺序的选择等问题。无功功率负荷的最优补偿归属于电力系统规划设计范畴。

在电力系统中，为某节点 i 装设无功补偿设备容量 Q_{Ci}，而需要投资的费用 $F_C(Q_{Ci})$ 包括两部分：一部分为补偿设备的折旧维修费，另一部分为补偿设备投资的回收费，其值都与补偿设备的投资成正比，即：

$$F_C(Q_{Ci})=(\alpha+\gamma)K_CQ_{Ci} \tag{7-3}$$

式中 α，γ——折旧维修率和投资回收率；

K_C——单位补偿容量的设备投资；

K_CQ_{Ci}——补偿设备的投资。

在系统中装置无功补偿设备后与装置无功补偿设备前相比，由于降低网损所节约的电能损耗费可表示为：

$$F_e(Q_{Ci})=\beta(\Delta P_{\sum 0}-\Delta P_{\sum})\tau_{\max} \tag{7-4}$$

式中 β——单位电能损耗价格，单位为元/kW·h；

$\Delta P_{\sum 0}$，$\Delta P_{\sum}$——设置补偿设备前、后电力网最大负荷下的有功功率损耗；

$\tau_{\max}$——电力网最大负荷损耗小时数。

在电力系统中某节点 i 是否需要装设无功功率补偿设备的前提条件是：设置补偿设备后所节约的费用大于设置补偿设备所在费的费用。其数学表示式则可表示为：

$$F_e(Q_{Ci})-F_C(Q_{Ci})>0 \tag{7-5}$$

将式7－3～式7－5三式联立，经整理可得到：

$$F=\beta(\Delta P_{\sum 0}-\Delta P_{\sum})\tau_{\max}-(\alpha+\gamma)K_CQ_{Ci} \tag{7-6}$$

对式 7－6 Q_{Ci} 求偏导并令其等于零，可以解出：

$$\frac{\partial \Delta P_{\sum}}{\partial Q_{Ci}} = -\frac{(\alpha+\gamma)K_{C}}{\beta\tau_{\max}} \qquad 7-7$$

式 7－7 即是确定节点 i 最优补偿容量的具体条件，其中等号左侧是节点 i 的网损微增率，故等号右侧就相应地称为最优网损微增率，且为负值，这表示增加单位容量无功补偿设备能够减少电网的有功损耗。

上述分析表明，对各补偿点配置补偿容量时，按这一原则配置，即当装设的补偿容量使式 7－7 成立时，将会取得最大的经济效益。

等网损微增率是无功电源最优分布的准则，而最优网损微增率则是衡量无功功率负荷最优补偿的准则。综合运用这两个准则就可以解决无功功率电源的最优分布和无功功率负荷的最优补偿问题。

7.3.3　发电机进相运行

发电机的无功安全裕度反映了当前运行点发电机可以发出或吸收无功功率能力，与系统的电压稳定裕度具有重要的联系。无功安全裕度主要由发电机的无功容量曲线决定，与发电机的运行状态相关。无功安全裕度包括元功备用裕度和进相裕度，分别对应发电机迟相和进相运行的状态。

发电机进相运行是相对于迟相运行而言的一种运行工况。进相运行时，发电机定子电流的相角超前机端电压，发电机向外容性无功功率。同步发电机无功出力通过励磁电流来控制，减少励磁电流，可使发电机由迟相运行转为进相运行；进一步减少励磁电流，发电机吸收的无功增多。

发电机进相运行时内电势较低，若保持发电机有功出力恒定（即原动机转矩不变），则需增大功角，从而使得发电机静态稳定裕度减小。同时，发电机绕组端部漏磁趋于严重，定子叠片中涡流电流增大，导致端部的局部发热。而电枢电流产生的磁通与磁场电流产生的磁通叠加所产生的热效应能使定子端部温升增大。若超过发电机本身的热极限，将对发电机的安全稳定运行产生不利影响。

1）发电机无功运行区域分析

连续运行的发电机要考虑 3 个因素：电枢电流极限、磁场电流极限和端部电流极限，如图 7－6 所示。

在图 7－6 所示的 $P-Q$ 平面中，P 轴右边为发电机迟相运行区域，左边为进相运行区域。FC 曲线代表原动机输出功率极限，AC 为半径的圆弧代表电枢电流发热运行极限，CD 弧线代表磁场发热运行极限，FG 弧线代表端部电流热运行极限，RP 弧线代表最小励磁电流限制，实际静稳极限是在理论静稳极限基础上考虑一定的静稳裕度所获得的曲线，温升限制曲线则通过实验获得。

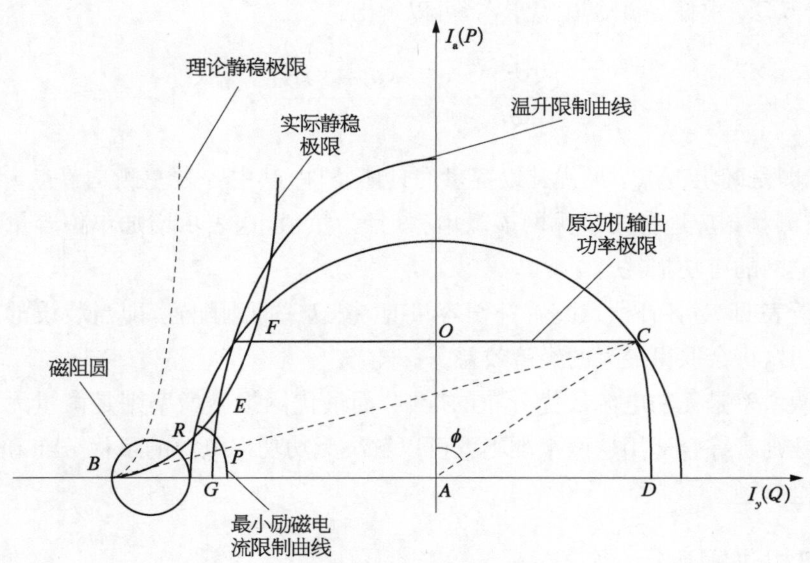

图 7-6 凸极式同步发电机安全运行极限

2) 迟相运行

当发电机迟相运行时，其电枢电流和磁场电流都将增加，因此电枢电流极限和磁场电流极限为发电机迟相运行的安全区域，即为图中的 ADCO 区域。

(1) 电枢电流限制曲线的计算方法。

发电机的视在功率为：

$$S = P + jQ = U_t I_t(\cos\phi + j\sin\phi)$$

式中 ϕ——功率因数角。

在 $P-Q$ 坐标平面上，最大允许电流可以表示成一个半圆，圆心在坐标原点，半径等于机组的额定视在功率 S 的幅值。

(2) 最大磁场电流限制曲线的计算方法。

忽略凸极效应，即认为 $x_d = x_q$ 时，最大励磁电流限制为：

$$P^2 + \left[Q + \frac{U_t^2}{x_d}\right]^2 = \left(\frac{U_t x_{ad}}{x_d} I_{fd}\right)^2$$

在 $P-Q$ 坐标平面上，上式代表一个以 $(0, -U_t^2/x_d)$ 为圆心，以 $x_{ab}U_t I_{fd}/x_d$ 为半径的圆。

3) 进相运行

当发电机进相运行时，内电动势较低，若保持发电机有功出力恒定(原动机转矩不变)，则需增大功角，从而发电机静稳定裕度减小。进相运行时的发电机绕组端部漏磁趋于严重，加剧了定子叠片中涡流，导致端部的局部发热。另外，发电机进相运行时，电枢电流产生的磁通与磁场电流产生的磁通叠加所产生的热效应，也将使定子端部温升增大，若超过发电机本身的热极限，将对发电机的安全稳定运行产生不利影响。因此发电机进相运行的安全区域为图 7-6 中 $OFEPGA$ 所包围的区域。

进相限制曲线是通过发电机现场进相试验获得，工程上一般近似用直线（折线）或圆弧来表示，如图 7-7 所示。

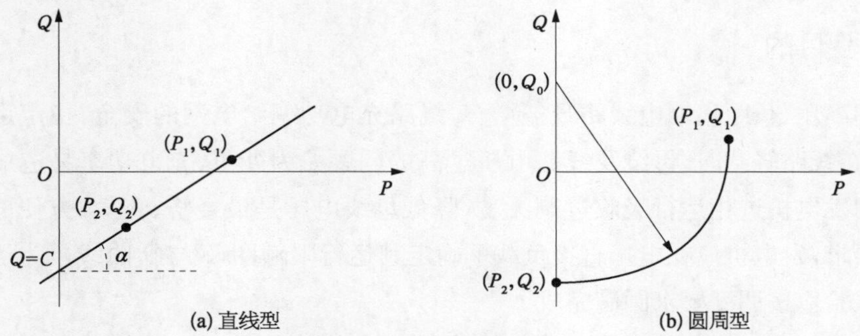

图 7-7　低励限制曲线

直线型方程为：

$$Q = KP + C,\ K = \tan\alpha$$

可以给定 K 和 C，或者给定线上两点，求出 K 和 C：

$$K = (Q_1 - Q_2)/(P_1 - P_2)$$

$$C = Q_2 - P_2(Q_1 - Q_2)/(P_1 - P_2)$$

圆周型圆心在 Q 轴上，方程为：

$$P^2 + (Q_0 - Q)^2 = r^2$$

$$Q = Q_0 - \sqrt{r^2 - P^2}$$

可以给定 r 和 Q_0，或用线上两点确定 r 和 Q_0：

$$Q_0 = \frac{1}{2}\left(\frac{P_1^2 - P_2^2}{Q_1 - Q_2} + Q_1 + Q_2\right)$$

$$r^2 = P_1^2 + (Q_0 - Q_1)^2$$

当电压不同时，允许的进相无功功率是不同的，所以需要根据电压水平进行修正。

直线型：

$$Q = KP + CU_t^2$$

圆周型：

$$P^2+(Q_0U_t^2-QU_t^2)^2=(rU_t^2)^2$$

可根据发电厂提供的资料,用上述方法将其近似用圆周来代替,建立相应的数据库。实时运行时,则可根据测得电功率 P 及电压 U_t^2,可查表得出此时最大运行的无功功率值。

7.4 发电机进相试验

7.4.1 试验目的

由于超高压、长距离输电线路日益增多,线路充电功率给电网的安全、稳定运行带来一系列问题,在线路轻载时,母线及线路电压过高的问题尤为严重,充电功率易造成母线电压超标。采用发电机进相运行吸收过剩无功,降低母线电压是最经济、有效、方便的方法。按国家标准要求,发电机应在电厂直接负载下确定其运行限额图($P-Q$ 曲线),为运行提供依据。进相试验应按调度要求圆满完成。

进相试验的主要目的是确定发电机的进相运行能力,即通过试验检验发电机是否在静稳定条件下进相运行。结合发电机端部结构件的温度测量,确定按端部发热条件所限制的运行范围,取得在进相运行时母线及厂用电压变化的经验数据,确定发电机进相调压效果,以及厂用电压降低对进相深度的限制。通过进相试验,验证低励及继电保护的正确性,指出在保护、监测方面存在的问题。

7.4.2 试验内容和方法

7.4.2.1 试验内容

(1) 进行发电机不同有功功率下的进相能力测试,要求发电机功角、机端电压、端部铁芯和金属结构件温度、高/低压厂用电源母线电压、主变压器高压侧母线电压应在 GB/T7064、GB/T7894、DL/T5153、DL/T5164 及试验电厂运行规程规定的范围内。

(2) 在实测的进相能力范围内,整定励磁调节器低励限制曲线。

(3) 检验欠励限制器动作值。

(4) 校核欠励限制器的动态稳定性。

(5) 电力系统无功调节相关规程规范。

7.4.2.2 进相试验方法及限值

(1) 机组的进相过程可以通过逐渐提高系统电压使被试机组自然进相实现。

(2) 当无法采用上面所述方法测定进相能力时,可采用人为减励磁的方法实现。

(3) 试验机组选择的有功工况应包括机组正常运行功率的最大值和最小值,中间点可根据机组稳定运行情况选定,总工况点不少于两个,宜由低到高进行试验。

汽轮发电机组进相试验工况宜为 50%、75%、100%额定有功功率;水轮发电机组进相试验工况宜为 0%、50%、75%、100%额定有功功率。

(4) 每一种工况下的试验应包括迟相、零无功、进相三种状态(进相工况应达到进相限制条件),在三种状态下分别选择停留点记录发电机状态量。各试验工况下的进相深度应不低于 DL/T843 中规定的低励限制动作范围。

(5) 温度记录应待温度稳定后进行。

(6) 试验过程中至少应记录如下发电机变压器组状态量:

① 发电机有功功率、无功功率、功角。

② 机端电压、机端电流、励磁电压、励磁电流。

③ 端部铁芯和金属结构件(如阶梯齿、压指、压圈等)温度。

④ 高/低压厂用电源最低母线电压、主变压器高压侧母线电压,以及同母线陪试机组有功功率及无功功率。

(7) 试验过程中同母线陪试机组的无功功率总和宜保持不变。

(8) 进相深度限制条件应包括下列内容:

① 发电机功角、机端电压、机端电流。

② 高/低压厂用电源母线电压、主变压器高压侧母线电压。

③ 端部铁芯和金属结构件温度、发电机进出水温差、冷热风温差等。

(9) 上述限制条件应根据试验电厂机组运行规程确定,规程中无明确规定宜符合下列要求:

① 端部铁芯和金属结构件(如阶梯齿、压指、压圈等)温升不应超过试验电厂机组运行规程或 GB755、GB/T7064、GB/T7894 中的相关规定,各部分温升限值可查阅 DL/T1523 附录 A。

② 依据 DL/T1164 的规定,汽轮发电机功角不宜大于 70°;对于水轮发电机,在带不同有功功率时,其极限功角应随有功功率的减小而降低,因此试验前应根据水轮发电机及主变压器参数计算极限功角,在试验过程中功角相对于极限功角留有一定的安全裕度(10°～20°,零有功工况下裕度可以更小);发电机极限功率、功角计算公式可查阅 DL/T1523 附录 B～附录 D。

③ 机端电压不应小于 DL/T1164 规定的 90%额定电压。

④ 机端电流不应大于额定电流。

⑤ 火电机组厂用电母线电压不应低于 DL/T1164 规定的负载额定电压的 95%,水电机组厂用电母线电压限值应符合 GB755 规定的电动机电压运行的下限值,不应低于负载额定电压的 90%。

⑥ 主变压器高压侧母线电压不应低于试验方案要求的电压下限值。

⑦ 发电机进出水温差、冷热风温差不应超出试验电厂机组运行规程的允许范围。

(10) 在线修改低励限制值应在确保发电机安全运行的状态下进行。

(11) 欠励限制器的静态限制特性检验应在机组缓慢进相过程中使欠励限制器正常动作,并发出报警信号。

(12) 欠励限制器的动态特性应参照 DL/T1166 中的方法进行功能性校核检验。通过给定电压下阶跃的方法进行检验,阶跃量不宜大于 4%,发电机有功功率不应出现等幅或发散振荡,无功功率波动次数不应大于 5 次。该过程应对有功功率、无功功率、机端电压、机端电流、转子电压、转子电流等进行录波。

7.4.2.3 对试验方案的要求

(1) 进相试验方案应包括试验项目、试验目的、试验步骤、测试内容、安全技术措施、试验组织机构,以及主要设备参数(发电机—变压器组参数、厂用变压器参数、励磁调节器型号及参数等)、低励限制曲线及设置方式、试验要求的机组工况和条件、进相深度限制条件等。

(2) 进相试验方案应由试验相关单位共同编写,并经电网调度部门审核、确认。

7.4.2.4 试验报告主要内容

(1) 系统条件及机组概况,包括系统接线方式、电厂名称、机组编号、发电机—变压器组参数、励磁系统欠励限制器整定参数及低励限制曲线设置方式、制造厂家等。

(2) 试验时间、试验时的运行方式、试验内容、试验采用的仪器仪表。

(3) 简述试验过程。

(4) 试验结果分析,主要包括下列内容:

① 机组的进相能力及限制条件。

② 低励限制曲线整定值和实测动作值。

③ 对主变压器高压侧母线调压的分析评价。

(5) 结论和建议,应包括下列内容:

① 进相能力(包含各有功工况下发电机进相深度的限制条件)。

② 低励限制特性曲线。

③ 主变压器高压侧母线调压效果。

④ 问题和建议。

7.4.3 工程实例

7.4.3.1 设备参数

某电厂铭牌参数如表 7-2 所示。

表 7-2 铭牌参数

参数名称	参数值
型号	QFSN-350-2-20
额定功率	350 MW
额定电压	20 kV

续　表

参　数　名　称	参　数　值
额定电流	11.887 kA
功率因数	0.85(滞后)
额定转速	3 000 r/min
额定励磁电压	424.4 V
额定励磁电流	2 388.8 A
直轴同步电抗	非饱和值 217.49%;饱和值 179.1%

7.4.3.2　试验数据

如表 7 - 3 和表 7 - 4 所示。

表 7 - 3　机组进相试验数据

试验工况/MW	有功功率/MW	无功功率/Mvar	功率因数	定子电压/kV	定子电压/kV	定子电压/kV	定子电流A相/A	定子电流B相/A	定子电流C相/A	励磁电压/V	励磁电流/A	功角/°	6 kV母线电压/kV	220 kV母线电压/kV
	174	79.6	0.91	20.8	20.8	20.9	5 432	5 322	5 369	210	1 416	31.8	6.6	234.0
	174.7	55.9	0.954	20.6	20.6	20.6	5 240	5 118	5 189	193	1 302	34.4	6.53	233.4
	174.5	0	1.00	20.0	20.0	20.0	5 061	5 009	5 046	159.3	1 083	42.4	6.35	232.1
175	175.8	−43.8	−0.97	19.6	19.6	19.6	5 275	5 335	136.4	136.4	933.1	51.9	6.2	231.0
	175.3	−60	−0.946	19.4	19.4	19.4	5 469	5 448	5 495	131.0	887.8	55.7	6.14	230.9
	174.7	−84.7	−0.899	19.1	19.1	19.1	5 785	5 769	5 817	120.7	827.7	62.5	6.06	230.3
	175	−105	−0.854	18.9	18.9	18.9	6 180	6 138	6 197	113.0	779.8	69.4	5.98	229.8
	262.5	92.2	0.943	20.9	20.9	20.9	7 785	7 710	7 788	249.9	1 664	41.3	6.6	233.9
	262.3	87.2	0.950	20.8	20.8	20.8	7 779	7 680	7 742	246.8	1 641	42.2	6.58	233.4
262.5	261.1	0	1.00	19.9	19.9	19.9	7 578	7 526	7 557	198.6	1 322	54.2	6.3	231.7
	262.8	−65	−0.971	19.3	19.3	19.3	8 120	8 000	8 134	176.3	1 164	66.7	6.08	230.6
	261.7	−79.9	−0.956	19.1	19.1	19.1	8 334	8 253	8 264	170.0	1 143	70.0	6.03	230.2
	347.0	105.9	0.957	21.0	20.9	21.0	10 088	10 043	10 046	297.0	1 917	48.1	6.59	234.7
350	345.6	0	1.00	19.8	19.8	19.8	10 055	10 035	10 035	244.6	1 595	61.5	6.24	231.6
	346.4	−55.0	−0.987	19.2	19.2	19.2	10 499	10 428	10 526	227.1	1 496	70	6.05	230.3

表 7-4　进相运行温升试验记录

时间	定子线图温度/℃		定子铁芯温度/℃		铁芯端部结构温度/℃		定子线棒出水温度/℃		机内热氢气温度/℃		机内冷氢气温度/℃		定子线圈进口水温/℃	定子线圈出口水温/℃
	最大值	最小值	最大值	最小值	最大值	最小值	最大值	最小值	最大值	最小值	最大值	最小值	最大值	最小值
12:30	56.0	51.4	57.8	47.2	47.2	37.7	52.4	46.7	50.3	46.5	40.5	39.5	40.2	54.3
13:00	55.6	50.0	56.6	47.4	47.7	37.8	52.1	45.5	49.8	46.1	40.4	39.6	39.8	54.1
13:30	55.6	50.0	56.3	47.1	47.3	37.5	52.2	45.5	49.7	46.0	40.4	39.2	40.1	54.3
14:00	55.5	49.9	56.3	47.2	47.0	37.2	51.9	45.2	49.6	45.9	40.4	39.0	40.0	54.0
14:30	55.6	50.0	56.3	47.2	47.5	37.7	51.9	45.3	49.6	45.9	40.4	39.1	39.9	54.2

7.4.3.3　试验结果分析

试验时，主变运行在 5 分接头，高压厂用变运行在 4 分接头。

本次试验考核了机组带厂用电运行时，发电机在有功功率为 175 MW、262.5 MW、350 MW 三种工况下，功率因数从迟相到进相运行，发电机的功角变化，进相运行工况对 220 kV 母线电压的调压效果，厂用系统电压的变化；还考核了发电机有功功率为 350 MW 下，进相深度为 $\cos\phi=-0.987$ 时，发电机定子线圈及定子端部结构件等部位的温升情况。

(1) 发电机进相运行能力和调压效果。

机组进相运行最深点数据如表 7-5 中所示。由表 7-5 可以看出，机组在上述范围的边界进相运行时，可吸收系统的无功功率 55～93.97 Mvar。发电机带厂用电运行，在有功功率为 175 MW、262.5 MW、350 MW 三种工况下，功角均已达到 70°的限值。因此机组进相运行的限制因素为功角。

表 7-5　进相运行数据分析表

有功工况/MW	无功功率/Mvar		功率因数	功角/°	6 kV 母线电压/kV	220 kV 母线电压/kV	调压结果/kV
175	初始点	79.6	0.91	31.8	6.6	234	4.2
	最深点	−93.97	−0.854	69.4	5.98	229.8	
262.5	初始点	92.2	0.943	41.3	6.6	233.9	3.7
	最深点	−79.9	−0.956	70	6.03	230.2	
350	初始点	105.9	0.957	48.1	6.59	234.7	4.4
	最深点	−55	−0.987	70	6.05	230.3	

机组进相运行时对降低 220 kV 系统电压具有一定的效果，发电机在不同负荷下从迟相状态到进相状态，系统电压降低幅度为 3.7～4.4 kV，变化率约为 1.61%～1.91%。

(2) 发电机进相运行时的温升(表 7-6)。

表 7-6　机组进行运行温升数据分析表

时间	定子线圈温度/°	定子铁芯温度/°	铁芯端部结构温度/°	定子线棒出水温度/°	机内热氢气温度/°	机内冷氢气温度/°
12:30	56	57.8	47.2	52.4	50.3	40.5
14:30	55.6	56.3	47.5	51.9	49.6	40.4

由表 7-6 可以看出,发电机有功为 350 MW 时,功率因数为-0.987 的进相工况下,稳定运行 2 h 后,发电机各部位温度趋于稳定,定子线圈最高温度 55.6℃,定子铁芯最高温度 56.3℃,铁芯端部结构最高温度 47.5℃,定子线棒出水温度 51.9℃,机内热氢气温度最高温度 49.6℃,机内冷氢气温度最高温度 40.4℃;各部分温度均未超出发电机进相运行的限制条件,机组可以在此边界安全运行。

7.4.3.4　结论

根据本次对机组进行进相试验的结果,得出该机组进相运行范围如表 7-7 所示。

表 7-7　机组进项运行范围

有功功率/MW	进项无功/Mvar	进项深度	限 制 条 件
175	-105	-0.854	功角达到限值
262.5	-79.9	-0.956	功角达到限值
350	-55	-0.987	功角达到限值

根据试验得到的数据,可以得出以下结论:

(1) 机组在上述范围的边界进相运行时,可吸收系统的无功功率约 55～93.97 Mvar,使 220 kV 系统电压降低幅度为 3.7～4.4 kV。

(2) 发电机带厂用电运行,在有功功率为 175 MW、262.5 MW、350 MW 三种工况下,功角均已达到 70°的限值,因此机组进相运行的限制因素为功角。

(3) 机组在上述范围中进相运行,发电机各部位温升情况良好,距规定的温度限值有一定的裕度,因此发电机温度未对机组的进相运行构成限制条件。

调度和运行人员可根据试验结果,参考发电机 $P-Q$ 运行图调整负荷,安排机组进相运行。

第 8 章　新能源机组网源协调

8.1　概述

随着国民经济的发展，电力需求迅速增长，电力部门大多把投资集中在火电、水电以及核电等大型集中电源和超高压远距离输电网的建设上。但是随着电网规模的不断扩大，大规模电力系统的弊端日益凸显，成本高，运行难度大，难以适应用户越来越高的安全和可靠性要求以及多样化的供电需求。尤其近年来世界范围内接连发生几次大面积停电事故之后，电网的脆弱性充分显露，因此分布式发电(distributed generation, DG)得到各国高度重视。分布式发电具有污染少、可靠性高、能源利用效率高、安装地点灵活等多方面的优点，有效解决了大型集中电网的许多潜在问题。目前，欧美等发达国家已开始广泛研究能源多样化的、高效和经济的分布式发电系统，并取得了突破性进展。无疑，分布式发电将成为未来大型电网的有力补充和有效支撑，是未来电力系统的发展趋势之一。根据西方国家的经验，大电网系统和分布式发电系统相结合的模式将是节省投资、降低能耗、提高系统安全性和灵活性的唯一途径。

小电源分散发电并非新概念，早期的电力系统都是规模较小的分散独立系统。随着交流高压远距离输电技术的发展，将各分散系统连接起来并网运行，联网的规模效益日趋显著。但在 20 世纪 60 年代的几次电网大停电事故后，集中供电方式受到质疑，20 世纪 90 年代，人们才开始对分布式发电系统的潜在效益展开认真研究。

8.1.1　分布式发电的概念

分布式发电也称分散式发电或分布式供能，是指利用各种可用和分散存在的能源，包括可再生能源(太阳能、生物质能、风能、水能、波浪能等)和本地可方便获取的化石类燃料(主要是天然气)进行发电供能的技术小型的分布式电源容量通常在几百千瓦以内，大型的分布式电源容量可达到兆瓦级。

实际上，分布式发电是一个小型模块化、分散式、布置在用户附近的高效、环保、可靠的发电单元(电源)，主要包括以液体或气体为燃料的内燃机、微型燃气轮机、太阳能发电(光伏电池、光热发电）、风力发电、生物质能发电等。一般分布式电源、位置灵活、分散、容量小、电压等级低、小型模块化、接近负荷中心、接入方便、运行简单等特点，极好地适应了分散电力需求和资源分布，延缓了输、配电网升级换代所需的同额投资，同时，它与大电网互为备用也使供电可靠性得以改善。

分布式发电有较多优点：分布式发电系统中各电站相互独立，用户由于可以自行控制，不会发生大规模停电事故，所以安全可靠性比较高；分布式发电可以弥补大电网安全稳定性的不足，在意外灾害发生时继续供电，已成为集中供电方式不可缺少的重要补充；可对区域电力的质量和性能进行实时监控.非常适合向农村、牧区、山区，发展中的中、小城市或商业区的居民供电，可大大减小环保用力；分布式发电的输配电损耗很低，甚至没有或无需建设配电站，可降低或避免附加的输配电成本，同时土建和安装成本低；可以满足特殊场合的需求，如用于重要集会庆典的（处于热备用状态的）移动分散式发电车。同时，分布式发电也存在着间歇性、波动性、电能质量较差、调度困难，以及系统故障将退出运行等缺点，实际上，这些缺点制约了分布式发电的发展。

8.1.2　分布式发电系统的组成

分布式发电系统通常由能量转换装置及相关控制系统组成，如图 8－1 所示。

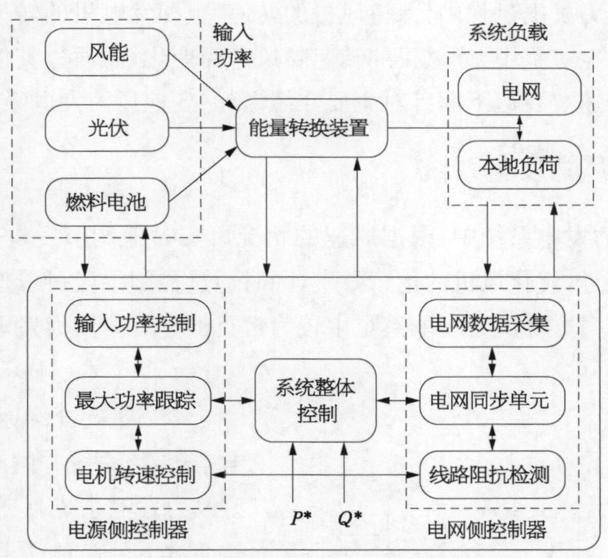

图 8－1　分布式发电系统的组成

分布式发电技术的千差万别使得一些分布式电源具有完全不同的动态特性。除少数直接并网的分布式电源外，大多数分布式电源通过电力电子变流装置并网，这使得分布式发电系统的动态特性与电力电子变流装置及其控制系统直接相关。

根据所使用一次能源的不同，分布式发电可分为基于化石能源的分布式发电、基于可再生能源的分布式发电以及混合的分布式发电技术。

8.2 风电机组基本特性

8.2.1 风力发电概念

作为一种无污染的可再生能源，风能的开发利用近年来得到了极大的关注，我国的风能资源丰富，有巨大的发展潜力。大量的风力发电系统已经投入运行，各种风力发电技术日臻成熟。空气流动称为风，风的功称为风能，风力发电机是将风能转换为机械能，再将机械能转换为电能的机电设备。风力发电机组通常由风轮、对风装置、调速装置、传动装置、发电机、塔架、停车机构等组成。风力发电系统是一种将风能转换为电能的能量转换系统。

风力发电是当前风能利用的主要形式，风力发电系统的分类方法有多种。按照风力发电运行方式可划分为离网型风力发电机组与并网型风力发电机组；按照风轮形式可分为垂直轴风力发电机组与水平轴风力发电机组；按照发电机的类型划分，可分为同步发电机型和异步发电机型；按照风机驱动发电机的方式划分，可分为直驱式和使用增速齿轮箱驱动式；一种重要的分类方法是在并网型风力发电系统中，根据风机转速将其分为恒频/恒速、恒频/变速两种。

在风力发电中，当机组并网时，要求风电的频率与电网的频率保持一致，即保持频率恒定。恒速恒频即在风力发电过程中，保持风机的转速(也即发电机的转速)不变，从而得到恒频的电能。在风力发电过程中，让风机的转速随风速而变化，而通过其他控制方式来得到恒频电能的方法称为变速/恒频，下面针对主要介绍恒频/变速风力发电系统。

8.2.2 恒频/变速风力发电系统

在恒频/变速风力发电系统中，根据风速的状况可实时地调节发电机的转速，使风机运行在最佳叶尖速比附近，优化风机的运行效率，同时通过控制手段可以保证发电机向电网输出频率恒定的电功率。这种风力发电系统中较为常见的是双馈风力发电系统和永磁同步直驱风力发电系统。

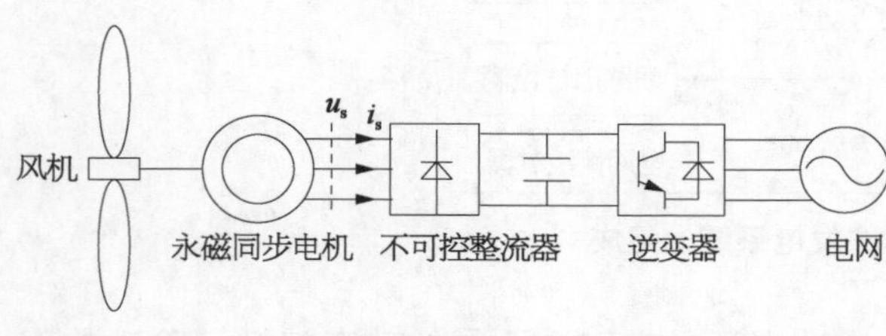

图 8-2　不可控整流器+PWM 逆变器

本书主要介绍永磁同步直驱风力发电系统，该系统并网结构如图 8-2 所示。该风力发电系统有三种并网结构，第 1 种是通过不可控整流器接 PWM 逆变器并网，如图 8-2 所示，采用二极管进行整流，结构简单，在中小变频调速装置中有较多的应用，成本相对较低，但是由于在低风速时发电机输出电压较低，能量将无法回馈至电网。

为克服低风速时的运行问题，当采用不可控整流器时，实际中往往采用第 2 种拓扑结构，在直流侧加入一个 Boost 升压电路，如图 8-3 所示。该电路结构具有如下优点：由于具有升压斩波环节，可以对发电机输出的电压放宽要求，拓宽了风机的工作范围；整流桥采用二极管不可控整流，成本相对较低，在大功率的时候更加明显，控制相对简单。但是，该种电路结构形式中，发电机侧功率因数不为 1，且不可控，发电机功率损耗相对较大。

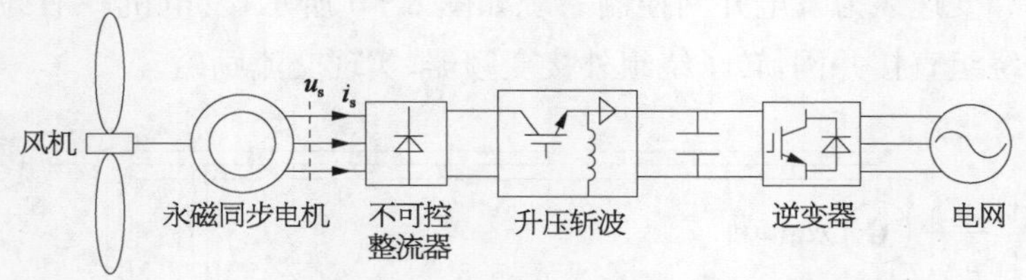

图 8-3　不可控整流器＋升压斩波电路＋PWM 逆变器

第 3 种并网结构是通过两个全功率 PWM 变频器与电网相连，如图 8-4 所示。与二极管整流相比，这种方式可以控制有功功率和无功功率，调节发电机功率因数为 1；不需要并联电容器作为元功补偿装置；风机采用变桨距控制可以追踪最大风能功率，提高风能利用率；定子通过两个全功率变频器并网，可以与直流输电的换流站相连，以直流电的形式向电网供电。但是，该种结构要求有两个与发电机功率相当的可控桥，当发电机功率较大时，成本显著增加。

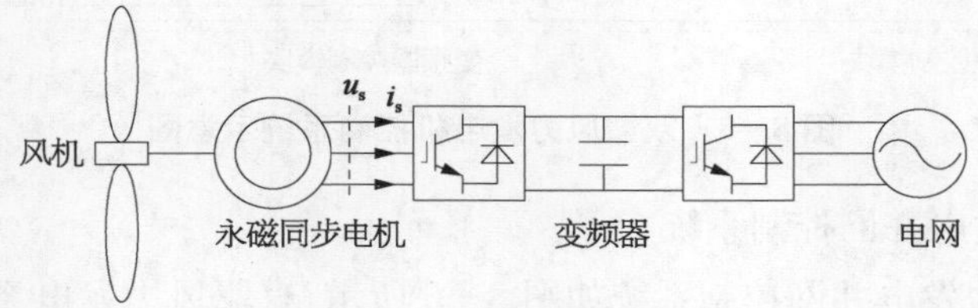

图 8-4　双 PWM 变流器

8.2.3　风力发电控制系统

风力发电控制系统的基本目标是保证风力发电机组安全可靠运行，获取最大风能量，提供满足电能质量要求的电能。

风力发电机组控制系统的作用是对整个风力发电机组实施正常操作、调节与保护，包括启动控制、并脱网控制、偏航与解缆控制、限速及刹车控制。此外，控制系统还应具有以下功能：根据功率以及风速自动进行转速和功率控制；根据功率因数自动投入（或切出）相应的补偿电容；机组运行过程中，对电网、风况和机组运行状况进行检测和记录，对出现的异常情况能够自行判断并采取相应的保护措施，而且还能根据记录的数据生成各种图表，以反映风力发电机组的各项性能指标；对在风电场中运行的风力发电机组还应具备远程通信功能。

控制系统组成主要包括各种传感器、变距系统、运行主控制器、功率输出单元、无功补偿单元、并网控制单元、安全保护单元、通信接口电路、监控单元。

对于不同类型的风力发电机，控制单元有所不同，但主要是因为发电机的结构或类型不同而使得控制方法不同，加上定桨距和变桨距，形成多种结构和控制方案。

(1) 双馈风力发电机控制系统。

典型的恒频/变速风力发电并网控制系统如图 8-5 所示，发电机一般为三相绕线式异步发电机，定子绕组直接并网，转子绕组外接变频器，实现交流励磁。

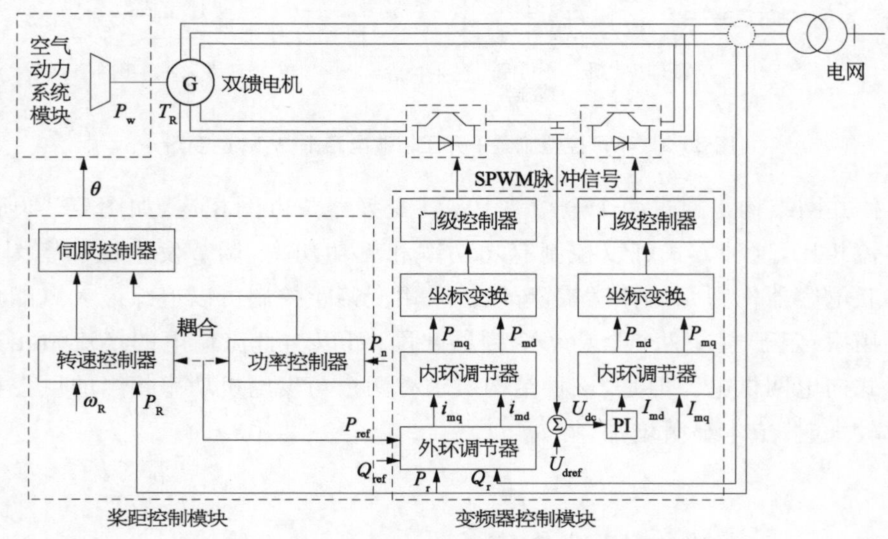

图 8-5 双馈风力发电机控制系统示意图

(2) 直驱风力发电并网控制系统

典型的直驱风力发电并网控制系统如图 8-6 所示，直驱风力发电系统中的发电机一般采用永磁同步发电机，发电机通过全功率变频器并网。

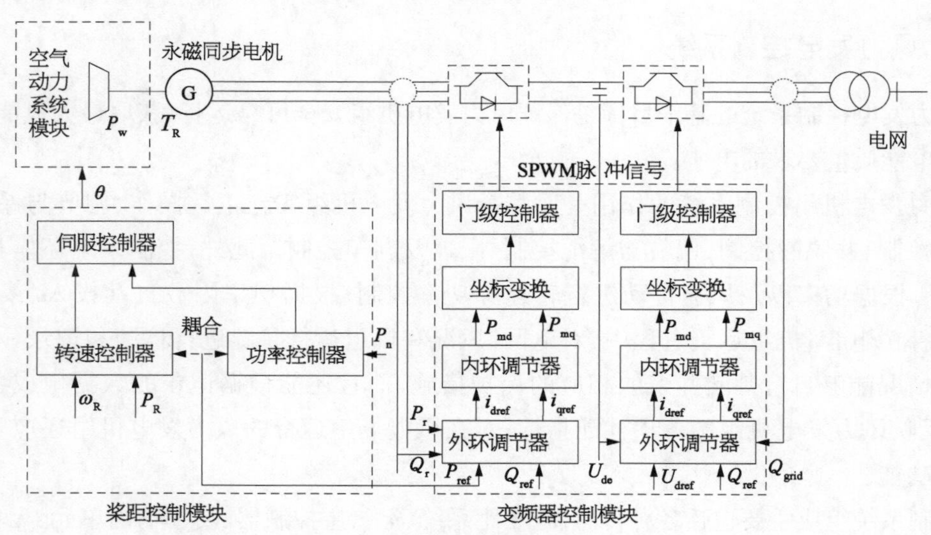

图 8-6 直驱风力发电并网控制系统

8.3　光伏发电系统

8.3.1　光伏发电的概念

光伏发电是新能源发电的一种主要形式,通过光伏电池将接收到的太阳能直接转化为电能的发电系统称为光伏发电系统。为满足供电质量要求,采用检测技术、通信技术、电力电子技术、计算机应用技术、控制技术,实现太阳能向电能高效率转换,并向大电网及用户传送满足电能质量要求的电能。

光伏发电系统通常由光伏电池阵列、能量控制器、储能系统、光伏逆变器、隔离变压器等装置组成,光伏发电系统的结构如图 8-7 所示。

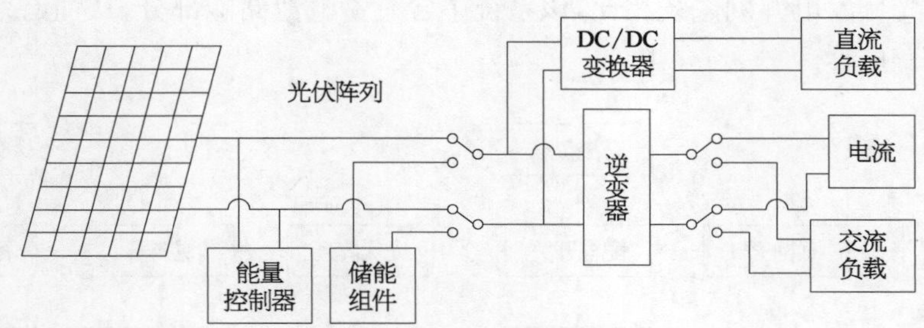

图 8-7　光伏发电系统结构图

光伏电池可分为单晶硅、多晶硅、非晶硅光伏电池。在能量转换效率和使用寿命等综合性能方面,单晶硅与多晶硅电池优于非晶硅电池,而多晶硅比单晶硅转换效率低。光伏电池经过一定的组合,达到一定的额定输出功率和输出电压的一组光伏电池,称为光伏组件。根据所建光伏电站规模大小,由光伏组件可组成各种大小不同的光伏阵列。

光伏发电系统可分为独立光伏发电系统和光伏发电并网系统。

(1) 独立光伏发电系统。

独立光伏发电系统主要由光伏阵列、直流变换电路、控制器、蓄电池、逆变器和负载组成,其结构框图如图 8-8 所示。光伏阵列作为光伏源由多个太阳能电池组件按照需求串并联组成。直流变换电路 DC/DC 单元做升压变换,并实现最大功率点跟踪(maximum power

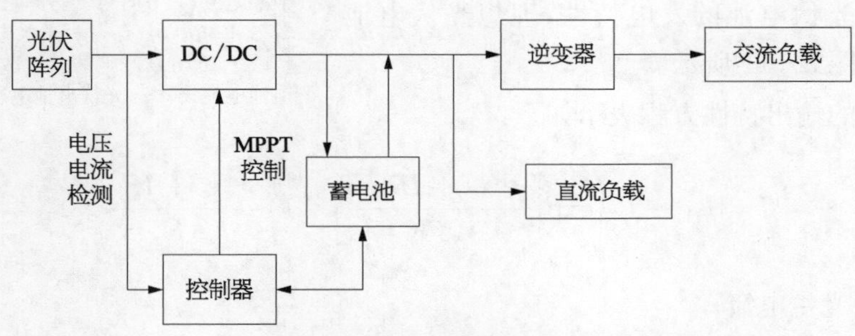

图 8-8　独立光伏发电系统结构图

point tracking，MPPT）功能。逆变器将直流变换交流，供给交流负载。蓄电池是光伏储能单元。控制器的作用是保证光伏电池和蓄电池安全、可靠地工作。

独立光伏发电系统工作在离网运行状态，光伏电池的电量在自身系统内部消化，不与大电网相连接。这种系统结构简单，应用方便，适用性广。缺点是需要经常更换储能电池，运行成本较高。

(2) 光伏发电并网系统。

光伏发电并网系统作为独立发电单元与传统大电网相连，向大电网传送满足电能质量要求的电能，通常分为可调度式和不可调度式。

不可调度式光伏发电并网系统结构示意图如图 8－9 所示，因该系统没有储能部分、采用即发即用方式向电力网供电。可调度式光伏发电并网系统结构示意图如图 8－10 所示，与不可调度式光伏发电并网系统相比，该系统中含有蓄电池储能部分，从而有效地增加了该系统电能的可调度性。

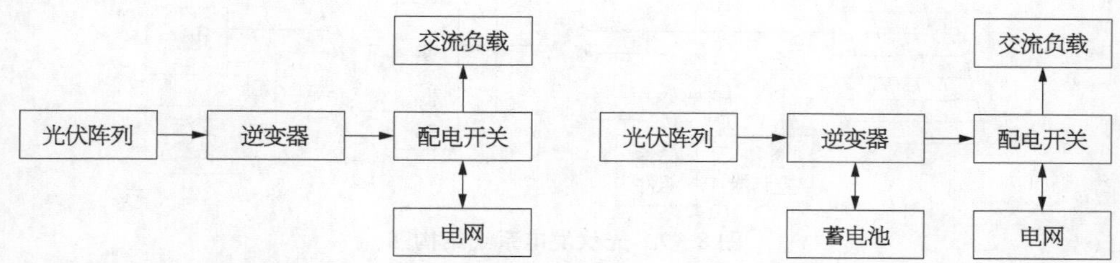

图 8－9　不可调度式光伏发电并网系统　　**图 8－10　可调度式光伏发电并网系统**

8.3.2　光伏电池

光伏电池作为光伏发电系统的电源，是利用 p－n 结受光照产生的光生伏特效应，将接收到的太阳能直接转化为电能的器件。工作原理是当太阳光照射到 p－n 结上时，内部的自由电子和空穴向相反的两个方向移动，在两端形成一个电势差，如果两端通过外电路与负载相连，将有光生电流流过电路，并输出功率。为描述光伏电池的发电特性，理想光伏电池的等效电路如图 8－11 所示。

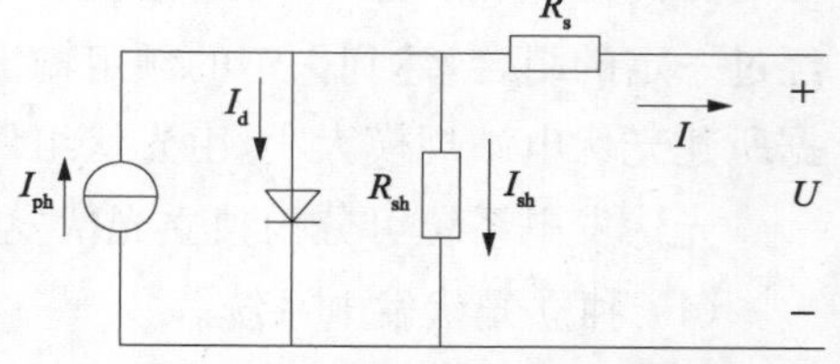

图 8－11　光伏电池的等效电路

I_{ph}——光伏电池内部光生电流；R_{sh}——光伏电池内部等效旁路电阻，主要由 p－n 结和光伏电池边缘的泄漏电阻组成；I_{sh}——光伏电池泄漏电流，其方向与 I_{ph} 方向相反；R_s——内部等效串联电阻；I_d——光伏电池内部暗电流，反映了 p－n 结产生的总扩散电流；I——光伏电池电流；U——光伏电池电压

光伏电池的输出特性方程表示如下：

$$I = I_{ph} - I_0 \left\{ \exp\left[\frac{q(U + IR_s)}{ATK} \right] - 1 \right\} - \frac{U + IR_s}{R_{sh}}$$

式中　I_{ph}——光生电流；

I_0——反向饱和电流；

q——电子电荷；

K——玻耳兹曼常数；

T——绝对温度；

A——二极管因子；

R_{sh}——分路电阻。

影响光伏电池发电效率的外部因素有安装组件倾角、电池表面积垢粉尘、日照辐射强度与环境温度等，而光伏电池的光衰减、封装材料老化是造成光伏电池转换效率下降的主要内部原因。

8.3.3　光伏逆变器

光伏逆变器是将光伏电池产生的直流电能转换成交流电能的电力转换装置，是光伏发电系统中能量转换的核心器件。光伏逆变器根据是否并网，分为离网逆变器与并网逆变器；根据逆变器输出交流电压的相数，分为单相逆变器和三相逆变器等。光伏逆变器与传统逆变器相比，除具有直交流变换功能外，还具有最大限度地发挥太阳电池性能及系统故障保护的优点。特别是并网逆变器具有最大功率跟踪控制、孤岛检测、自动电压调整、直流检测功能、直流接地检测等功能。

目前，国内外并网型逆变器结构的设计主要集中于采用 DC/DC 和 DC/AC 两级能量变换的两级式逆变器和采用一级能量转换的单级式逆变器。本书以中小型两级式并网逆变器为例进行介绍，其系统框图如图 8－12 所示。在具有两级变换的光伏并网逆变器系统中，前级 DC/DC 变换器主要实现最大功率点跟踪控制，而后级 DC/AC 变换器要实现两个基本控制。其一，要保持前后级之间的直流侧电压稳定；其二，要实现并网电流控制，甚至根据指令进行电网的无功功率调节。DC/DC 变换环节调整光伏阵列的工作点使其跟踪最大功率点，DC/AC 逆变环节主要使输出电流与电网电流同频同相。两个环节具有独立的控制目标和手段，系统的控制环节比较容易设计和实现。

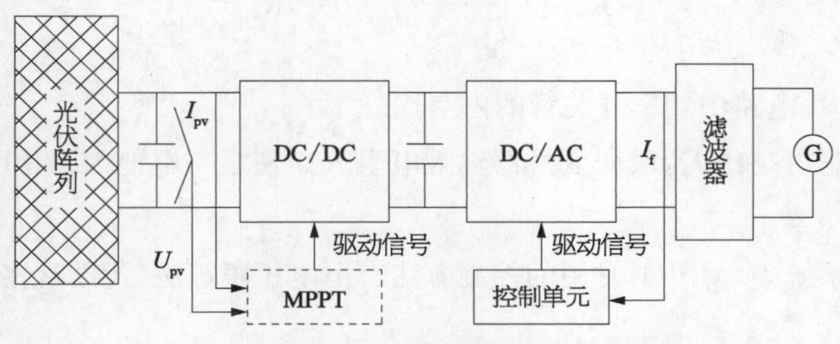

图 8－12　两级式并网逆变器系统框图

由于单独具有一级最大功率跟踪环节，系统中相当于设置了电压预调整单元，可以具有比较宽的输入范围。同时，最大功率跟踪环节的设置可以使逆变环节的输入相对稳定，而且输入的电压较高，这样都有利于提高逆变环节的转换效率。逆变器将光伏阵列的输出电流转换成适合于接入电网的正弦电流，利用控制装置来跟踪光伏电池最大功率点，同时也调节逆变器送入电力系统的电能的质量，使向电力系统输送的电能和光伏阵列所输出的最大电能相协调。控制单元主要采用微机芯片或DSP处理器作为控制部分。

两级式光伏并网发电系统的并网控制，采用带电流前馈的电压外环及电流内环的双闭环PI控制策略。其中，电压外环控制逆变器的直流，母线电压稳定，减小母线电压的波动，提高光伏并网逆变器效率；电流内环控制逆变电流跟踪电网电压频率以实现并网。

并网控制模式主要为两种，分别为电流型控制和电压型控制。

8.3.4　最大功率点跟踪算法

为充分发挥光伏电池效用，希望光伏电池能够总是工作在最大功率点附近。光伏电池的最大功率点随着温度与光强的变化而变化，而光伏电池的工作点随着负载电压的变化而变化。如果不采取任何控制措施，光伏电池与负载直接相连，很难保证光伏电池工作在最大功率点附近，光伏电池也不可能有最大功率输出。设置最大功率点跟踪控制器的作用就是通过直流变换电路和寻优控制程序，无论光强、温度与负载特性如何变化，始终使光伏电池工作在最大功率点附近，充分发挥光伏电池的效能，这种方法被称为最大功率点跟踪。

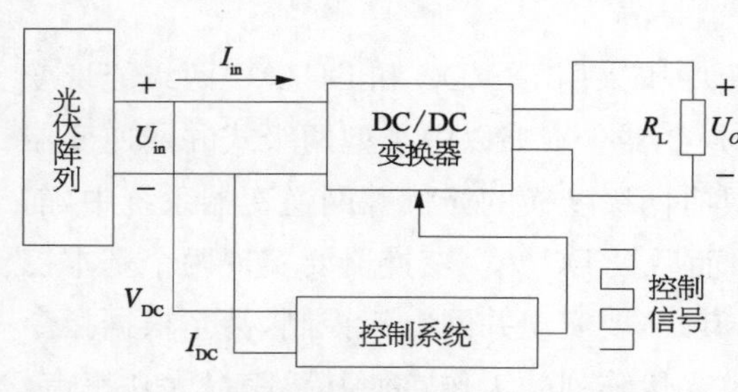

图 8-13　光伏最大功率点跟踪系统

根据电路理论，当光伏电池的输出电阻等于负载电阻时，光伏电池的输出功率最大，由此可见，光伏电池的MPPT过程就是使光伏电池的输出电阻与负载电阻匹配的过程。MPPT控制对负载电阻进行实时调节控制，使其跟踪光伏电池的输出电阻，如图8-13所示。

DC/DC变换器采用Boost电路结构，变换器输入电阻为：

$$R_{in}+\frac{U_{in}}{I_{in}}=(1-D^2)R_L$$

式中　D——Boost电路中功率开关管的占空比。

通过调整控制占空比D，改变变换器输入电阻R_{in}，使之与电池内阻相匹配，从而实现光伏电池输出最大功率。

在光伏发电系统中，MPPT常用的控制方法有恒电压跟踪法、扰动观察法、增量电导法、模糊逻辑控制法。

(1) 恒电压跟踪法。

在不同的日照强度且温度变化不大的情况下，光伏电池的输出功率$P-U$曲线上最大功率点电压几乎分布在一条垂直直线的两侧附近。恒电压跟踪法(constant voltage tracking, CVT)是将电池的输出电压控制在其最大功率点附近上的这一定点的电压处，光伏电池将获得最大功率输出。

恒电压跟踪法的工作原理如图 8－14 所示。光伏电池处于不同的日照强度下(忽略温度效应)的最大功率输出点是 a'、b'、c'、d'和 e'，但总可以与一个恒定的电压值 U_m 近似。假设 a、b、c、d 和 e 分别为相对应的光照强度下的工作点，曲线 L 为负载的特性曲线。显而易见，其光伏电池的输出功率较小的原因是采用直接匹配的方式。采用 CVT 方法通过在光伏阵列与负载之间进行相应的阻抗变换，实现阻抗匹配，使光伏阵列的工作点始终保持在 U_m 附近，这样不仅可以确保光伏电池的输出功率趋于最大输出功率，而且使整个控制系统变得简单。CVT 方法的优点是控制简单快速，实现方便，但由于这种跟踪方式忽略了环境温度对光伏电池输出电压的影响，温差越大，跟踪最大功率点的误差就越大，因此不能在日温差或四季温差比较大的地区实现对光伏电池的最大功率点的完全跟踪。一般地，CVT 方法可用于控制精度要求不高的简易的光伏发电系统。

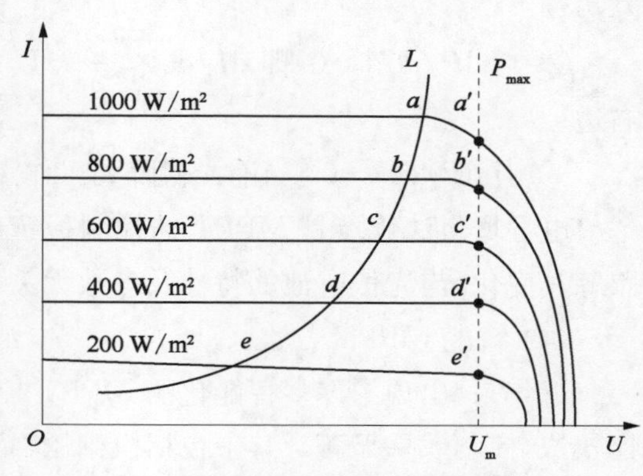

图 8－14　温度相同而不同日照强度条件下的光伏电池特性

(2) 扰动观察法。

扰动观察法(perturbation and observation, PAO)是目前实现 MPPT 最常用的自寻优类典型方法之一。其控制思想为：首先扰动光伏电池的输出电压或电流，然后观测光伏电池输出功率的变化，根据输出功率变化的趋势连续改变扰动电压或电流方向，最终使光伏电池工作在最大功率点。实际上就是通过不断地扰动与判断，实现对系统 MPPT 跟踪控制。针对光伏并网发电系统，从观测对象来说，扰动观察法可分为两类：一是基于并网逆变器输入参数的扰动观测法；二是基于并网逆变器输出参数的扰动观测法。

从 PAO 的控制过程可知，该算法具有控制概念清晰、简单，被测参数较少等优点，因此被普遍应用于实际光伏系统的 MPPT 控制。但是，在扰动观察法中，电压初始值与扰动电压步长的选取对跟踪精度与速度有较大影响，存在着振荡与误判问题。由于扰动步长一定所导致的工作点在最大功率点两侧往复运动的情形，即为扰动观察法的振荡现象；由于对不同的 $P-U$ 特性曲线上的工作点继续使用固定特性内线的判据，就会出现扰动方向与实际功率变化趋势相反的情形，即为扰动观察法的误判现象。

(3) 电导增量法。

最大功率跟踪实质上是搜索满足条件 $\mathrm{d}P/\mathrm{d}U=0$ 的工作点，为进一步提高跟踪精度，采用功率全微分近似替代 $\mathrm{d}P$ 的 MPPT 算法，即从 $\mathrm{d}P=U\mathrm{d}I+I\mathrm{d}U$ 推导出以电导与电导变化率之间的关系为搜索判据的 MPPT 算法，即为电导增量法。

光伏电池 $P-U$ 特性曲线是一条一阶连续可导的单峰曲线，将光伏电池瞬时输出功率 $P=UI$ 的两边对输出电压 U 求导，可得：

$$dP/dU = I + U dI/dU$$

当 $dP/dU = 0$ 时，光伏电池达到最大功率点，有：

$$dI/dU = -I/U$$

由此，得到电导增量法的最大功率点跟踪判据：

① 当 $dP/dU > 0$，即 $dI/dU > -I/U$ 时，当前的光伏电池工作点处于最大功率点的左边；

② 当 $dP/dU < 0$，即 $dI/dU < -I/U$ 时，当前的光伏电池工作点处于最大功率点的右边；

③ 当 $dP/dU = 0$，当前光伏阵列工作点处于最大功率点处。

电导增量法优点是 MPPT 的控制稳定度高，当外部环境参数变化时，系统能够平稳地跟踪其变化，与光伏电池的特性及参数无关，但电导增量法控制系统的要求相对较高。

(4) 智能 MPPT 方法。

近年来，出现了许多智能化的 MPPT 控制算法，智能化算法有很好的稳定性，跟踪速度比较快，控制效果显著。其中包括模糊逻辑法、神经网络法、遗传算法、粒子群算法以及它们的优化算法等。智能化的算法是目前 MPPT 控制算法中的新型算法，但也有自身的局限性。例如模糊法，跟踪速度快，但设计时需要更多的直觉和经验；神经网络法控制效果显著，但训练时间长，且需要有针对性；粒子群优化算法最初是受鸟群觅食而发展形成的一种优化迭代的算法，其优点是搜索速度快、效率高，但很容易陷入局部最优的问题。

8.4 电池储能技术

储能在微电网中扮演着重要的角色，由于电池储能系统具有功率密度高、响应速度快、控制灵活性高的特点，使其优于超导储能、飞轮储能、超级电容储能等，成为微网中应用最广泛、研究最成熟的储能技术。电池储能技术在微网中的主要功能如下。

(1) 电压频率支撑：孤岛时电池储能系统可作为微网中组网发电的主电源、支撑微网母线的电压和频率。

(2) 平抑新能源输出功率波动：风电场、光伏电站可配备电池储能系统，以平滑功率输出、降低新能源的出力波动，另外还有越来越多的小功率光伏系统配备电池储能系统以实现能量的合理利用。

(3) 改善电能质量：将电池储能系统作为不间断电源(uninterrupted power supply，UPS)为重要负荷持续供电，或者作为有源电力滤波器(active power filter，APF)的功率源，剔除微网谐波，提高电能质量。

(4) 维持暂态功率平衡：电池储能系统是维持微网电源与负荷间功率平衡的重要环节，同时还可避免微网并网/孤岛运行模式切换前后功率不平衡引起的振荡。

利用储能与新能源的配合可以实现微网作为电源或负荷进行离网与并网运行，并可实现微网的可调度运行。储能的控制方式对微电网的运行性能起着重要的作用。

8.4.1　电池储能系统技术

图 8-15 为典型的电池储能系统结构，其中包括电池系统（battery system，BS），功率转换系统（power conversion system，PCS）和能量管理系统。功率转换系统实现电池与微网间能量的双向流动，并根据微网与电池的运行要求完成 DC/AC 转换、电压升降等功能。电池系统一般配备电池管理系统（battery management system，BMS），对电池系统的电压、电流、温度以及荷电状态（state of charge，SOC）进行测量和检测并实现电池间的均衡运行，能量管理系统按照一定的运行策略决定功率流动方式。

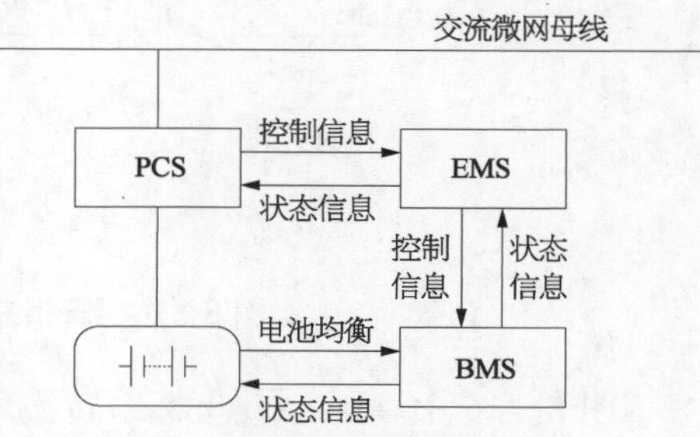

图 8-15　电池储能系统的结构

目前，电池储能系统的关键技术研究主要集中在电池系统和功率转换系统两方面。

8.4.1.1　电池系统

电池系统的关键技术之一是大容量电池系统。电池单体端电压低、比能量和比功率有限、充放电倍率不高，为提高电池系统的功率等级和使用效率，一般将多个电池单体串并联成电池模块，然后将电池模块串并联以满足大容量电池系统的电压和功率要求。

电池系统的另一个关键技术是电池荷电状态的估计。为延长系统大容量电池系统的使用寿命，实现电池单体间的均衡运行，BMS 需要对电池的 SOC 进行过准确预估。

8.4.1.2　功率转换系统

随着微网对电池储能系统的功率等级要求越来越高，为实现电池储能系统的大功率运行，学者们对 PCS 的变流器拓扑进行了许多改进。例如多变流器模块并联型拓扑可满足低压大功率的运行要求，多电平拓扑可满足高压大功率、高电能质量的运行要求，多变流器模块级联型拓扑可利用分散的低压电池系统来实现整体大功率电池储能系统的构建。

另外，PCS 的控制策略也是电池储能系统的研究重点。根据不同的使用场景，电池储能系统的运行要求也有所差异，例如并网时提供指定功率输出、孤岛时支撑微网的电压和频率。PCS 变流器的控制策略是实现多样化运行要求的根本，除了一般的运行要求，通过改善 PCS 变流器的控制算法，还能令电池储能系统实现电池 SOC 均衡、低电压穿越、孤岛检测、虚拟同步等高级功能。

8.4.2　微网中电池储能变流器的传统控制方法

8.4.2.1　恒功率控制

恒功率控制又称 P/Q 控制，其控制目标是让变流器按照功率参考输出有功和无功功率。其正常工作前提是变流器交流侧的电压幅值和频率相对恒定。由于变流器输出电压恒定、功率按指定值输出,恒功率控制下的变流器可等效为可控电流源,因此该控制方式特别适合并网工作模式。图 8-16 为典型的三相并网变流器恒功率控制框图的功率外环。

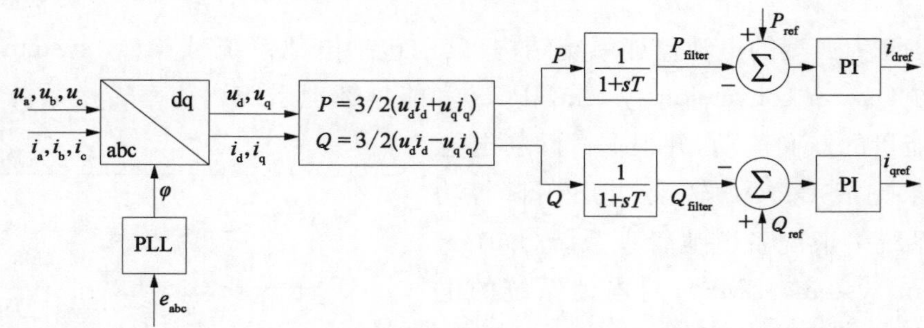

图 8-16　三相并网变流器恒功率控制的功率外环

图 8-16 中,abc-dq 坐标系转换角度 φ 跟随电网相位,由电网三相电压 e_{abc} 锁相而得,变流器输出电压 u_{abc} 和电流 i_{abc} 在 dq 坐标系下对应的直流量为 u_{dq} 和 i_{dq},进而可计算变流器输出功率 P 和 Q,经过时间常数为 T 的一阶滤波,再将所得功率 P_{fiter} 和 Q_{filter} 与功率指令 P_{ref} 和 Q_{ref} 比较并对误差进行 PI 控制,最后得到电流内环的参考值 i_{dref} 和 i_{qref}。通过以上过程完成功率的无静差控制。

8.4.2.2　恒压恒频控制

恒压恒频控制又称 V/f 控制,其控制目标是变流器输出交流电压的幅值和频率等于参考值,输出功率由负载决定。此时的变流器可等效为可控电压源,因此恒压恒频控制下的微源符合孤岛情况下为微网交流母线提供电压和频率支撑的运行要求。图 8-17 为典型三相离网变流器的恒压恒频控制的电压外环。

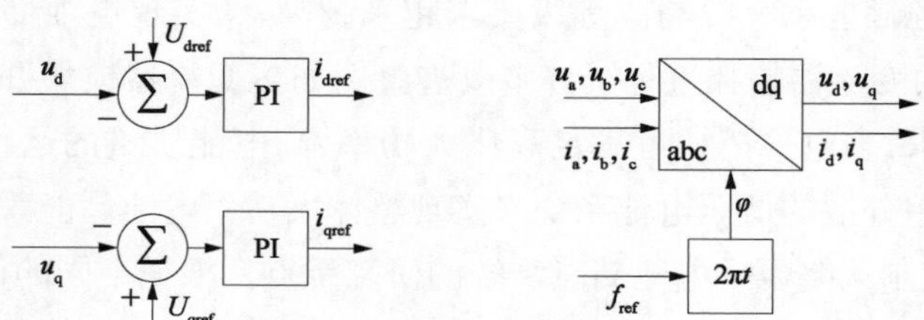

图 8-17　三相离网变流器的恒压恒频控制的电压外环

图 8-17 中的电流内环与恒功率控制一致,外环被控量为 dq 两轴的电压幅值。区别于恒功率控制,其 abc-dq 坐标转换的参考角度由给定频率 f_{ref} 计算而得。一般来说,q 轴电压参考值 U_{qref} 为零,d 轴电压参考值 U_{dref} 等于电压幅值参考量,将两者与实际输出电压 U_{dq} 作差进行 PI 控制,得到电流内环参考值 i_{drcf} 和 i_{qref}。通过以上过程实现电压幅值和频率的控制。

8.4.2.3　下垂控制

下垂控制最初用于解决 UPS 无通信线并联时的功率分配问题。微网多微源并列运行与 UPS 的无互联线并联具有一定的等效性，因此下垂控制被广泛引入微源的控制器设计中。下垂控制本质是通过模拟同步发电机组有功调频、无功调压外特性来实现功率在微源间的分配。

图 8-18 等效了微网中并联的两台电池储能系统共同向本地负载供电的场景。其中 $U_i < \delta_i$ 为第 i 台电池储能变流器等效输出电压的幅值和相位($i=1, 2$)，$Z_i < \theta_i$ 为变流器输出阻抗与线路阻抗之和，$U_g<0$ 为微网交流母线电压的幅值和相位，$Z_L<\theta$。为负载阻抗，那么变流器 i 为负载提供的功率为：

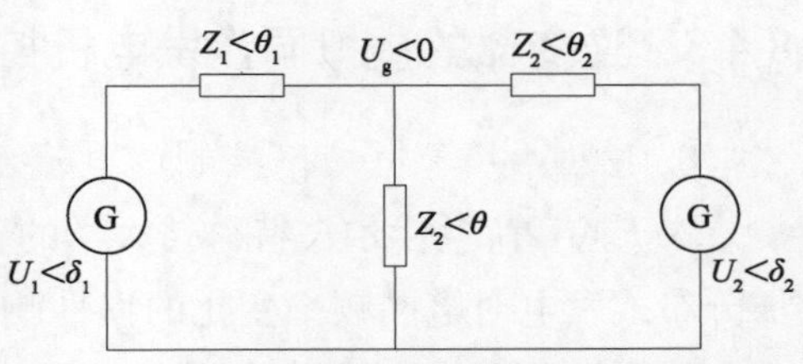

图 8-18　微网中变流器并联运行等效模型

$$P_i = \frac{U_i U_g}{Z_i}\cos(\theta_i - \delta_i) - \frac{U_g^2}{Z_i}\cos\theta_i$$

$$Q_i = \frac{U_i U_g}{Z_i}\sin(\theta_i - \delta_i) - \frac{U_g^2}{Z_i}\cos\theta_i$$

一般变流器输出电压与交流母线相角差 δ_i 很小，可近似认为 $\sin\delta_i \approx \delta_i$，$\cos\delta_i \approx 1$，如果线路阻抗近似呈感性，有 $R=0, \theta_i = 90°$，$\sin\theta_i \approx 1$，$\cos\delta_i \approx 0$，此时上式可简化为：

$$P_i \approx \frac{U_i U_g}{Z_i}\delta_i,\ Q_i \approx \frac{U_i - U_g}{Z_i}U_g$$

由上式可知，变流器可通过调节输出电压的相角来控制有功功率，通过调节输出电压幅值来控制无功功率。下垂控制中一般不直接调节相角，而是通过改变频率，在动态过程中实现相角的调节。

如果微网内多微源都具有如图 8-19 所示的下垂特性，它们便能按照各自的下垂曲线输出对应的功率，实现无通信线条件下的功率分配。

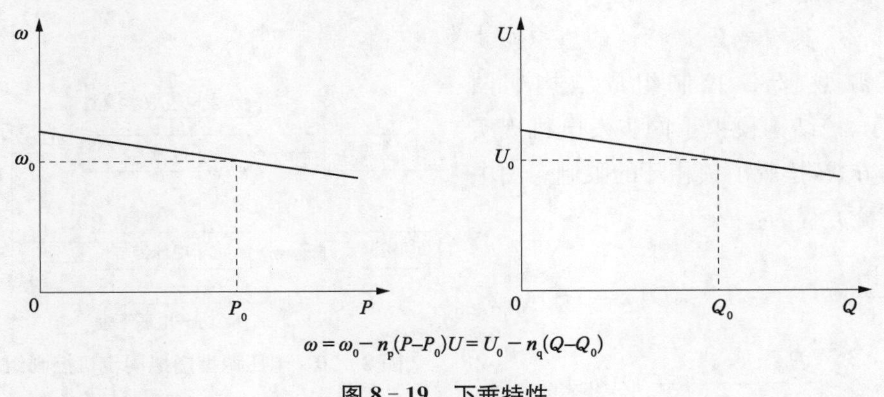

图 8-19　下垂特性

上述分析都是基于线路阻抗呈感性这一假设条件。针对微网的应用场合，无论是微网本身还是接入的低压配网，线路阻抗的阻性成分都比较大。为充分借鉴电力系统原有的下垂特性，可通过虚拟阻抗法将变流器等效阻抗塑造成感性，也可通过改进的下垂控制实现功率解耦，都能取得较好的效果。

8.4.3 逆变器的虚拟同步发电机控制

8.4.3.1 基于恒功率控制的电流源型虚拟同步发电机

2005 年，荷兰代尔夫特科技大学的 J. Morren 在研究风机的最大功率跟踪控制时，为增加分布式发电对电网频率变化的惯性响应，在风机参考转矩的基础上加入因电网频率变化产生的附加转矩，即虚拟的惯量和阻尼，使得以风机为代表的分布式电源能够参与电网频率调节，提高电网稳定性。2007 年，以荷兰代尔夫特科技大学为主导机构之一的欧盟 VSYNC 计划首先提出了 VSG 的概念，该计划旨在通过增加分布式发电对电网频率的惯性响应来提高电网的稳定性，并将之前应用于风机的成果推广至基于储能装置的分布式电源结构中。

VSYNC 提出的 VSG 结构中的储能装置不仅可平抑新能源的出力波动，还能够为抑制电网频率波动提供额外的功率补充。一般来说，储能变流器工作在如图 8－16 所示的恒功率控制之下，VSG 控制在原有有功功率参考的基础上，根据频率变化动态调节有功功率指令：

$$P_{\mathrm{ref}}=P_0-K_{\mathrm{d}}\frac{\mathrm{d}\omega}{\mathrm{d}t}-K_{\mathrm{damp}}\Delta\omega$$

式中，P_0 代表有功参考值，$\Delta\omega$ 为电网角频率与额定角频率之间的差值；K_{d} 和 K_{damp} 分别体现了频率变化时的虚拟惯量和阻尼；P_{ref} 为考虑频率变化之后的电力电子变流器的有功功率指令。

该控制方式借鉴了同步发电机二阶模型中转子的转动惯量以及阻尼线圈的阻尼效应。然而，基于恒功率控制的 VSG 与具有电压源特性的同步发电机仍然具有较大差别，前者本质上还是跟踪电网相位的受控电流源，没有摆脱锁相环的限制，不能工作于弱电网或微网孤岛等不具备稳定电压参考的工况下。

8.4.3.2 具有电压源特性的虚拟同步发电机控制

电压源型 VSG 控制组成结构如图 8－20 所示，该结构模拟了同步发电机现实中的工作方式，摆脱了锁相环的限制。图中的转子机械方程为：

$$J\frac{\mathrm{d}\omega}{\mathrm{d}t}=T_{\mathrm{m}}-T_{\mathrm{e}}-D(\omega-\omega_{\mathrm{g}})$$

$$=\frac{P_{\mathrm{m}}}{\omega}-\frac{P_{\mathrm{e}}}{\omega}-D(\omega-\omega_{\mathrm{g}})$$

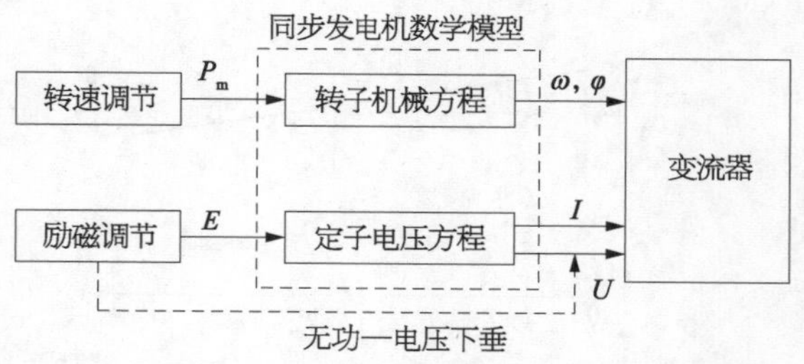

图 8－20 电压源型虚拟同步机控制组成结构

φ 为 abc－dq 坐标系转换角度

式中：J 为转子的转动惯量；ω 为极对数为 1 的情况下的电气角频率；ω_{g} 为同步角频率；

T_m和T_e分别为同步发电机的机械转矩和电磁转矩；P_m和P_e分别为对应的原动力机械功率和电磁功率；D为阻尼系数。

同步发电机定子等值电路如图8-21所示，其电压方程为：

$$\dot{E}=\dot{U}+r\dot{I}+jx\dot{I}$$

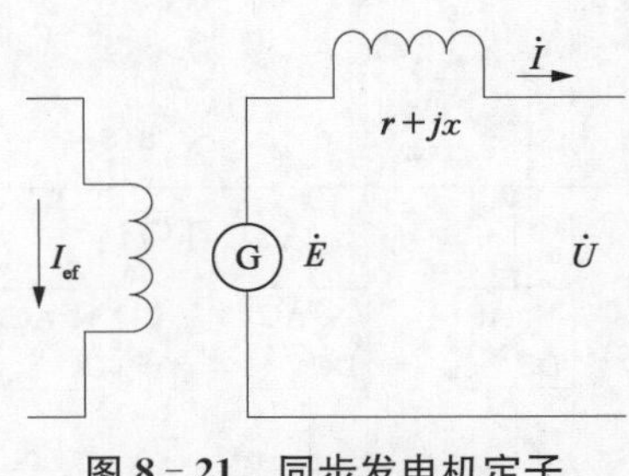

图8-21　同步发电机定子等值电路

式中：$\dot{E}$为励磁电流在I_{EF}定子线圈上产生的空载感应电动势；$\dot{U}$和$\dot{I}$分别为机端电压和定子电流；x和r为同步电抗和定子绕组电阻，通常情况下x远大于r。近年来出现的电压源特性的VSG普遍借鉴了转子机械方程，对励磁系统的模拟程度不同，派生出不同的电压型VSG结构，下面对其简要介绍。

如果将励磁系统和定子电压方程统一考虑，可用无功功率—机端电压这一下垂曲线来体现自动调节励磁装置在机端电压上的整体调节作用。此时的有功功率可表示为：

$$P_e=\frac{UU_g}{x_{\Sigma}}\sin\delta$$

式中：U_g为电网母线电压；δ代表机端电压与电网母线电压之间的相角差；x_{Σ}表示机端与电网之间的线路电抗与变压器电抗之和。这种控制方式的特点是结构简单，无需模拟励磁系统，直接为变流器提供电压参考值。

8.5　风光储互补发电控制

微电网是一种新型的网络结构，是一组微电源、负荷、储能系统和控制装置构成的系统单元。微电网中的电源多为容量较小的分布式电源，即含有电力电子接口的小型机组，包括微型燃气轮机、燃料电池、光伏电池、小型风力发电机组以及超级电容、飞轮及蓄电池等储能装置，它们接在用户侧，具有成本低、电压低及污染低等特点。开发和延伸微电网能够促进分布式电源与可再生能源的大规模接入，实现对负荷多种能源形式的高可靠供给，是实现主动式配电网的一种有效的方式，使传统电网向智能电网过渡。

微电网具有如下特征：在大电网中以单点的形式接入，即从电网侧看，微电网输入输出特性，相当于一个可控的发电单元或者负载；能在并网与孤岛两种模式下运行；通常连接在低压配电网络上，其输电线路的阻抗特性呈电阻性。

如图8-22所示以微网为例，由电池储能系统、风力发电系统、光伏发电系统和负荷组成的微网中，PCC接入点通过静态开关（static transfer switch，STS）和升压变压器连接至配电网。正常情况下，STS闭合，微网与主网之间进行能量交换，此时往往对电池储能系统充电。当因电网发生故障被动孤岛，或者微网电能质量不佳、电网检修等情况下的主动孤岛时，STS断开，电池储能系统作为孤岛模式下的主电源维持微网母线电压幅值和频率的稳

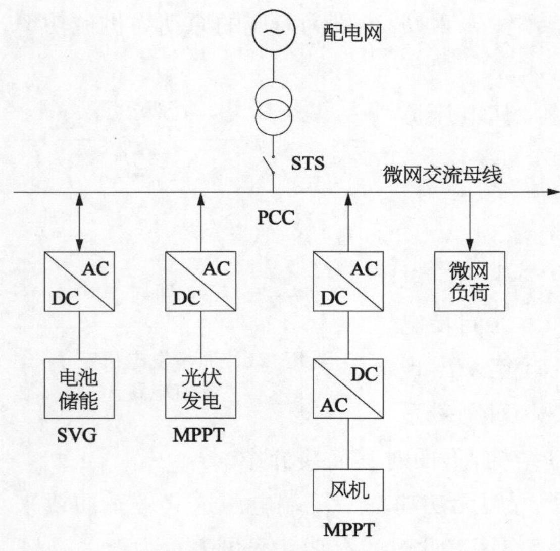

图 8-22　微网组成及各微源运行模式

定。当主网恢复正常时，经过预同步环节，微网恢复并网。微网主电源——电池储能系统工作在虚拟同步发电机控制模式下，风机和光伏以传统电流源模式并入微网，工作于 MPPT 模式。

图 8-22 所示的微网结构中，电池储能系统、光伏、风电共同给负载供电。若忽略网络损耗，根据能量守恒定律，有：

$$P_{\mathrm{e}}+P_{\mathrm{wind}}+P_{\mathrm{PV}}=P_{\mathrm{load}}$$

式中：P_{wind}和P_{PV}分别为风电和光伏的有功出力，P_{load}为负载消耗的有功功率。由于风机和光伏工作在 MPPT 控制模式下，可等效为消耗负功率的负荷，其负荷特性受光照、风速等气象条件影响。出于减小风电、光伏出力变化对微网主电源能量冲击的考虑，前者的容量应该小于后者，以便电池储能系统能够补偿新能源出力波动。

综合风电、光伏和用电负荷得到一天内的负荷波动特点，总功率 P_{Σ}可看成三种负荷的叠加。其中 P_1对应短周期的小幅度的随机分量；P_2对应了带有冲击性的负荷的投切，为脉动分量；P_3代表风速、光照等气象条件或生产、生活规律等原因造成的负荷波动。因此，微网的控制可以分层进行。

8.5.1　微网的分层控制

分层控制是做网内微源协调运行的有效手段，目前较通用的为如图 8-23 所示的三层结构：最底层为微源控制器和负荷控制器，基于各分布式微源和负荷的本地控制，通过频率和电压的一次调节来控制功率的暂态平衡，各微源间响应速度快，不需要互相通信；第二层为微网控制器，实现整个微网的协调运行，微网孤岛检测、孤岛时频率和电压的稳定、预同步、负荷切除等功能均在本层实现，微网控制器与底层控制器之间需要慢速通信；第三层为配电网管理系统，根据能量利用率、微网运行模式、市场环境等多约束的目标函数来管理单个或者多个微网的运行，以实现微网与主网的能量最优化调度。

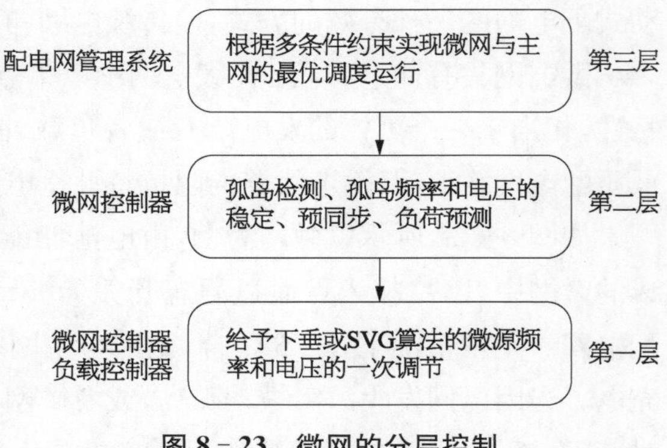

图 8-23　微网的分层控制

将分层控制与传统的主从控制和对等控制相比较，发现分层控制兼顾两者之优点：底层控制保留了对等控制即插即用，不需要高速通信的优点；微网控制器和配电网管理系统则借鉴了主从控制系统级的调度，保证了微网的稳定性。下面用分层控制来分析图 8－22 中微网的运行机制。

8.5.2　孤岛运行特性分析

在孤岛条件下，微网 PCC 接入点处的 STS 处于断开状态，与配电网间没有能量交互，因此控制仅限于一、二两层，其控制结构如图 8－24 所示。

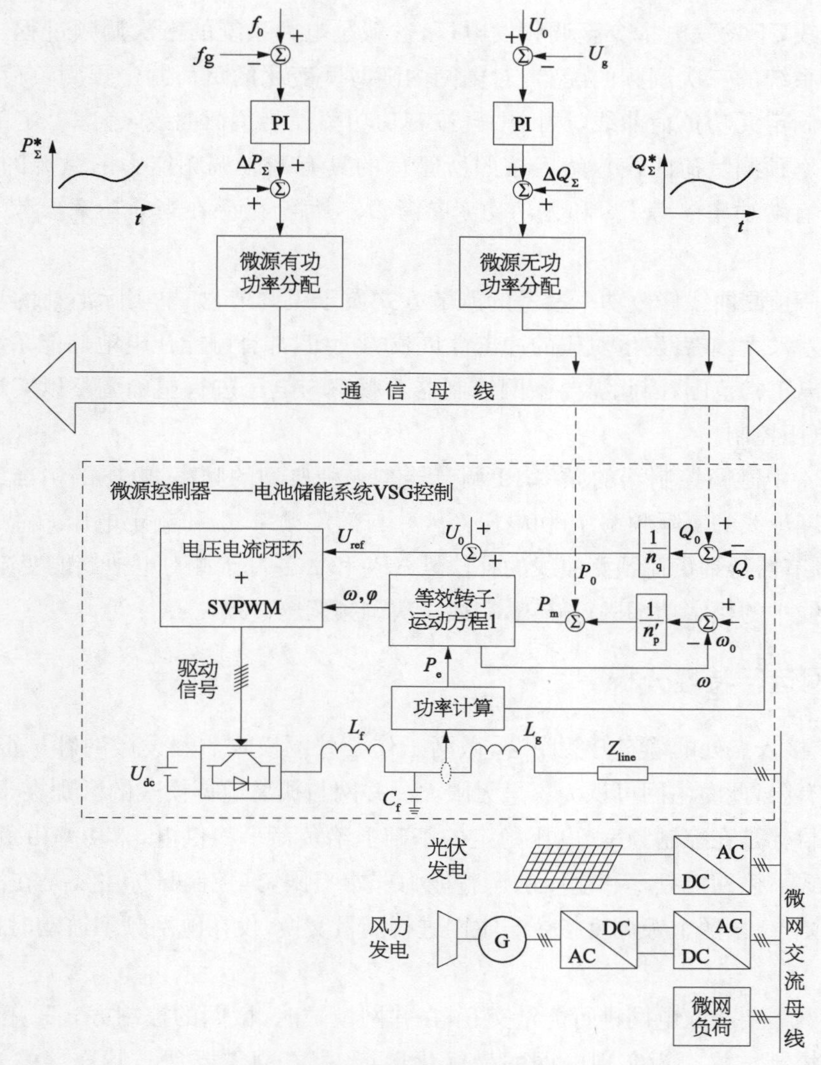

图 8－24　微网孤岛运行控制模式

(1) 底层电池储能系统的 VSG 控制。

在微网的暂态控制中，风速、光照强度可认为相对稳定，负荷在当前给定功率 P_0 和 Q_0 附近小范围内随机波动。这时仅靠一次调频和调压过程就能在允许的频率和电压偏差范围内实现有功功率和无功功率的平衡。对比下垂控制时频率的快速波动，VSG控制下的电池储能系统输出频率变化缓慢，更有利于孤岛条件下微网频率的稳定。

(2) 微网控制器对电压、频率的二次调节。

微网电压、频率的二次调节的基本原理：微网控制器与底层VSG控制下的电池储能系统通过慢速通信，修改后者的有功和无功功率参考值以控制电压的幅值和频率处于额定值附近。

对于基于气象、生产生活规律等可预测因素的负荷变化，电力公司根据预测的有功功率日负荷曲线，下发发电指令至调频发电厂，这就是电力系统的三次调频过程。微网控制器借鉴电力系统的三次调频的经验，对微网内随时间变化的负荷制定预测负荷曲线(电力系统一般不制定元功负荷曲线，微网中可按有功功率预测负荷曲线，考虑一定的功率因数制定无功功率预测负荷曲线)，然后按照所管理的具有调压调频能力的微源的容量占比，分配各自的有功功率参考 P_{Σ}^{*} 和无功功率参考 Q_{Σ}^{*}，每个微源在当前功率参考下进行一次调频和调压。

基于负荷预测曲线修改功率参考的调节方式属于粗调节，如果实际消耗的功率与负荷预测曲线偏差太大，或者发生对应的冲击性负载的投切，都有可能让电池储能系统输出的频率和电压偏离正常范围，因此需要微网控制器对频率与电压进行精确调整以实现功率平衡下的频率、电压控制。

图8-24中微网控制器的频率PI调节器是一种典型的频率、电压的精准二次调节机制。反馈微网母线的实际频率 f_g 和电压 U_g，并与额定频率 f_0 和额定电压 U_0 做比较，其偏差通过PI调节器得到负荷预测曲线的补偿量 ΔP_{Σ} 和 ΔQ_{Σ} 基于此对电池储能变流器VSG环节的下垂曲线中的额定功率进行修正，完成二次调频调压过程。

8.5.3 并网运行特性分析

当PCC接入点处的静态开关闭合，微网工作于并网模式。假设微网容量很小，对主网的影响十分有限，此时主网可认为容量无限大。并网与孤岛运行模式的区别在于，孤岛运行模式的控制目标是在控制频率、电压稳定的基础上给负荷平稳供电，其功率由负荷决定；而并网运行模式下微网对频率和电压的调整能力非常有限，其控制目标主要是在满足微网负荷要求的基础上，按照上级调度指令与主网进行能量交换，仅在电网频率波动时提供相应的功率补偿。

由于微网需要与配电网进行能量交互，在并网模式时，微网的控制方式采用如图8-25所示的三层控制结构。为实现电网的最优化运行，配电网需要从与其连接的微网中获取 P_{MG} 和 Q_{MG} 的功率出力，此时配电网管理系统根据各微网的容量大小进行功率分配，如图8-25中的微网需要向配电网注入的功率为 P_{MG1} 和 Q_{MG1}。配电网向微网控制器传达功率指令，微网控制器在预测功率曲线上叠加配电网功率指令，最后电池储能系统按照调整后的功率指令输出。由于认为电网容量远大于微网，微网对电网的频率和电压几乎不产生影响，所

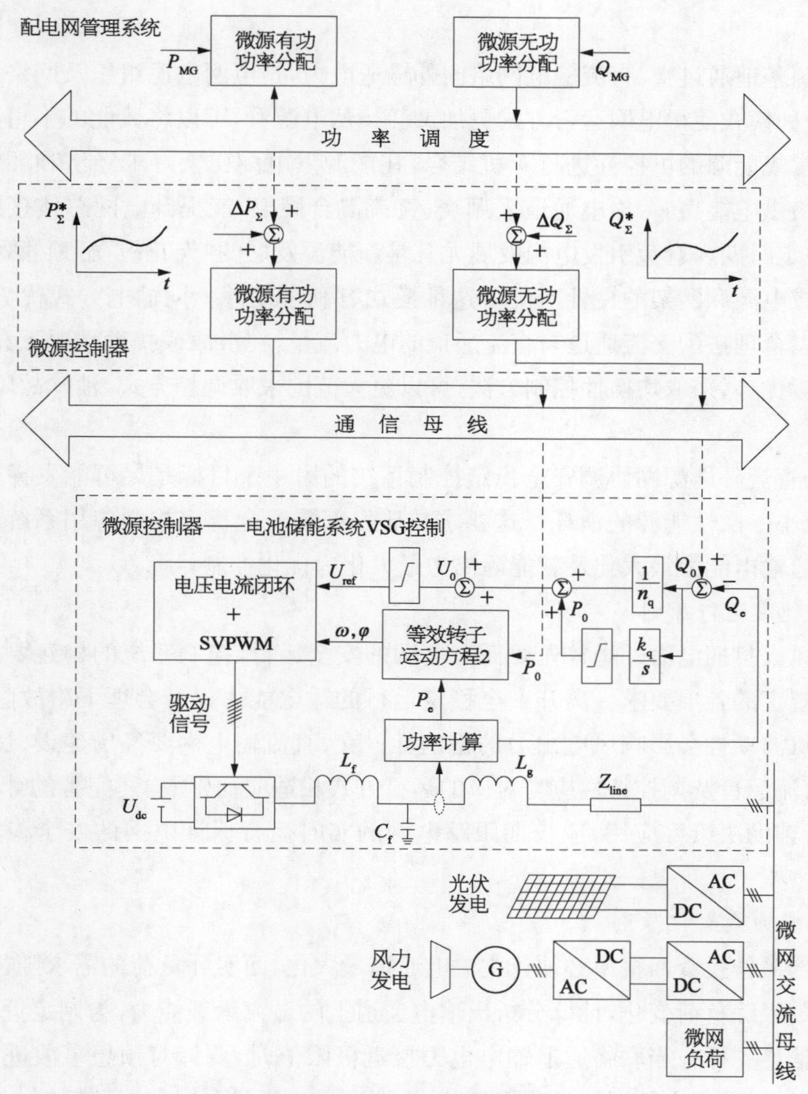

图 8－25　微网并网运行控制模式

以可省略微网控制器的二次调频和电压 PI 控制环节，由大电网补偿预测负荷曲线和实际负荷之间的功率偏差，微网中基于 VSG 控制的电池储能系统响应电网频率波动，参与电网的一次调频。

8.6　风火互补打捆发电控制

8.6.1　风火互补打捆系统原则

作为电网运行的一般性问题，构建应用系统服务的首要目标是保证电网的安全稳定运行。只有在电网安全、稳定、可靠运行的前提下，才可能提出电网的优化、经济及环保运行问题。

风火能源基地通过交、直流输电网络向外输送电力，是电网电源组织及网络架构的一种特定模式，这种模式使得电网运行方式更加灵活。从电源看，可以将风能的不可逆性与以火电为代表的常规能源的可控性进行有机结合，在能源发电配比上寻求经济和环保的均衡性安排。从网络供电能力看，输电通道采用交、直流混合网架，能提升电网总体接纳电源产出的能力，在一定时期内避免引发电源发展尤其是新能源发展的“天花板”触顶瓶颈，在满足负荷需求上形成电源和网架的良性匹配。这种模式有利于发挥不同输电方式优势，在正常运行情况下可以合理搭配交流通道与直流通道的电力流量，在事故或扰动情况下充分利用交、直流相互支援优势，采取均衡性控制方法，可以更大范围采取调控方式，消除故障影响，提高供电可靠性。

构建交、直流外送源网协调安全稳定控制系统的另一个目标是尽可能发挥输电通道的输送能力，减小一次性能源的消耗。这要求在研发部署安全稳定控制应用系统时，要以交、直流外送通道输电能力最大化及新能源出力最大化为优化控制目标。

1）安全稳定运行原则

大规模风火打捆电力外送首先要面对电网的安全运行，控制系统的构建要首先满足安全稳定导则规定的各项要求。离开安全稳定运行的输电能力提升会埋下事故隐患，因为风力资源的随机波动性会影响风电出力的稳定性。交、直流输电网要经历建设、过渡、成熟的发展过程，直流运行及调控特性应与对应的运行方式相适应，必须构建完善的计算、分析、裕度评估、运行辅助决策等应用，应长期跟踪电网的实时运行保证电网的安全稳定作为首要原则。

2）输电能力最大化原则

实现电网最佳投资回报率必须让主输电通道最大化，而实际负荷的需求随机变化，应用系统应能时刻跟踪负荷变化，计算分析出输电通道上的最大承载能力，为制定近期发电及运行计划提供信息支撑。当联络通道输电电力接近极限值时，要针对预想事故进行详细的安全分析，以便及时发现电网运行的薄弱环节，为调度运行提供及时的报警反馈。

3）新能源出为优先原则

在保证电网安全稳定的前提下，保证联络通道输电能力的最大化，其电力来源也存在多种组合关系。新能源与常规能源比较，前者具有更大的环保价值，当组织外送电力时，作为风火打捆电源组合方式，应优先考虑风电出力和消纳，因此依托电网实时运行状态，不断进行电网风电接纳能力计算，可以为电网调度运行提供必要的安全限额参考。

4）协同配合控制原则

（1）运行状态协同配合。

根据负荷大小及分布不同，电网必须跟踪负荷随机变化。为描述电网运行安全性，根据电网节点和支路上的运行情况，可将电网运行状态分为正常运行、潜在不安全、非紧急状态、紧急状态、崩溃状态、恢复状态等，尽量采用多种稳定控制措施，力保电网始终运行在正常状态。但偶发事故及随机因素影响使其状态变化往往不可控，且不同状态的划分界限并没有严格的定量限制规定，因此与运行状态相适应的电网控制措施间应保持协同配合，以避免出现措施失配引发事故扩大现象。

(2) 时间尺度协同配合。

电网运行安全涉及多方面：从时间上可以将电网运行分为过去态、现在态和未来态；在生产调度运行上，过去态为电网研究分析提供了原始历史信息，为负荷预测、新能源接纳分析、未来态电网安排提供宝贵的参考资料；在生产调度运行上，未来态电网按远近顺序，分为(年)月度电量分解，日发电计划安排与校核。现在态电网应用包括操作前安全评估，在线预警与优化决策、实时安全执行与控制。控制系统根据目标不同，可以在某一时态下的某类功能上发挥作用，也可以跨时序协调不同类功能关系。网源协调安全稳定控制系统针对风火打捆而言，可以在多个时间尺度上发挥作用，既要平抑风电的随机波动性，又要保证风电的最大化接入，必须针对相邻时间断面内存在的发电剧烈波动，协调多时段调度决策，充分发挥水、火电源主动调节能力，保证电力的供需平衡。

5) 资源整合及复用原则

构建源网控制安全稳定控制系统，一方面要考虑控制对象及执行机构的整合，实现措施联动与协调，另一方面要考虑不同系统之间信息共享，彼此交互支持。如在传统的研究中往往孤立考虑风电场、光伏电站的安全稳定控制，将有功、无功控制相互割裂，单一电厂局部稳定控制措施可能影响全局控制效果。将设备运行信息、判断信息、控制信息等进行综合利用，实现控制对象整合，控制措施优化，能实现更大范围的安全防控。

8.6.2　风火互补控制架构

大型风电场接入区域电网的输电层，通常工作在 MPPT 控制模式，以最大限度地捕获风能。为解决大规模风电的安全稳定输送和拟常规电源调度，建立风—燃互补发电系统的 CCGT 双层复合控制架构。

第一层为计划调度层，基于神经网络超短期组合预测模型得到风电出力的预测值 $P_{\mathrm{wf,\,t}}$，根据调度指令得到燃机电厂的初步基准功率。根据 CCGT 的负荷调节特性对燃机基准功率 $P_{\mathrm{Gref,\,t}}$ 进行优化计算，进一步提高控制精度。

第二层为实时优化层，包括功率偏差和频率偏差的实时调节。针对风电功率波动及其引起的频率偏差，考虑 CCGT 的运行特点和控制效果，包括其耐用性、调节偏差、安全可靠性等，求取燃机调节量 $\Delta P^{\mathrm{i}}_{\mathrm{Gp,\,t}}$ 和 $\Delta P^{\mathrm{i}}_{\mathrm{Gf,\,t}}$，分别实时补偿风电功率波动和响应系统频率偏差 $\Delta f^{\mathrm{i}}_{\mathrm{t}}$。

最后，CCGT 的输出功率 $P^{\mathrm{i}}_{\mathrm{G,\,t}}$ 还应符合出力约束和负荷调节速度约束，$P_{\mathrm{G,\,max}}$ 和 $P_{\mathrm{G,\,min}}$，为 CCGT 的最大和最小输出功率，K 为其最大变负荷速率。

综上，风—燃互补发电系统的总体控制架构如图 8－26 所示。每个风电场的主控制器对风机进行控制并将现场风况、风机和集电线路等信息传递至区域电网的能量管理综合信息平台。综合信息平台将风功率信息、区域负荷信息、区域电网的电压频率信息以及控制需求等传递给风—燃互补控制模块，根据风—燃互补发电的双层复合控制策略指导 CCGT 出力。

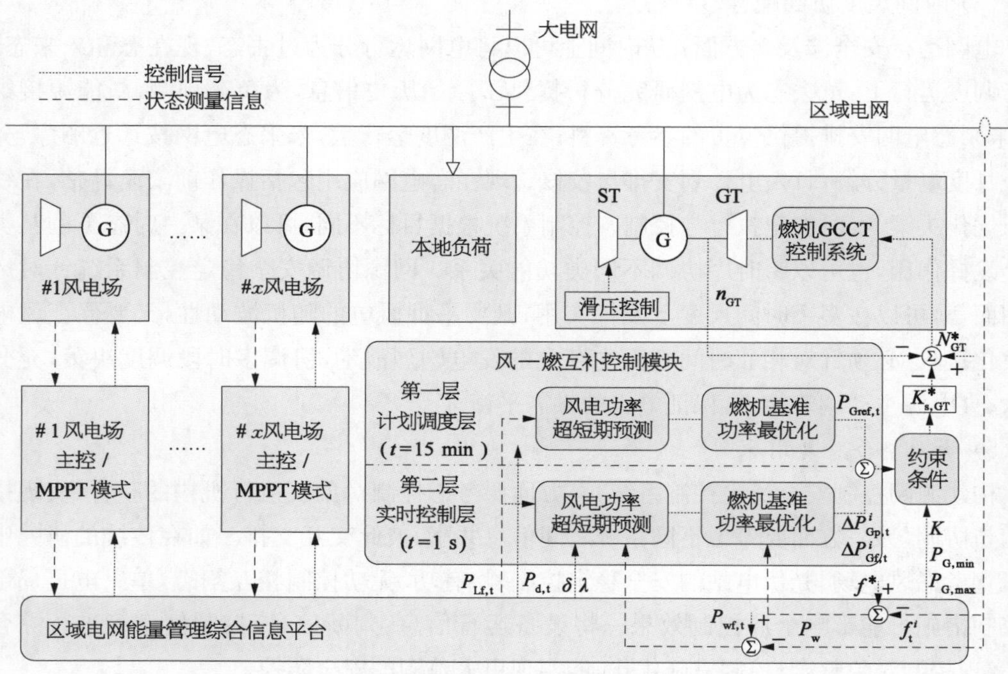

图 8－26　风燃互补发电系统的总体控制架构

风燃互补发电的双层复合控制策略中的计划调度层基于风电功率的预测结果和调度计划，按照上述优化算法可得到燃机电厂的最优基准功率。实时优化层依据风电随机波动引起的功率波动和频率偏差，实时调节燃机出力，使风—燃联合发电系统以最小的被动实时跟踪调度曲线。仿真结果表明所用的燃机基准功率优化算法降低了燃机响应误差，提高了控制精度，风燃互补控制策略能使系统总发电量按计划调度，保障功率和频率稳定，实现风—燃互补发电的拟常规电源调度。

第 9 章　电力系统安全稳定运行管理

9.1　概述

电力系统安全稳定运行的目的，就是充分合理地利用能源和设备能力，连续不断地向用户提供数量充足、质量合格、价格便宜的电能，使电力系统能稳定、安全、优质、经济地运行。

电力系统发生故障后，发电机组输入的机械功率和输出的电磁功率间将出现暂时的不平衡，从而引发转子的机械运动过程。在这个运动过程中，系统是否还能继续稳定运行是电力系统稳定研究的核心问题。由于稳定问题既涉及转子的机械运动过程，又涉及电磁功率的变化过程，所以它是一个机电系统的暂态过程。

9.1.1　电力系统稳定的基本概念

电力系统中同步发电机都是并联运行的。在正常运行时，原动机输入的机械功率和发电机输出的电磁功率是平衡的，所以发电机都保持同步运行。如果电力系统受到一些小的或大的扰动（如系统负荷的随机变动是一种小的扰动，系统中发生故障或切除主干线路则是大的扰动），系统中发电机的电磁功率将发生变化，而原动机输入的机械功率由于惯性的缘故变化缓慢，不能立即响应，就引起了发电机转速的变化。在这个机电暂态过程中，转速偏离了同步转速，如果变化着的转速在同步转速上下的摇摆在经过一段时间后能够重新恢复到同步运行状态，称系统是稳定的；相反，如果转速偏离同步转速后不能恢复同步运行，则称系统是不稳定的。因此，稳定性可以看作是在外界扰动下发电机组间保持同步运行的能力。

电力系统静态稳定性是指系统在某种正常运行状态下，突然受到某种小扰动后，能够自动恢复到原来的稳定运行状态的能力。实际上电力系统中这种任意小的扰动是随时存在的，如负荷的变化，风吹导线使相间距离变化引起的线路电抗的微小变化，调速器、励磁调节器工作点的变化，系统末端的操作等。在小干扰作用下，系统中各状态变量的变化很小。

电力系统暂态稳定性是指电力系统在某种正常运行状态下，突然遭受到某种较大的扰动后，能够自动过渡到一个新的稳定运行状态的能力。实际上电力系统遭受大扰动是人们不希望的，但也是无法避免的，如大负荷的投切，大型元件（大型发电机、变压器、高压输电线路）的投切，短路故障的冲击等。系统受到大的扰动时，系统中的运行参数（电压、电流和功率）都将急剧地变化，致使原动机的机械功率与发电机的电磁功率失去平衡。在不平衡转矩作用下，转子的转速将发生变化。转子相对位置的变化，反过来又将影响系统中电流、电压和功率的变化，且在这一过程中，各状态变量的变化都较大。

电力系统的稳定性问题还可以分为电源稳定性和负荷稳定性两类。电源稳定性就是要研究扰动后同步发电机转子的运动规律；负荷稳定性的实质就是电压稳定性，是指正常运行情况下或遭受扰动后，电力系统维持各负荷点母线电压在可接受的稳态值的能力。在实际系统中，这两种稳定性往往是交织在一起的，是相互影响和相互关联的。当发电机失去同步时，系统的电压稳定性也遭受到了破坏。

当系统运行失去了稳定，便不能保持同步运行，往往引起大面积的停电事故，严重地影响生产和生活。国外在 20 世纪 60～70 年代发生的几次停电事故以及近几年在美国、加拿大等国发生的大停电事故都是由于失去稳定而造成的，停电范围达百万平方千米，容量达数千万千瓦，停电时间达数十小时，造成数以百亿计的损失。在我国 1970 年以前，稳定问题主要发生在东北电网，其次是湖南电网。1970 年后，国内几大电网的稳定事故都有所增长，系统运行的稳定性问题变得更加突出。因此，分析电力系统稳定性的内在规律并研究提高稳定性的措施，对现代电力系统的可靠、安全运行是极其重要的。1981 年原电力工业部制定了《电力系统安全稳定导则》，规定了系统运行稳定性方面的要求与准则，以提高系统运行的安全性和可靠性。

9.1.2 电力系统稳定性与控制方法

现代控制理论与计算机技术及电力电子技术相互融合，使电力系统稳定性的研究领域大为扩展，经典电力系统稳定性理论已发展为现代电力系统稳定性与控制理论。

1) 日益严重的电力系统稳定性问题

电力系统稳定问题一直是电力系统安全运行的严重威胁。展望今后电力系统的发展，下列因素将使稳定性问题继续存在并有恶化的趋势。

首先，一些电源的位置将更远离负荷中心。这一点在我国尤为突出，随着西部水利及内地煤炭资源的开发，必然形成大功率远距离西电东送的局面。此外，为减少大气污染影响，也要求电厂远离城市，这就造成线路电抗增大以及潮流的不合理，使系统稳定性下降。

其次，是发电机单机容量的增大。为了加速电力的发展及降低成本，装设大容量发电机已成为必然的趋势。但是单机容量的增大带来发电机同步电抗增大和机组惯性时间常数减小，这两者都将对系统的稳定性带来不利的影响。

最后，输电线路容量增大。当线路因事故断开时，送、受端系统将出现更大的功率余缺，增加了对电力系统稳定性的威胁。

另外，输电线路的同杆并架，也增加了危及系统稳定的线路间多重故障的发生概率。

2）采用控制手段提高系统稳定性

为提高电力系统稳定性，第一种措施是加强一次设备，如采用多回路、提高线路电压、采用串联电容补偿等；第二种措施是采用控制手段，如发电机的励磁及原动机气门的控制。这两种措施需要互相配合，缺一不可。

但是从经济观点上看，第二种采用控制手段要优于加强一次设备。特别是近年来，控制理论、计算机控制及通信技术、电力电子技术以及基于GPS的电力系统相量测量等新技术的迅速发展，使得采用控制手段来提高系统稳定性的效益大为增加。这些技术对于电力系统运行、规划以及学科内容产生了重大的影响，可以归纳如下。

（1）传统观念中稳定性主要靠加强电网网架结构来提高，现在通过控制手段就可明显地提高系统运行的稳定性。因此，在做系统规划设计时，应把控制手段与一次设备相结合，设计出不同的方案后进行比较选择。

（2）在应用时域模拟分析电力系统稳定性时，暂态过程所需的模拟时间增长了（因为不仅第一摆，后续摆动中系统也可能失去同步），所有产生阻尼的元件（包括励磁系统、调速器、负荷及发电机）都需要进行更详尽的模拟，控制器作用的计入（如快速励磁系统及其控制）增加了系统的刚性。

（3）促进了稳定性分析方法的发展，如状态空间—特征值法、广域相量测量的应用等。

（4）出现了要从改善系统稳定性出发，协调整体设计及协调管理所有控制装置的要求。

（5）影响了电力系统稳定性分类的划分方式。

（6）使得对稳定性的研究，从系统失去稳定以前阶段延伸到失去稳定以后的阶段。失去稳定以后迅速对系统进行紧急控制（如再同期、甩负荷、解列等手段）和恢复控制，就使系统安全稳定性在更大的范围内得以提高。

3）提高电力系统稳定性的各种控制措施

提高电力系统稳定性的控制措施，按照装置安装的地点可以分成以下三类。

（1）发端的控制措施，主要调节发电机有功、无功输出和发端电压。其主要内容有：发电机励磁控制，包括主变压器高压侧电压控制和二次电压控制；电阻制动及其控制；气门快关及控制；机端的无功补偿；超导储能改善角度稳定性等。

（2）线路上的控制措施，主要为调节线路参数，如串联电容强制补偿及控制，并联无功设备的控制，直流输电的功率调制，采用移相器、统一潮流控制器等。

（3）受端的控制措施，主要调节有功/无功负荷，如受端联切负荷，受端发电机的控制（包括气门及励磁），储能和负荷调制技术，电压和无功综合控制等。

上述各项措施中，有些控制如统一潮流控制器等，尚在研究之中，有些控制需要增加一次设备，投资很大。而发电机励磁控制（包括受端发电机）投资小又效益显著，而且容易实现，已普遍应用，成为保证电力系统稳定性的一项基本措施。

随着基于GPS的广域相量测量技术的实现和电力通信系统的完善和更加可靠，电力系统的稳定控制技术将有大的突破。分层分布的、可以在局部及全局实现协调的电力系统安全稳定控制系统，将开辟电力系统控制的新局面。

9.1.3 电力系统在扰动下的安全稳定标准

电力系统中的扰动可分为小扰动和大扰动两类。

1）小扰动下的安全稳定标准

小扰动指由于负荷正常波动、功率及潮流控制、变压器分接头调整和联络线功率突然波动等引起的扰动。电力系统在承受小扰动时应保持静态稳定并留有一定储备。

电力系统的静态稳定储备标准如下：

(1) 在正常运行方式下，对不同的电力系统，按功角判据计算的静态稳定储备系数 k_P 应为 15%～20%，按无功电压判据计算的静态稳定储备系数 k_Q 为 10%～15%；

(2) 在事故后运行方式和特殊运行方式下，k_P 不得低于 10%，k_Q 不得低于 8%。

2）大扰动下的安全稳定标准

大扰动指系统元件短路、切换操作和其他较大的功率或阻抗变化引起的扰动。电力系统承受大扰动能力的安全稳定标准分为三级。

第Ⅰ级标准：保持稳定运行和电网的正常供电。扰动类型为出现概率较高的单一故障。

第Ⅱ级标准：保持稳定运行，但允许损失部分负荷。扰动类型为出现概率较低的单一严重故障。

第Ⅲ级标准：当系统不能保持稳定时，必须防止系统崩溃并尽量减少负荷损失。扰动类型为出现概率很低的多重严重故障。

(1) 第Ⅰ级安全稳定标准。

正常运行方式下的电力系统，承受第Ⅰ类大扰动时，保护、断路器及重合闸正确动作，不采取稳定控制措施，必须保持电力系统稳定运行和电网的正常供电，其他元件不超过规定的事故过负荷能力，不发生连锁跳闸。

但对发电厂送出线路的三相故障，直流送出线路的单极故障，或两级电压电磁环网中高一级电压线路故障或无故障断开，必要时可采用切机或发电机快速减输出功率等措施。

第Ⅰ类大扰动是指下述单一元件故障：

① 任何线路单相瞬时接地故障、重合闸成功；

② 同级电压双回线或多回线及环网，任一回线单相永久故障且重合不成功，以及无故障相断开不重合；

③ 同级电压的双回线或多回线及环网，任一回线三相故障断开不重合；

④ 任一发电机跳闸或失磁；

⑤ 受端系统任一台变压器故障退出运行；

⑥ 任一回交流联络线故障或无故障断开不重合；

⑦ 直流输电线路单极故障；

⑧ 任一大负荷突然投入/切除。

(2) 第Ⅱ级安全稳定标准。

正常运行方式下的电力系统承受第Ⅱ类,大扰动时,保护、开关及重合闸正确动作,应能保持稳定运行,必要时允许采取切机和切负荷等稳定控制措施。

第Ⅱ类大扰动是指下述较严重的故障:

① 单回线单相永久性故障重合不成功及无故障三相断开不重合;

② 任一段母线故障;

③ 同杆双回线的异名两相同时发生单相接地故障重合不成功,双回线三相同时跳开;

④ 直流输电线路双极故障。

(3) 第Ⅲ级安全稳定标准。

电力系统因承受第Ⅲ类大扰动导致稳定破坏时,必须采取措施,防止系统崩溃,避免造成长时间大面积停电和对最重要用户(包括厂用电)的灾害性停电,使负荷损失尽可能减少到最小,电力系统应尽快恢复正常运行。

第Ⅲ类大扰动是指下列情况:

① 故障时断路器拒动;

② 故障时继电保护、自动装置误动或拒动;

③ 自动调节装置失灵;

④ 多重故障;

⑤ 失去大容量发电厂;

⑥ 其他偶然因素。

9.2　电力系统调度安全运行管理

9.2.1　电力系统调度的主要任务

《中华人民共和国电力法》规定,电网运行实行统一调度、分级管理;各级调度机构对各自调度管辖范围内的电网进行调度,依靠法律、经济、技术并辅以必要的行政手段,指挥和保证电网安全稳定经济运行,维护国家安全和各利益主体的利益。

(1) 保证系统运行的安全水平。

电网调度的首要任务是保障电网安全、稳定、正常运行和对电力用户安全可靠供电。事故是不可避免的,但系统运行方式不同、调度水平不同,系统承受事故冲击的能力就不同。

为此,一方面调度部门要预先通过大量的计算分析,制定应对意外事故的安全措施,装设安全自动装置和继电保护设备;另一方面应做好事故预想和处理预案,一旦电网发生故障,调度就要按电网实际情况并参考处理预案,迅速、准确地控制故障范围,保证电网正常运行,并避免对电力用户供电造成影响。

更重要的是要防患于未然,通过一套实时监控和分析决策系统,实时监测电网的运行状态，根据实时负荷水平优化电网的运行方式，提高系统安全裕度。遇到严重事故时，为保证主网安全和大多数用户，尤其是重要用户的正常供电，调度将根据具体情况采取紧急措施，改变发输电系统的运行方式，或临时中断对部分用户的供电。故障消除后，调度要迅速、有序地恢复供电，尽量减少用户停电时间。

(2) 保证供电质量。

电能质量主要用系统频率、波形和母线电压水平来衡量，这些因素由供需双方的动态平衡来决定。系统功率平衡方程如下：

有功平衡 $$\sum_i P_{\mathrm{Gi}} = \sum_i P_{\mathrm{Di}} + P_{\mathrm{loss}}$$

有功平衡 $$\sum_i Q_{\mathrm{Gi}} = \sum_i QP_{\mathrm{Di}} + Q_{\mathrm{loss}}$$

式中：P_{Gi}、Q_{Gi}分别为发电机 i 的有功、无功出力；P_{Di}、Q_{Di}分别为负荷 i 的有功、无功功率；P_{loss}、Q_{loss}分别为系统的有功、无功损耗。

由于电能不能储存，应时刻保持供需平衡。若有功负荷超过发电有功，系统频率就要下降；无功负荷超过发电无功，母线电压就要降低；这些会给用户造成影响。一般要求将电压和频率控制在某一给定的范围内。因此，调度必须提前预测社会用电需求，并依此进行事前的电力电量平衡，编制不同时段的调度计划和统一安排电力设施的检修和备用。在实际运行过程中，调度一方面要依靠先进的调度自动化通信系统，密切监视发电厂、变电站的运行工况和电网安全水平，迅速处理时刻变化的大量运行信息，正确下达调度指令；另一方面要实时调整发电出力以跟踪负荷变化，满足用电需求。

(3) 保证系统运行的经济性。

在同样的负荷水平下，发电机功率分配方案不同，运行的经济性也不同。

① 在规划阶段，需要综合考虑国家能源政策和环保政策，合理配置发电厂、燃料与运输，以及输电网络的建设。

② 在运行阶段，根据负荷水平，要实时调度安排机组开停，分配机组出力，提高发电机组的经济性，降低输电损失。

(4) 保证提供有效的事故后恢复措施。

① 解除超载运行设备的过载，使系统运行恢复正常。

② 恢复已失电区域的电力供应。

③ 黑启动。

调度的四大任务中，前三项是调度自动化的主要内容，目前都是用计算机完成的；第四项主要靠调度员人工处理，完全依靠计算机处理还有较大技术困难。就目前而言，调度自动化要解决的是用计算机和远动系统帮助调度员高质量地完成以上前三项任务。

9.2.2 电力系统调度机制

目前电力系统的调度控制方式通常有两种：集中调度控制和分层调度控制。集中调度控制就是把电力系统内所有发电厂和变电站的信息都集中在一个调度控制中心，由一个调度控制中心对整个电力系统进行调度控制。分层调度控制就是把全电力系统的监视控制任务分配给属于不同层次的调度中心，下一层调度完成本层次的调度控制任务外，还接受上一级调度组织的调度命令并向上层调度传递所需信息。与集中调度相比，分层调度的优点是便于协调控制，提高系统可靠性，改善系统响应。

由于现代电力系统是一个广域的超大规模互联电力系统，所以我国电力系统的调度机构是分层设置的。我国《电网调度管理条例》指出，电网运行实行统一调度、分级管理的原则。我国调度机构分为五级：国家调度机构，跨省、自治区、直辖市调度机构，省、自治区、直辖市级调度机构，省辖市级调度机构，县级调度机构。目前，我国已建立了较完备的五级调度体系。国家调度机构分别是国家电网调度中心和南方电网调度中心；跨省、自治区、直辖市级调度机构有东北、华北、华东、华中、西北 5 个电网调度中心（大区电网调度中心，简称网调），南方电网不再设置大区电网调度中心；30 多个省、自治区、直辖市级调度机构（省级电网调度中心，简称省调）；300 多个省辖市级调度机构（地区电网调度中心，简称地调）和 2 000 多个县级调度机构（县级电网调度中心，简称县调），电力系统调度自动化分层机构如图 9-1 所示。

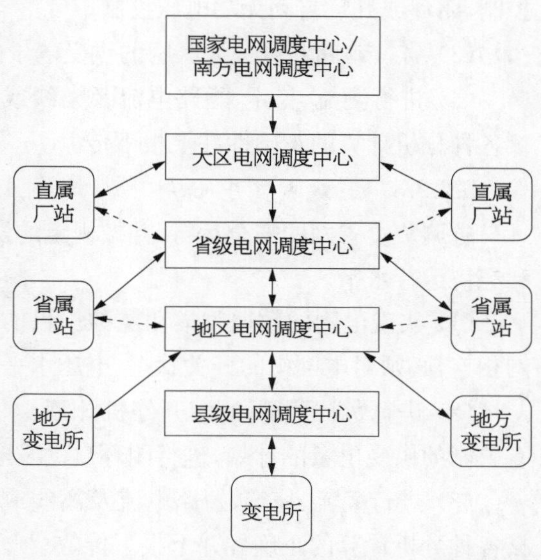

图 9-1　电力系统调度自动化分层机构示意图

各个网级调度中心的管辖范围如下：

东北电网：辽宁、吉林、黑龙江、内蒙古东部电网；

华北电网：北京、天津、河北、山西、山东、内蒙古西部电网；

华东电网：上海、江苏、浙江、安徽、福建；

华中电网：河南、湖北、江西、湖南；

西北电网：陕西、甘肃、青海、宁夏、新疆；

南方电网：广东、广西、云南、贵州、海南；

西南电网：四川、重庆、西藏。

9.2.2.1　国家级调度中心

这是我国电网调度的最高级。该中心通过计算机数据通信与各大区的控制中心相连接，协调确定各大区网间的联络潮流和运行方式，监视、统计和分析所属区域电网运行情况。

(1) 在线收集各大区网和有关省网的重要测点工况和全国电网运行状况，做统计分析、生产报表，提供电能情况。

(2) 进行大区互联系统的潮流、稳定、短路电流及经济运行计算，通过计算机通信校核计算的正确性，并向下一级传送。

(3) 做中长期安全、经济运行分析，并提出对策。

9.2.2.2 大区电网调度中心

网级调度中心负责高压电网的安全运行并按规定的发供电计划和监控原则进行管理，提高电能质量和经济运行水平。

(1) 实现电网的数据收集和监控、经济调度和安全分析。

(2) 进行负荷预测，制定开停机计划、水火电经济调度的分配计划，实施闭环自动发电控制、闭环或开环自动无功电压控制。

(3) 省(市)间和有关大区网的供受电量的计划编制和分析。

(4) 进行潮流、稳定、短路电流及离线或在线的经济运行分析计算，通过计算机通信校核各种分析计算的正确性并上报下传。

9.2.2.3 省级调度中心

省调负责省网的安全运行，并按规定的发供电计划和监控原则进行管理，提高电能质量和经济运行水平。

(1) 实现电网的数据收集和监控。目前省网有两种情况，即独立网及与大区或相邻省网相连，必须对电网中的开关状态、电压水平、功率进行采集计算，进行控制和经济调度。

(2) 进行负荷预测，制定开停机计划、水火电经济调度日分配计划，编制地区间和省间有关网的供受电量的计划，进行闭环自动发电控制、闭环或开环自动无功电压控制。

(3) 进行潮流、稳定、短路电流及离线或在线的经济运行分析计算，通过计算机通信校核各种分析计算的正确性并上报下传。

(4) 进行记录，如功率总加、开关变位、存档和制表打印。

9.2.2.4 地区调度中心

(1) 采集当地网的各种信息，进行安全监控。

(2) 进行有关站点(集控站点)的远方操作，变压器分接头调节，电容/电抗器的投切等。

(3) 制定并上报本辖区设备的检修计划及其实施。

(4) 用电负荷的管理。

9.2.2.5 县级调度中心

按县网容量和厂站数可分为超大、大、中、小，共4级。

(1) 根据不同类型实现不同程度的数据采集和安全监视功能。

(2) 有条件的县调可实现机组起停、断路器远方操作和电力电容器的投切。

(3) 有条件的可实现负荷控制。

(4) 向上级调度发送必要的实时信息。

目前我国电网的电压等级如下：

① 1 000 kV 交流，±800 kV 直流，特高压电网，特大容量电力远距离传送通道，是未来全国电网的骨架；

② 750 kV、500 kV、330 kV、220 kV 交流，±500 kV 直流，超高压电网，构成大区电网的骨架和大区电网间的联络线；

③ 110 kV、220 kV，高压输电网，构成复杂的输电网络，在各地区间传输电能；

④ 110 kV、66 kV 和 35 kV，中压供电网，由枢纽变电站送电到靠近负荷区的本地变电站；

⑤ 20 kV、10 kV 以及 380 V 的民用电，低压配电网，本地变电站送电到居民区的杆上变压器或配电室。

9.2.3　电力系统运行状态及调度控制

电网控制中心国际权威专家 Torn Dy-Liacco 博士 1967 年对电力系统的运行状态进行了分类。他将电网运行状态分为正常安全状态、正常不安全状态（警戒状态）、紧急状态和待恢复状态，后经学者细分可用图 9-2 说明，图中实线表示状态、转移的方向，虚线表示控制的方向。

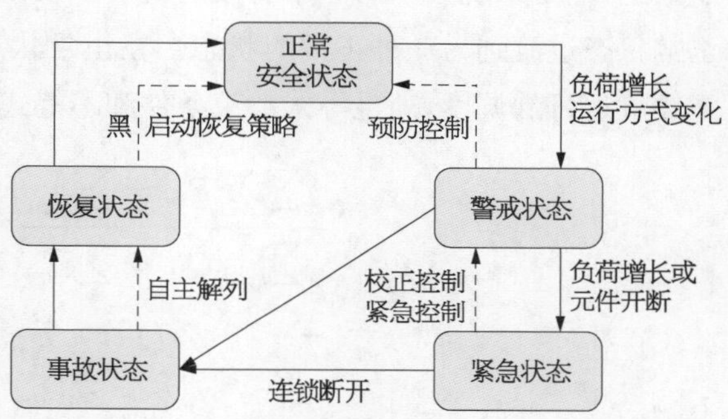

图 9-2　电力系统运行状态及其调度控制示意图

处于正常安全状态的电力系统，当前没有任何元件的运行约束越界，而且在发生 N－1 开断情况下系统也没有元件运行约束越界。

随着系统负荷的增长或者运行方式的变化，系统会逐渐变得脆弱，虽然当前系统可能仍处于正常运行状态，没有任何元件的运行约束越界，但是在发生一个元件开断（N－1 开断）时，系统会出现元件的运行约束越界，这时电力系统的运行状态是正常不安全状态，或称警戒状态。这时，如有条件，需要通过预防控制将电力系统调整到正常安全状态或者做好事故预案，以便在 N－1 开断发生时，解除系统出现的元件越界。

随着负荷继续增长或者发生了元件开断，此时系统中将出现元件运行约束越界的现象，这时系统处于紧急状态，需要通过紧急控制来解除元件运行约束的越界，使其回到警戒状态或者正常安全状态。

紧急状态包括静态紧急和动态紧急。静态紧急涉及元件静态过负荷或静态电压越界，需要通过校正控制来解除；动态紧急是涉及系统失去稳定的紧急，需要立即采取切机或者切负荷等稳定控制措施。如果没有及时采取措施，即使系出现的是静态紧急，元件约束的持续越界也可能导致后续连锁性故障开断，使系统进入事故状态，此时需要切机、切负荷。为了保住更多的负荷，有时还需要进行向主解列。这时系统已经失去部分或者全部负荷，进入恢复状态，全部停电时需要进行黑启动，部分停电时需要恢复电源、恢复负荷，并逐步并网，扩大负荷供电区域，最后使得系统恢复到正常安全状态。在图 9-2 所示的状态转移过程中，调度自动化系统在状态监视和决策支持方面起到至关重要的作用。

9.2.3.1 正常状态

电力系统是一个整体，由发电机、变压器和用电设备组成，具有发电、输电、用电同时完成的特点。因为用户用电的负荷是随时随机变化的，因此，为了保证供电的稳定和供电质量，发电机发出的有功和无功也必须随着用电负荷随时随机的变化而变化，而且变化量应该相等。同时，为了满足电力系统发出的元功和有功、线路上的功率都在安全运行的范围之内，保证电力系统的安全运行状态，电力系统的所有电气设备必须处于正常的状态，并且要能够满足各种情况的需要，保证电力系统的所有发电机都能够在同一个频率同时运行。为了保证电力系统在受到正常的干扰之下不会产生设备的过载，或者电压的偏差不超出正常的范围，电力系统必须有一个有效的调节手段，通过旋转备用和紧急备用使电力系统从某种正常状态过渡到另一种正常的状态。在正常状态运行下的电力系统是安全可靠的，可以实施经济运行的调度，满足等式约束条件和不等式约束条件(见下式)，以经济调度为主。

$$\left.\begin{array}{c}\sum_{i=1}^{n} P_{\mathrm{G}i}=\sum_{j=1}^{m} P_{\mathrm{L}j}+\sum_{k=1}^{i} P_{\mathrm{s}k} \\ \hline \sum_{i=1}^{n} Q_{\mathrm{G}i}=\sum_{j=1}^{m} Q_{\mathrm{L}j}+\sum_{k=1}^{i} Q_{\mathrm{s}k}\end{array}\right\}$$

$$\left.\begin{array}{c}f_{\min} \leqslant f \leqslant f_{\max} \\ U_{i\min} \leqslant U_{i} \leqslant U_{i\max} \\ P_{\mathrm{G}i\min} \leqslant P_{\mathrm{G}i} \leqslant P_{\mathrm{G}i\max} \\ Q_{\mathrm{G}i\min} \leqslant Q_{\mathrm{G}i} \leqslant Q_{\mathrm{G}i\max} \\ S_{ij\min} \leqslant S_{ij} \leqslant S_{ij\max}\end{array}\right\}$$

9.2.3.2 警戒状态

警戒状态(正常不安全状态)满足等式和不等式约束条件，但不等式约束已经接近上下限，以安全调度为主。当电力系统出现警戒状态时，一般出现的情况有：负荷增加过多、发电机组因为突然出现的故障导致不能正常运行或者出现停机的现象，或者因为电力系统当中的变压器、发电机等运行环境发生变化，造成了设备容量的减少，从而导致正常干扰的程度超出了电力系统的安全水平之外。因此，警戒状态下的电力系统是不安全的，出现这种状态时需要采取调整发电机的负荷配置等预防性的控制手段，排除经济利益的考量，使电力系统恢复到正常的状态之上。

9.2.3.3 紧急状态

电力系统的紧急状态可由警戒状态，或者正常状态突然演变过来。造成电力系统紧急状态的一些重大故障有：

(1) 突然跳开大容量发电机，引起电力系统有功功率和无功功率的严重不平衡。

(2) 发电机不能保持同步运行，或者在电力系统出现紧急的状态时没有进行及时的解决和处理。

(3) 电力系统在呈现紧急状态时没有采取及时的控制措施，导致电力系统失稳。电力系统的不稳定就是各发电机组不在同一个频率同时运行，电力系统不稳定将会对电力系统的安全性造成严重的威胁，有可能导致电力系统的崩溃，造成大面积的停电。

(4) 变压器或者发电机、线路等产生了短路的现象，短路有瞬时短路和永久性短路两种。对电力系统造成最严重后果的就是气相短路，特别是三相永久性的短路。在遭到雷击的时候，有可能在电力系统中发生短路，造成多重的故障。

在紧急状态运行下的电力系统是危险的，在这种状态下应及时通过继电保护装置快速切除故障，通过采取提高电力系统安全性和稳定性的措施，尽快使系统恢复到正常的状态，至少应该恢复到警戒的状态，避免发生更大的事故，以及发生连锁事故反应。

9.2.3.4　崩溃状态

电力系统进入紧急状态之后，如果不能及时地消除故障或者采取有效的控制措施，在紧急状态下为了不使电力系统进一步扩大，调度人员进行调度控制，将一个并联的系统裂解成好几个部分，电力系统此时就进入了崩溃状态。

在通常情况之下，裂解的几个子系统因为功率不足，必须大量卸载负荷，使电力系统进入崩溃状态是为了保证某些子系统能够正常工作、正常发电，避免整个系统处于瓦解的边缘。电力系统的瓦解是不可控制的解列造成的大的停电事故。

9.2.3.5　恢复状态

通过继电保护、调度人员的有效调度，阻止了事战的进一步扩大，在崩溃状态稳定下来之后，电力系统就可以进入恢复状态。这时调度人员可于并列之前解列机组，逐渐恢复用户的供电，之后根据事态的发展，逐渐使电力系统恢复到正常的状态。

9.2.4　安全稳定控制的三道防线

为保证电力系统的安全稳定运行，一次系统应有合理的网架(电网结构)、性能优良的电力设施及合理的运行方式；二次系统应配备性能完善的继电保护系统、先进的安全稳定控制机制，组成一个完备的防御体系。这些措施通常被称为电力系统安全稳定的三道防线。

9.2.4.1　正常运行/警戒状态下的安全稳定控制

系统一次设施、继电保护和安全稳定预防性控制措施等，组成了保证电力系统安全稳定的第一道防线。第一道防线要保证电力系统正常运行时有一定的安全裕度，保证电力系统在常见的适度故障下(承受第Ⅰ类大扰动时)保持稳定和不损失负荷。

安全稳定预防性控制包括发电机功率预防性控制、发电机励磁附加控制、并联和串联电容补偿控制、高压直流输电功率调制以及其他灵活交流输电控制等。

9.2.4.2　紧急状态下的安全稳定控制

由各种防止稳定破坏和参数严重越限的紧急控制措施，构成保证电力系统安全稳定的第二道防线，保证在较严重故障下(承受第Ⅱ类大扰动时)不致破坏系统稳定和扩大事故。

这种情况下紧急控制措施包括切除发电机、汽轮机快关气门、发电机励磁紧急控制、发电机动态电阻制动、串联或并联电容强行补偿、高压直流输电功率紧急调制、集中切负荷等。

9.2.4.3 极端紧急状态下的安全稳定控制

第三道防线是在极端严重故障情况下(承受第Ⅲ类大扰动时),保证电力系统不致崩溃及发生大面积停电。

这种情况下紧急控制包括频率和电压紧急控制、系统解列、再同步。同时应避免线路和机组保护在系统振荡时误动作,防止线路及机组连锁跳闸。

9.2.4.4 系统停电后的黑起动

电力系统由于严重扰动引起部分停电,或事故扩大引起大范围停电时,为使系统恢复正常运行和供电,各区域系统应配备必要的全停后起动,称为黑起动措施,并采取必要的恢复控制,包括人工控制和自动控制。自动恢复控制包括电源自动快速起动和并列,输电网络自动恢复送电,以及用户自动恢复供电等。

图 9-3 进一步表示了电力系统承受各种扰动时,系统的状态变化和安全稳定控制的作用和目标,以及各种运行状态之间的转换情况。图 9-3 中所示符号的含义介绍如下:

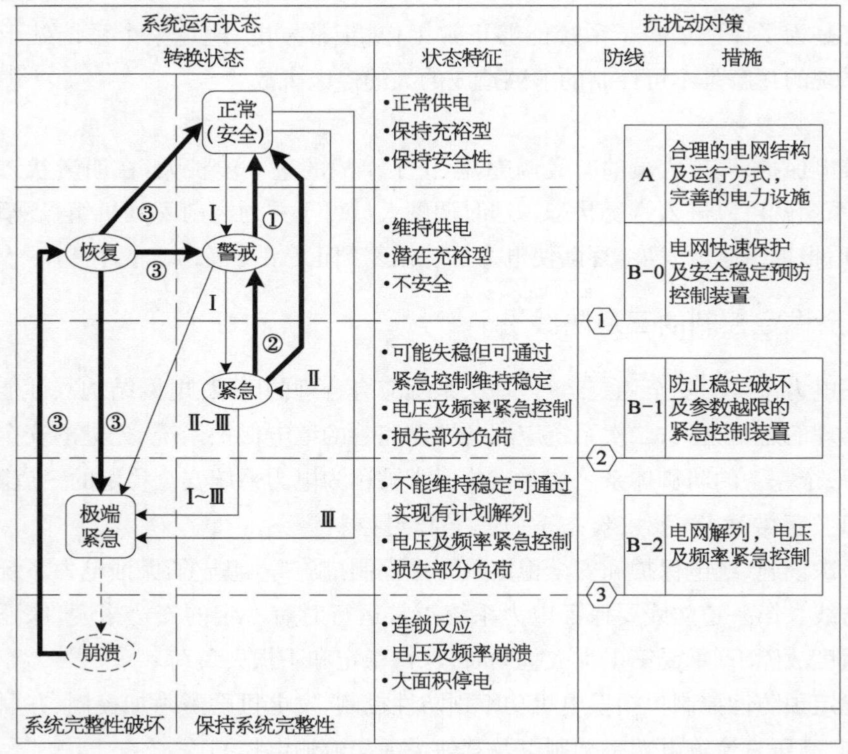

图 9-3 系统状态变化和安全稳定控制的作用及目标

→ 扰动引起的状态变化; → 控制引起的状态变化; ----→ 必须避免的状态变化

故障类型:Ⅰ为单一故障;Ⅱ为单一严重故障;Ⅲ为多重严重故障。

控制类型:①为预防控制;②为紧急控制;③为恢复控制。

抗扰动措施:A 为一次系统措施,包括电网结构、电力设施、运行方式等,B 为二次控制措施，可分为 B-0、B-1、B-2 三类。

9.3　网源协调安全稳定运行管理

9.3.1　电力系统静态安全分析

一个正常运行的电网常常存在许多的危险因素，要使调度运行人员预先清楚地了解到这些危险并非易事，目前可以应用的有效工具就是电力系统静态安全分析程序。静态安全分析主要包括预想故障分析和安全约束调度。

9.3.1.1　预想故障分析

预想故障分析是对一组可能发生的假想故障进行在线的计算分析，校核这些故障后电力系统稳定运行方式的安全性，判断出各种故障对电力系统安全运行的危害程度。

预想故障分析可分为三部分：故障定义、故障筛选和故障分析（快速潮流计算）。

（1）故障定义。通过故障定义可以建立预想故障的集合。一个运行中的电力系统，假想其中任意一个主要元件损坏或任意一台断路器跳闸，都是一次故障。预想故障集合主要包括以下各种开断故障：

① 单一线路开断；

② 两条以上线路同时开断；

③ 变电站回路开断；

④ 发电机回路开断；

⑤ 负荷出线开断；

⑥ 上述各种情况的某种组合。

预想故障集合可以采用逐一线路、逐台变压器依次开断来获得。但这样进行下去由于故障数量太多使故障分析的时间太长，不能满足实时的要求，所以可以将一些后果不严重或后果虽然严重但发生的可能性极小的开断故障剔除。预想、故障集合可根据离线仿真分析的结果和调度员的运行经验确定，程序搜索空间不宜过大。

（2）故障筛选。预想故障数量可能比较多，应当把这些故障按其对电网的危害程度进行筛选和排队，然后再由计算机按此队列逐个进行快速仿真潮流计算，需要先选定一个“系统性能指标”。例如全网各支路运行值与其额定值之比的加权平方和，作为衡量故障严重程度的尺度。当在某种预想故障条件下，“系统性能指标”超过了预先设定的门槛值时，该故障即应保留，否则即可舍弃。计算出来的系统指标数值可作为排队依据，这样就得到了一张以最严重的故障开头的为数不多的预想故障顺序表。

（3）故障分析。故障分析（快速仿真潮流计算）是对预想故障集合里的假想故障进行快速仿真潮流计算，用以确定故障后的系统潮流分布及其危害程度。仿真计算时依据的网络模型，除了假定的开断元件外，其他部分则与当前运行系统完全相同。各节点的注入功率采用经过状态估计处理的当前值，也可用由负荷预计程序提供的 15～30 min 后预测值。每次计算的结果用预先确定的安全约束条件进行校核，如果某一假想故障使约束条件不能满足，则向运行人员发出报警（即宣布进入警戒状态）并显示分析结果；也可提供一些可行的校正措施，如重新分配各发电机组输出功率、对负荷进行适当调控等供调度人员选择实施，以消除安全隐患。

9.3.1.2　快速仿真潮流计算

快速仿真潮流计算常采用直流潮流法、$P-Q$ 分解法和等值网络法等。

（1）直流潮流法。该方法的特点是将电力系统的交流潮流（有功功率和无功功率）用等值的直流电流代替，用直流电路的解法来分析电力系统的有功潮流，不考虑无功分布对有功的影响。这样加快了计算速度，但精度较差。由于实时安全分析常采用半小时或一小时后的预测负荷进行计算，所以也不要求算法很准确。

（2）$P-Q$ 分解法。$P-Q$ 分解法计算占用计算机的内存少，计算速度快，精度也比较高，所以不仅在离线的计算中占主导地位，而且也适应实时分析的需要。与直流法相比，$P-Q$ 分解法不仅可以解出在预想故障下各联络线的潮流分布，用以估计是否过负荷，而且还能求出各节点的电压幅值，用以估计是否过电压。

（3）等值网络法。现代大型电力系统规模庞大，包含几百个节点和线路。在实时分析中需要储存大量参数和实时数据进行大量的计算。这样不仅使调度计算机容量巨大，而且每次分析的时间也较长，对预防性控制的实时性不利。为此，人们根据一定的标准和运行经验，将一个大系统分为几部分，视不同情况进行等值的简化处理，以减少计算机存储容量和提高运算速度。

安全分析的重点在于系统较为薄弱的负荷中心，而远离负荷中心的局部网络在安全分析中所起的作用较小，因此在安全分析中可把系统分为两部分：待研究系统和外部系统。

待研究系统就是感兴趣的区域，即要求详细计算模拟的电网部分，而外部系统则不需要详细计算。安全分析时要保留“待研究系统”的网络结构，而将“外部系统”化简为少量的电源节点和支路。实践经验表明，外部系统的节点数和支路数远多于待研究系统，所以等值网络法可以大大降低安全分析中导纳方阵的阶数和状态变量的维数，从而使计算过程大为简化。

在对电力系统进行简化时，网络等值化简应当遵循以下原则：

① 待研究系统的网络结构尽量予以完整保留；而外部系统对待研究系统的影响，不论是正常状态或者是预想事故状态，经过简化后也都能得到足够的反映。

② 系统运行状态变化时，也就是系统实时数据正常变化时，等值外部系统的修正量应当很小，且很容易进行。

③ 在满足上述条件的情况下，等值网络所包含的节点数越少越好。

9.3.1.3　一种等值网络的方法和步骤

（1）在大量离线网络分析与运行经验的基础上，将网络分为待研究系统和外部系统两部分，并且按实际的联络线结构把这两部分连接起来。

(2) 把外部系统的节点分为重要节点和非重要节点两大类。凡是状态变量与注入潮流的变化对联络线的运行状态有较大影响的节点，都划为重要节点；与联络线连接的节点称为边界节点，也是重要节点；其余节点都算是非重要节点。重要节点的选择应通过灵敏度计算，如该节点对边界节点的有功功率灵敏度系数大于某一定值则可确定为重要节点。

(3) 所有重要节点间的连接及其注入功率均保持实际情况不变。

(4) 所有非重要节点全部消去，代之以两个等值节点，即等值发电机节点和等值负荷节点，其具体数据要经过计算产生。

(5) 上述计算一般以原系统尖峰负荷时的数据为依据。考虑到系统的实时潮流是随时变化的，因此在实际用于安全分析时，可增加一个校正电源，校正电源只与边界节点相连。

(6) 上述各步都可以利用离线分析的结果。用于在线运行时，只要将重要节点的注入功率、边界节点的状态变量按实时数据予以修正(采用经过状态估计的数据)，并根据重要支路上出现的潮流差值(由于等值发电机节点和等值负荷节点的注入功率不是实时计算的，所以会产生差值)计算出校正电源的功率，以及校正电源到边界节点的连线参数(导纳)。这样可以大大减少真正在线计算的工作量。

9.3.2　电力系统动态安全分析

稳定性事故是涉及电力系统全局的重大事故。正常运行中的电力系统是否会因为一个突然发生的事故而导致失去稳定，这个问题是十分重要的。校核假想事故后电力系统是否能保持稳定运行的离线稳定计算，一般采用数值积分法，逐时段地求解描述电力系统运行状态的微分方程组，得到动态过程中各个状态变量随时间变化的规律，并用此来判别电力系统的稳定性。这种方法计算工作量很大，无法满足实施预防性控制的实时性要求，因此要寻找一种快速的稳定性判别方法，即电力系统动态安全分析。但是到目前为止，还没有很成熟的算法。

本书简单介绍已取得一定研究成果的模式识别法、李雅普诺夫法，以及我国学者创新研发的扩展等面积法。

9.3.2.1　模式识别法

根据经验看山看水预测天气，可以说就是模式识别法；而气象中心则是采用巨型计算机求解高阶高维方程进行预测计算，这是完全不同的两种方法。

模式识别法是建立在对电力系统各种运行方式的假想事故离线模拟计算的基础上的，需要事先对各种不同运行方式和故障种类进行稳定计算，然后选取少数几个表征电力系统运行的状态变量(一般是节点电压和相角)，通过自学习过程构成稳定判别式。稳定分析时，将在线实测的运行参数代入稳定判别式，根据判别式的结果来判断系统是否稳定。

上述模式识别法是一个快速的判别电力系统安全性的方法，只要将特征量代入判别式就可以得出结果。所以这个判别式本身必须可靠，误差率很大的判别式没有实用价值。判别式的建立不是靠理论推导，而是通过大量“样本”计算后归纳整理出来的。如何使这样归纳整理出来的判别式尽量逼近客观存在的“分界面”，不是一件容易的事。

模式识别一般分以下四个步骤：

(1) 确定样本。选择若干个典型的电力系统运行方式，进行离线稳定计算，确定出哪些运行方式是稳定的，哪些是不稳定的，组成样本集。

(2) 抽取特征。在电力系统的运行参数中，选择少数与判定电力系统稳定性有着密切关系的运行参数，一般是部分母线的电压及其相角，也可以用线路功率等其他参数。这些参数称为特征参数。

(3) 建立判别式。稳定判别式的建立不是采用理论分析推导的方法，而是根据样本集已知的结论，试探着建立一个符合已知结论的、相关于特征参数的稳定判别式，这个过程通常称为“自学习”。

(4) 试验。构成样本集的各种典型运行方式是全部符合稳定判别式的，但样本集没有包括所有运行方式和事故。因此，还要选择样本集以外的若干电力系统运行方式和事故形式，组成试验样本集，检验判别式的准确性，同时结合试验对判别式加以修正。

9.3.2.2　李雅普诺夫法

李雅普诺夫法是在状态空间中找出一个包含稳定平衡点的区域，使得凡是属于这一区域的任何扰动，系统以后的运动最终都趋于稳定平衡点。这一区域称为关于稳定平衡点的渐进稳定域，简称稳定域。

为了求得稳定域，需要构造李雅普诺夫函数，或称 V 函数，通过 V 函数和系统状态方程就可以决定稳定域。在进行电力系统动态过程计算时，不必计算出整个动态过程随时间变化的曲线，而只要计算出系统最后一次操作时的状态变量(即故障切除后的状态变量)，并相应计算出该时刻的 V 函数值。将该函数值与最邻近的不稳定平衡点的 V 函数值进行比较，如果前者小于后者，系统就是稳定的；反之，系统是不稳定的。李雅普诺夫法避免了常规稳定计算时大量的数值积分计算，计算速度比较快，是一种有前途的适于实时控制的计算方法。

但是如何建立适合于复杂系统的 V 函数和如何计算最邻近的不稳定平衡点，目前还没有很好的解决办法。加之其计算结果也偏于保守，使得李雅普诺夫法还尚未在电力系统中得到实际应用。

9.3.2.3　扩展等面积法

扩展等面积法(extended equal-area criterion，EEAC)是我国学者首创的一种暂态稳定快速定量计算方法，已成功开发出世界上至今唯一的暂态定量分析商品软件，并已应用于国内外电力系统的各项工程实践中。该方法由静态 EEAC、动态 EEAC 和集成 EEAC 三部分(步骤)构成一个有机集成体。在 EEAC 理论应用中，发现了许多与传统控制理念不相符合的“负控制效应”现象，例如，切除失稳的部分机组、动态制动、单相开断、自动重合闸、快关气门、切负荷、快速励磁等经典控制手段，在某种条件下会使系统更加趋于不稳定。

静态 EEAC 采用“在线预决策，实时匹配”的控制策略。整个系统分为两大部分：实时匹配控制子系统和在线预决策子系统。

实时匹配控制子系统安装在有关发电厂和变电站，监测系统的运行状态，判断本厂站出线、主变压器、母线的故障状态。它在系统发生故障时根据判断出的故障类型，迅速与存放在装置内的决策表对号入座，查到与之匹配的控制措施，并通过执行装置进行切机、快关、切负荷、解列等稳定控制。

在线预决策子系统则在正常时段，根据电力系统当前运行工况搜索最优稳定控制策略，定期刷新后者的决策表。这类方案的精髓是一个快速的在线定量分析和相应的灵敏度分析，其分析计算的速度比离线分析要高得多，但比故障中实时计算要低得多，完全在技术能力之内。

静态 EEAC 已于 1993 年在东北电网投入在线应用，并已先后应用在我国陕西东部电网、四川二滩电网、广东韶关电网、山东邹—济—淄电网等实际工程中。

同时，南京电力自动化研究院和加拿大 PLI(美国电科院的软件支持中心)合作，成功开发暂态稳定分析国际商品软件包 FASTEST。该软件包将稳定分析领域中独一无二的严格的定量方法 EEAC 与国际上最前沿的时域仿真程序集成在一起，成为新一代暂态稳定分析和控制的工具，已在中国、美国、加拿大、韩国、芬兰等国得到应用。

9.3.3　电力系统区域稳定安全控制

9.3.3.1　紧急控制装置

电力系统发生短路等事故时，首先应由继电保护动作切除故障。一般情况下事故切除后，系统可继续运行。如果事故很严重或者事故处理不当，则可能造成事故扩大而导致严重后果。为此，电力系统中还应配备必要的紧急控制装置。

紧急控制是一种快速控制，要解决的问题有：限制系统频率过低过高，限制系统电压过低过高，限制设备过负荷，制止系统失步运行，维持系统稳定。

为实现紧急控制，通常要根据紧急状态(事故)前的电网结构和运行情况，考虑紧急状态(故障及其暂态过程)的实际情况，由控制装置进行分析判断，确定相应的控制措施。图 9-4 所示为各种紧急控制装置及其作用示意图。

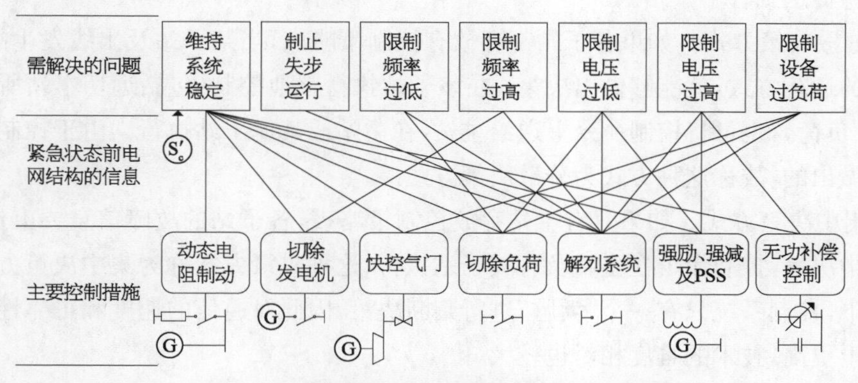

图 9-4　各种紧急控制装置及其作用示意图

紧急控制通常采用以下措施：

① 汽轮机短暂或持续减功率（快控气门）；

② 切除发电机；

③ 切除负荷；

④ 发电机励磁系统强励、强减和附加稳定控制（PSS 等）；

⑤ 无功补偿控制；

⑥ 动态电阻制动；

⑦ 解列系统；

⑧ 直流输电快速调制（仅对交—直流并列输电系统）。

每次控制可采用一种措施，也可同时采用多种措施。

9.3.3.2　区域型稳定安全控制及其分类

稳定安全控制可分为就地型与区域型两类。区域型稳定控制按决策方式可分为分散决策方式与集中决策方式两种。图 9－5 给出了稳定安全控制的分类示意图。

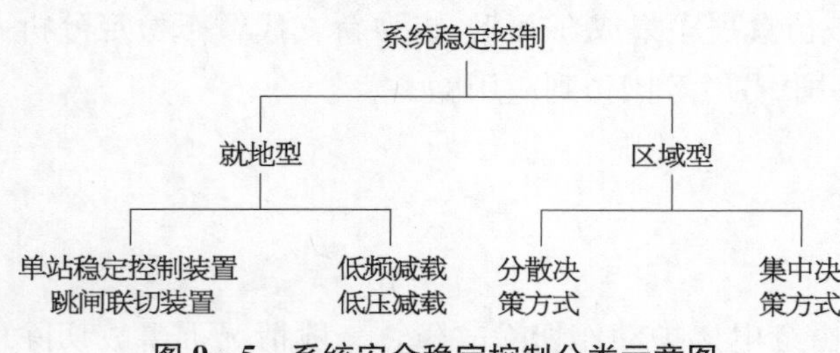

图 9－5　系统安全稳定控制分类示意图

就地型稳定控制装置单独安装在各个厂站，相互之间没有通信联系，解决的是本厂站母线、主变压器或出线故障时出现的稳定问题。低频减载装置与低压减载装置虽然在全网统一配置，按频率、电压值协调动作，但一般相互之间无直接联系，因此仍属于就地型装置。

区域型稳定控制指为解决一个区域电网内的稳定问题，安装在两个及以上厂站的稳定控制装置。该装置经通道和通信接口设备联系在一起，组成稳定控制系统，站间相互交换运行信息，传送控制命令，在较大范围内实施稳定控制。

区域型稳定控制系统一般设有一个主站、几个子站。主站一般设在枢纽变电站或处于枢纽位置的发电厂，负责汇总各站的运行工况信息，识别区域电网的运行方式，并将有关运行方式信息传送到各个子站。

（1）分散决策方式。如果各子站都存放有控制策略表，当某子站及出线发生故障时，根据事故前的运行方式，就能够做出决策：在该子站执行就地控制（包括远切本站所属的终端站的机组/负荷），也可将控制命令上送给主站，在主站或其他子站执行。由于控制决策是各子站分别做出的，故称这种方式为分散决策方式。

（2）集中决策方式。如果只有主站存放控制策略表，各子站的故障信息要上送到主站，由主站集中决策，控制命令在主站及有关子站执行，这种决策方式称为集中决策方式。集中决策方式下，控制系统只有一个“大脑”进行判断决策，因此对通信的速度和可靠性比分散决策方式要求更高，技术的难度相对也较大。

实际采用的稳定控制系统中，分散决策方式应用较普遍，集中决策方式用得很少。

9.3.3.3　区域型稳定控制策略表形成方案

控制策略表是区域型稳定控制的基本依据，控制策略表的形成有三种方案，其优缺点及应用情况比较见表9-1。

表9-1　控制策略表三种形成方案的优缺点及应用情况比较

方案	优点	存在问题	应用情况
离线预决策实时匹配(方案1)	技术上易于实现；能满足稳定控制需要；动作速度快	离线计算盘很大；对电网变化的适应性差；对预料外的工况无法适应；存在失配的情况	目前仍在应用
在线预决策实施匹配(方案2)	对电网发展变化的适应性强；一般不存在失配的情况；不需要繁杂的离线计算，减轻了调度人员的工作量；动作速度与方案1相当	技术难度很大，需要快速的、能给出稳定裕度指标的暂态分析算法，及高速并行计算处理硬件与软件；需要尽可能多地获得电网运行工况信息；要求完善EMS的性能以满足控制要求；要求较好的通信条件	具有良好的应用前景，是今后发展的方向；EEAC的最新进展为这一方案打下了基础，应总结实际应用的工程经验，进一步推广
在线实时分析决策(方案3)	不需要事故前计算；完全自适应电网的变化	通信技术尚不能满足要求；计算分析速度暂不满足快速稳定控制的要求	目前，只适用于某些简单、控制速度要求不高的电网

(1) 方案1。离线按预定方式及预设的故障类型分析归纳出控制策略表，存放在稳定控制装置内。在事故发生时，装置按事故前的运行方式、故障类型查找策略表内存放的措施，并执行这些措施。这一方案又称为“离线预决策，实时匹配”。

(2) 方案2。按当前运行方式和预设故障，在线计算分析出当前方式下的控制策略表，几分钟一次刷新稳定控制装置内原先存放的策略表。事故发生时，装置在判断出故障类型后，直接查出表中的措施，并付诸实施。这一方案又称为“在线预决策，实时匹配”。

(3) 方案3。在线实时计算出控制措施和控制量。对于实际的复杂电网，这一方案的决策速度还远远不能达到实际要求，目前还看不到在复杂电网中实际应用的前景。

综合比较起来，虽然方案1离线计算工作量过大，对电网发展变化适应性较差，但在目前仍是一种实用的能解决问题的方案，近期还将继续使用。方案2优点明显，由于EEAC算法的最新进展和面向对象的分布式并行处理计算机系统的最新研究成果，这一方案已经得到实际应用，应该进一步加以完善。

9.3.4　电力市场环境下的安全稳定控制

电力系统安全性与经济性是一对矛盾。在开放的电力市场条件下，如何协调好这两个方面，是一个极其重要的研究课题。

电力市场中，买方希望以足够低的价格获取电能，卖方希望以足够高的价格卖出电能。市场竞争虽能促进资源优化，但对电网的安全稳定运行却会造成很大影响。过分追求经济性会导致系统安全恶化，引起电网崩溃；反过来，过分强调安全性又会使系统运行不够经济，引起电价过高或者电网公司效益下降。

只有在一个安全运行的电网上才能进行电能交易。作为电网的管理者与运营者，电网公司对买卖双方收取交易佣金，其收益与交易量成正比。电网公司所得佣金扣除电网的建设和维护费用后，才是其净收益。

电网的安全稳定运行一旦破坏，各方利益都将受到伤害。因此应对电力市场环境下的电网运行可靠性、安全稳定控制、阻塞调度等问题进行认真研究，避免竞争性电力市场对电网安全稳定运行可能带来的负面影响。

9.3.4.1 电力市场环境下的电网安全稳定校核

(1) N－1静态校核的考虑。电力系统静态安全分析是保证电网安全稳定运行的一个重要方面，是电力系统安全稳定评估的重要指标，用以检验电网结构强度和运行方式是否安全。一般情况下，为了提高电网的整体安全稳定水平，电网应该满足N－1静态校核，即要求系统在N－1之后仍能保持稳定运行和正常供电，电压和频率保持在允许范围内，其他元件无过负荷。

但是，N－1标准的执行会导致系统在正常情况下非优化运行，这与电网公司获取最大经济效益的目的相矛盾。N－1标准实施与否，实施到什么程度，电网公司应进行详细研究。

(2) 暂态稳定校核的考虑。暂态稳定是指电力系统受到大扰动后，各同步电机保持同步运行并过渡到新的或恢复到原来稳态运行方式的能力，通常指保持第一或第二个振荡周期不失步的功角稳定。暂态稳定计算分析的目的是在规定运行方式和故障形态下，对系统稳定性进行校验，并对继电保护和自动装置以及各种措施提出相应的要求。

在电力市场环境下，如果发生某种故障的概率几乎为零，电网公司在建设电网时是不愿考虑暂态稳定校核而多投巨资的。但是一旦发生故障，如果系统不能维持稳定而发生停电事故，甚至系统崩溃，那电网公司损失巨大。因此，电网公司为了本身经济效益，必须要保证电网的安全稳定运行，必须要考虑电网的暂态稳定校核。

从传统意义上来说，电力系统的安全稳定水平越高越好。但在市场环境下，电网公司为了维持本身的利益，对于那些发生概率很小的故障可能不予考虑，这使得电力市场环境下的电网安全稳定考虑可能不太全面，除非制定相应法规加以约束。

9.3.4.2 电力市场环境下网络阻塞的调度管理

现有许多电网的负荷很重，网络运行点往往超过了其安全限制，造成阻塞，不利于电力市场高效、经济、安全地运行。在电力市场环境下，电能的主要交易模式有期货、现货及实时交易三种方式，不同的交易方式应采用不同的方法来管理阻塞问题。由于相当多的电力交易是以双边长期合同形式确定的，因而基于双边交易的阻塞管理尤为迫切。网络阻塞时如何对发电机进行再调度或削减负荷，是系统安全稳定运行中的一个重要问题。

以湖南电网为例，受端系统湘中地区电源不足，而湘西北地区电源充足，湘西北电网与湘中电网的 220 kV 线路连接只有毛玉线和迎天线（图 9－6）。当湘西北电厂输出功率增加到一定程度时，有可能使这两条线路负载较重，成为瓶颈线路，产生安全稳定问题。毛玉线、迎天线合环运行的条件下，这两条线路最容易造成阻塞。

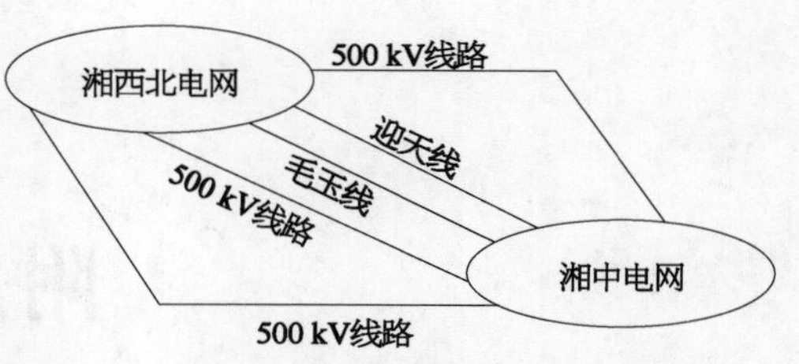

图 9－6　湘西北电网向湘中电网送电示意图

调度中心可以通过强制要求湘西北电厂降低发电厂出力，从而降低毛玉、迎天线的功率；同时鼓励湘中地区电厂多发电，以补充湘中地区的供电不足，尽量由本地区的电厂供给本地区的负荷。

采用上述方法进行阻塞管理所需要的成本，由 ISO 按约定的规则分配给有关参与者。具体有以下几种原则：

① 该成本由被削减出力的湘西北发电机自己承担；

② 将此成本以附加费的方式平均分摊给所有的用户；

③ 由造成电网拥挤的所有参与者（湘西北各电厂）承担；

④ 将此成本只分摊给电力缺乏区（湘中）的用户。

但是这种方法仍然存在以下缺点：

① 难以刺激市场参与者事先采取相应的措施，以避免造成阻塞；

② 如何合理分摊阻塞管理所引起的成本，仍然没有一个很好的解决办法。

网络阻塞的根本原因是输电网架本身结构较为薄弱。因此，在资金和环境允许的条件下，合理扩建线路是根本的解决办法，湖南电网需要继续加强 500 kV 网架建设。

附　录

1. 网源协调相关标准

在执行相关规程规范期间，对一些表示要求严格程度的用词说明如下，以便执行中区别对待。

(1) 表示很严格，非这样做不可的用词：正面词采用“必须”；反面词采用“严禁”。

(2) 表示严格，在正常情况下均应这样做的用词：正面词采用“应”；反面词采用“不应”或“不得”。

(3) 表示允许稍有选择，在条件许可时首先应这样做的用词：正面词采用“宜”；反面词采用“不宜”。

(4) 表示有选择，在一定条件下可以这样做的用词：采用“可”。

(5) 表示一般情况下均应这样做，但硬性规定这样做有困难时，采用“应尽量”。

2. 通用标准

(1) GB/T31464《电网运行准则》。

(2) DL755《电力系统安全稳定导则》。

(3) DL/T1870《电力系统网源协调技术规范》。

(4) 国网(调/4)457－2014《国家电网公司网源协调管理规定》。

(5) DL/T280《电力系统同步相量测量装置通用技术条件》。

(6) Q/GDW11538《同步发电机组源网动态性能在线监测技术规范》。

(7) GB/T28566《发电机组并网安全条件及评价》。

(8) 国能安全[2014]161号《防止电力生产事故的二十五项重点要求》。

(9) DL/T529《火电工程调整试运质量检验及评定标准》。

(10) DL/T507《水轮发电机组启动试验规程》。

3. 调速系统及一次调频标准

(1) DL/T1245《水轮机调节系统并网运行技术导则》。

(2) DL/T496《水轮机电液调节系统及装置调整试验导则》。

(3) DL/T824《汽轮机电液调节系统性能验收导则》。

(4) DL/T1235《同步发电机原动机及其调节系统参数实测与建模导则》。

(5) GB/T3037《火力发电机组一次调频试验及性能验收导则》。

(6) 华北监能市场[2019]254 号《华北能源监管局关于印发华北区域并网发电厂“两个细则”(2019 年修订版)的通知》。

4. AGC 及 AVC 标准

(1) GB/T1210《火力发电厂自动发电控制性能测试验收规程》。

(2) Q/GDW11475《互联电网联络线功率控制技术规范》。

(3) 网调自[2008]11 号《华北电网自动发电控制(AGC)运行管理办法》。

(4) 津电调控[2012]1 号《天津电网自动发电控制(AGC)运行管理规定》。

(5) DL/T1391《数字式自动电压调节器涉网性能检测导则》。

(6) Q/GDW747《电网自动电压控制技术规范》。

5. 励磁系统及 PSS 标准

(1) GB/T7409.1《同步电机励磁系统定义》。

(2) GB/T7409.2《同步电机励磁系统电力系统研究用模型》。

(3) GB/T7409.3《同步电机励磁系统大、中型同步发电机励磁系统技术要求》。

(4) DL/T279《发电机励磁系统调度管理规程》。

(5) DL/T843《大型汽轮发电机励磁系统技术条件》。

(6) DL/T583《大中型水轮发电机静止整流励磁系统及装置技术条件》。

(7) DL/T489《大中型水轮发电机静止整流励磁系统及装置试验规程》。

(8) DL/T1167《同步发电机励磁系统建模导则》。

(9) GB38755《电力系统安全稳定导则》。

(10) DL/T1231《电力系统稳定器整定试验导则》。

(11) Q/GDW684《发电机组电力系统稳定器(PSS)运行管理规定》。

(12) DL/T152《同步发电机进相试验导则》。

6. 涉网保护标准

(1) GB/T1309《大型发电机组涉网保护技术规范》。

(2) GB/T684《大型发电机变压器继电保护整定计算导则》。

(3) GB/T1648《发电厂及变电站辅机变频器高低电压穿越技术规范》。

(4) GB/T14285《继电保护和安全自动装置技术规程》。

(5) DL/T995《继电保护和电网安全自动装置检验规程》。

(6) Q/GDW10773《大型发电机组涉网保护技术要求》。

(7) DL/T1523《同步发电机进相试验导则》。

7. 新能源标准

(1) NB/T31047《风电调度运行管理规范》。

(2) NB/T31076《风力发电场并同验收规范》。

(3) NB/T31046《风电功率预测系统功能规范》。

(4) NB/T31099《风力发山场无功配置及电压控制技术规定》。

(5) GB/T19963《风电场接入电力系统技术规定》。

(6) GB/T19964《光伏发电站接入电力系统技术规定》。

(7) NB/T32025《光伏发电站调度技术规范》。

(8) NB/T32015《分布式电源接入配电网技术规定》。

(9) Q/GDW11271《分布式电源调度运行管理规范》。

(10) Q/GDW11272《分布式电源孤岛运行控制规范》。

(11) Q/GDW11273《风电有功功率自动控制技术规范》。

(12) Q/GDW11274《风电无功电压自动控制技术规范》。

参 考 文 献

[1] 印永华，郭剑波，赵建军，等.美加“8.14”大停电事故初步分析以及应吸取的教训[J].电网技术，2003，28(10)：8－11.

[2] 余剑.大型火电机组调试项目化管理研究[D].北京：华北电力大学，2010.

[3] 马瑞，范辉，彭钢，陈二松，许云峰.电网稳定性的机组协调控制技术[M].北京：中国电力出版社，2017.

[4] 王平.电力系统机网协调理论与管理[M].成都：四川大学出版社，2011.

[5] 李宝国，鲁宝春.电力系统自动化[M].沈阳：东北大学出版社，2014.

[6] 闵勇，胡伟，陈磊，等.电力系统机网协调[M].北京：中国电力出版社，2018.

[7] 王建国，孙灵芳，张利辉.电厂热工过程自动控制[M].北京：中国电力出版社，2015.

[8] 蔡燕生.水轮机调节[M].2 版.郑州：黄河水利出版社，2009.

[9] 章素华.燃气轮机发电机组控制系统[M].北京：中国电力出版社，2012.

[10] 付忠广，张辉.电厂燃气轮机概论[M].北京：机械工业出版社，2014.

[11] 杨建华.华中电网一次调频考核系统的研究与开发[J].电力系统自动化，2008，32(9)：96－99.

[12] 庄莉莉.电网调度 AGC 机组性能评测的研究与实现[D].上海：上海交通大学，2009.

[13] Jun LI，Da-peng LIAO，Hui-cong LI，Hui ZHANG，Ting WANG，Peng-cheng DU. Optimization and Implementation of AGC Adjustment Strategy under Large scale Power Loss[R]. 2017 International Conference on Energy，Power and Environmental Engineering (ICEPEE2017)

[14] 孙宏斌，郭庆来，张伯明.电力系统自动电压控制[M].北京：科学出版社，2018.

[15] 周玲，丁晓群，陈光宇.电网自动电压控制(AVC)技术及案例分析[M].北京：机械工业出版社，2010.

[16] Carson W. Taylor. Power System Voltage Stability[M].北京：中国电力出版社，2001.

[17] 何维.同步电机自励磁浅述[J].电机技术，2004(2)：33－36.

[18] 王芳，王宏华，王成亮.发电机进相运行研究现状[J].河海大学学报，2009(6)：6－9.

[19] 陆安定.发电厂变电所及电力系统的无功功率[M].北京：中国电力出版社，2003.

[20] 吴文传，张伯明，孙宏斌.电力系统调度自动化[M].北京：清华大学出版社，2011.

[21] 王士政.电力系统控制与调度自动化[M].2 版.北京：中国电力出版社，2016.

[22] 马世英.大规模风电基地网源协调控制技术[M].北京：机械工业出版社，2019.

[23] 李强，潘毅.智能电网调度技术[M].北京：中国电力出版社，2017.

[24] 龚立贤，王韬明.天然气分布式能源特点与冷热电三联供设计应注意的问题[R].第二届中国分布式

能源及储能技术国际论坛，2012.
[25] 蔡旭，李征.区域智能电网技术[M].上海：上海交通大学出版社，2018.
[26] 裴哲义，丁杰，孙荣富，等.新能源调度技术与并网管理[M].北京：中国水利水电出版社，2018.
[27] 中国电力科学研究院有限公司电力系统研究所.某燃气电厂涉网试验报告[R].2019.
[28] 国网天津市电力公司电力科学研究院.某燃气电厂涉网试验报告[R].2019.
[29] 天津市电力科技发展有限公司.某风光电站涉网试验报告[R].2019.
[30] 国家电力调度控制中心.网源协调标准制度汇编[M].北京：中国电力出版社，2017.